理工系の

【新

線形代数

理工系の基礎数学【新装版】

線形代数

LINEAR ALGEBRA

藤原 毅夫 Takeo Fujiwara

An Undergraduate Course
in Mathematics
for Science and Engineering

岩波書店

理工系数学の学び方

数学のみならず，すべての学問を学ぶ際に重要なのは，その分野に対する「興味」である．数学が苦手だという学生諸君が多いのは，学問としての数学の難しさもあろうが，むしろ自分自身の興味の対象が数学とどのように関連するかが見出せないからと思われる．また，「目的」が気になる学生諸君も多い．そのような人たちに対しては，理工学における発見と数学の間には，単に役立つという以上のものがあることを強調しておきたい．このことを諸君は将来，身をもって知るであろう．「結局は経験から独立した思考の産物である数学が，どうしてこんなに見事に事物に適合するのであろうか」とは，物理学者アインシュタインが自分の研究生活をふりかえって記した言葉である．

一方，数学はおもしろいのだがよく分からないという声もしばしば耳にする．まず大切なことは，どこまで「理解」し，どこが分からないかを自覚することである．すべてが分かっている人などはいないのであるから，安心して勉強をしてほしい．理解する速さは人により，また課題により大きく異なる．大学教育において求められているのは，理解の速さではなく，理解の深さにある．決められた時間内に問題を解くことも重要であるが，一生かかっても自分で何かを見出すという姿勢をじょじょに身につけていけばよい．

理工系数学を勉強する際のキーワードとして，「興味」，「目的」，「理解」を強調した．編者はこの観点から，理工系数学の基本的な課題を選び，「理工系の基礎数学」シリーズ全10巻を編纂した．

1. 微分積分
2. 線形代数
3. 常微分方程式
4. 偏微分方程式
5. 複素関数
6. フーリエ解析
7. 確率・統計
8. 数値計算
9. 群と表現
10. 微分・位相幾何

各巻の執筆者は数学専門の学者ではない．それぞれの専門分野での研究・教育の経験を生かし，読者の側に立って執筆することを申し合わせた．

本シリーズは，理工系学部の1～3年生を主な対象としている．岩波書店からすでに刊行されている「理工系の数学入門コース」よりは平均としてやや上のレベルにあるが，数学科以外の学生諸君が自力で読み進められるよう十分に配慮した．各巻はそれぞれ独立の課題を扱っているので，必ずしも上の順で読む必要はない．一方，各巻のつながりを知りたい読者も多いと思うので，一応の道しるべとして相互関係をイラストの形で示しておく．

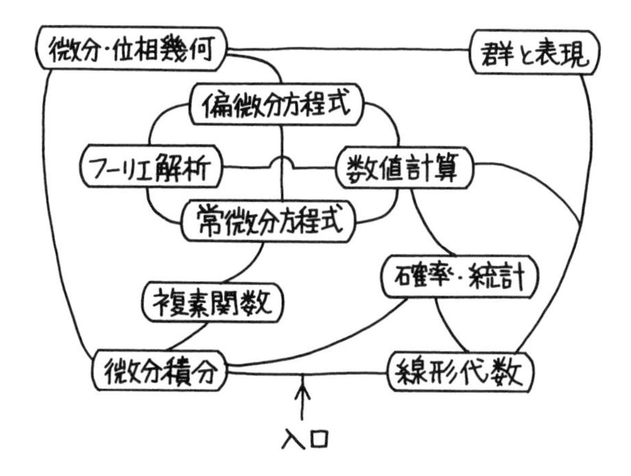

自然科学や工学の多くの分野に数学がいろいろな形で使われるようになったことは，近代科学の発展の大きな特色である．この傾向は，社会科学や人文科学を含めて次世紀にもさらに続いていくであろう．そこでは，かつてのような純粋数学と応用数学といった区分や，応用数学という名のもとに考えられていた狭い特殊な体系は，もはや意味をもたなくなっている．とくにこの10年来の数学と物理学をはじめとする自然科学との結びつきは，予想だにしなかった純粋数学の諸分野までも深く巻きこみ，極めて広い前線において交流が本格化しようとしている．また工学と数学のかかわりも近年非常に活発となっている．コンピュータが実用化されて以降，工学で現われるさまざまなシステムについて，数学的な(とくに代数的な)構造がよく知られるようになった．そのため，これまで以上に広い範囲の数学が必要となってきているのである．

このような流れを考慮して，本シリーズでは，『群と表現』と『微分・位相幾何』の巻を加えた．さらにいえば，解析学中心の理工系数学の教育において，代数と幾何学を現代的視点から取り入れたかったこともその1つの理由である．

本シリーズでは，記述は簡潔明瞭にし，定義・定理・証明を羅列するようなスタイルはできるだけ避けた．とくに，概念の直観的理解ができるような説明を心がけた．理学・工学のための道具または言葉としての数学を重視し，興味をもって使いこなせるようにすることを第1の目標としたからである．歯ごたえのある部分もあるので一度では理解できない場合もあると思うが，気落ちすることなく何回も読み返してほしい．理解の手助けとして，また，応用面を探るために，各章末には演習問題を設けた．これらの解答は巻末に詳しく示されている．しかし，できるだけ自力で解くことが望ましい．

本シリーズの執筆過程において，編者も原稿を読み，上にのべた観点から執筆者にさまざまなお願いをした．再三の書き直しをお願いしたこともある．執筆者相互の意見交換も活発に行われ，また岩波書店から絶えず示された見解も活用させてもらった．

この「理工系の基礎数学」シリーズを征服して，数学に自信をもつようになり，より高度の数学に進む読者があらわれたとすれば，編者にとってこれ以上の喜びはない．

1995年12月

編者　吉川圭二
和達三樹
薩摩順吉

まえがき

大学で学ぶ数学の大きな柱は，一つは解析学(微分，積分学)もう一つは線形代数学である．線形代数学は，行列と行列式の理論および線形空間の理論を取り扱い，代数学の一部ではあるが応用面に広がった技術としての側面をもっている．とくに近年では線形代数学は，理工系のみならず経済学その他の分野でも必須の基礎技術といえる．

微積分は高校から学びまた物理学などで応用する機会にも恵まれるので，それがいかに重要であるか疑問の余地はない．一方の線形代数がどのような側面で重要であるかは，それを勉強している大学1,2年生の当時は十分理解されないように思う．著者が線形代数学の面白さと重要性を理解できるようになったのは，物理で量子力学を学んでからであったような気がする．読者の多くは，すでに高等学校で2次元ベクトル，2×2行列などを学んでいると思う．そのため大学に入学した後で過度に理解に苦しむことはないかもしれないが，一方ではせっかくの機会に線形代数の理解を深めることなく，高校で学んだことの復習の程度を越えないで線形代数を通り過ぎる人も多いように見受けられる．

筆者は数学ではなく物理学を専門としているが，毎日何がしかは線形代数の知識と技術を使い，また大学において工学系の1年生に線形代数を講義した経験もある．そのような機会を通じて，線形代数が解析学に勝るとも劣らない重要性をもっていることを日々実感している．学生諸君が線形代数学の重要性を理解せず，さらには数学などは必要ないと考えるとしたら，それは学生自身の問題ではなく教える側での努力が十分ではないからではないかと思うにいたった．例えば，微分方程式を講義する際にそれと線形空間や行列との関係を説明する，あるいはフーリエ解析の議論をするとき，線形空間の立場から整理してみる，あるいは線形空間の講義の中で微分方程式論に触れる，などが必要なのではないだろうか．また行列式を使って連立1次方程式の理論を説明しても，新しい技術としての行列式の計算が，手間や計算手順において優れている側面を実感させなければ，学生諸君がその方向に目を向けないのは当然である．このような意味で，講義をする側が深遠な理論のみならず，計算技術としての側面までさらけ出さないことには，難しい数学理論としての尊敬を得られても，日々つき合っていこうという信頼を得ることはできない．

以上のような感想をもっていたとき編者からのお誘いがあり，それに応じて書いたのが本書である．本書の読者としては理科系・文科系に関わらず大学の1, 2年生を想定し，教科書としても使用できるように配慮した．本シリーズの執筆者相互の取り決めもあり，定理とその証明という議論の運び方はさけるようにした．証明としては厳密でないところも多くあるが，証明をきちんとするよりはむしろ例を使って理解する方が重要だと考えたからである．また例題を多用し，一般論を与えて例題で確認するという通常の方法とは逆に，簡単な例題をやって言わんとすることを具体的に示してから，一般論を展開するというスタイルを多くの部分でとっている．

本書の構成はしたがって，現代の数学の立場からいえばきわめて即物的で数学としての論理性と品格に欠けるというご批判もあると覚悟している．しかし数学を専門としない理工系学生の学び方はむしろかくあるべきだという筆者なりの主張である．一方で，学んでほしいと思った項目を骨抜きにするようなことはしなかった．また最終章において数値的取扱いの基本に触れたのも，計算機を用いた数値計算を念頭に置いて，それへの足がかりを早い時期に与えておきたいと考えたからである．

本書の執筆をすすめ，また原稿に目をとおしていろいろご批判やご意見をいただいた薩摩順吉教授に感謝する．岩波書店編集部片山宏海，宮部信明両氏にもいろいろ世話になった．とくに宮部氏からは一読者の立場からのご意見を多く得，よりよい構成にすることができたと思う．深く感謝する．

1995年12月

藤原毅夫

目　次

1 ベクトル

行列というものを理解する際の足がかりとなるベクトルについて学ぶ．ベクトルを平面あるいは空間における位置を示す位置ベクトルとして学ぶことも多い．ここではより一般的な概念として理解しよう．

1-1 ベクトルとベクトルの演算

3つの数を縦に並べて一組としたものたとえば

$$\begin{pmatrix} 1 \\ 1 \\ 2.5 \end{pmatrix}$$

を**3次元ベクトル**(vector)という．3つの数をこの例のように実数にとれば，3次元ベクトルはわれわれの住んでいる空間にあてはめて理解することができる．空間の位置を直交直線座標で表して，原点$(0,0,0)$から点$(1,1,2.5)$に至る矢印で示される「長さと方向をもったもの」を考えよう．さらにこの矢印の出発点がどこにあっても，同じ長さと同じ方向をもったものは区別せずに同じものであるとみなすことにする(図1-1)．これが上の3次元ベクトルである．空間内の1点も出発点を原点とするベクトルで表すことができる．その場合にはとくに「位置ベクトル」と呼ぶ．ベクトルを示すには一般に太文字を用いて

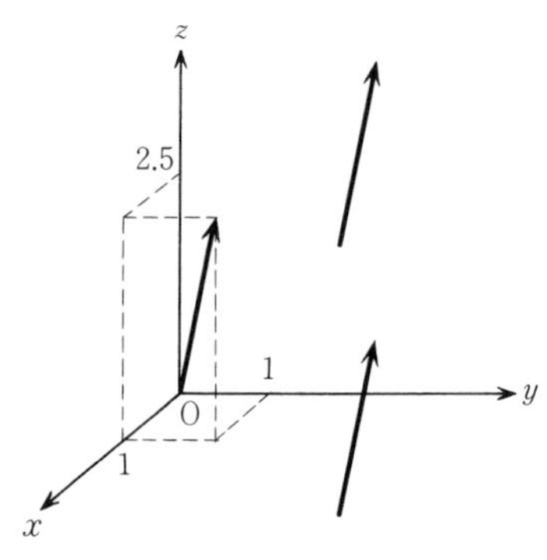

図 1-1　3 次元空間のベクトル

書く．たとえば

$$\boldsymbol{a} = \begin{pmatrix} 1 \\ 1 \\ 2.5 \end{pmatrix} \tag{1.1}$$

である．

2 つのベクトルの各成分がすべて相等しいときに，この 2 つのベクトルは等しいという．

$$\boldsymbol{a} = \begin{pmatrix} a_1 \\ a_2 \\ a_3 \end{pmatrix}, \quad \boldsymbol{b} = \begin{pmatrix} b_1 \\ b_2 \\ b_3 \end{pmatrix}, \quad \boldsymbol{a} = \boldsymbol{b} \iff \begin{cases} a_1 = b_1 \\ a_2 = b_2 \\ a_3 = b_3 \end{cases} \tag{1.2}$$

先の定義から，ベクトル $\boldsymbol{a}$ は平行移動を表すと理解することができる．さらに 2 つの平行移動を続けて行う操作にベクトル $\boldsymbol{a}, \boldsymbol{b}$ の足し算を対応させよう．こうすることによりベクトル $\boldsymbol{a}, \boldsymbol{b}$ の足し算は次のように定義することができる．

$$\boldsymbol{a} = \begin{pmatrix} a_1 \\ a_2 \\ a_3 \end{pmatrix}, \quad \boldsymbol{b} = \begin{pmatrix} b_1 \\ b_2 \\ b_3 \end{pmatrix} \Longrightarrow \boldsymbol{a} + \boldsymbol{b} = \begin{pmatrix} a_1 + b_1 \\ a_2 + b_2 \\ a_3 + b_3 \end{pmatrix} \tag{1.3}$$

ベクトルの足し算については交換法則

$$\boldsymbol{a} + \boldsymbol{b} = \boldsymbol{b} + \boldsymbol{a} \tag{1.4}$$

が成立する．またベクトルの足し算においては結合法則

$$(\boldsymbol{a} + \boldsymbol{b}) + \boldsymbol{c} = \boldsymbol{a} + (\boldsymbol{b} + \boldsymbol{c}) \tag{1.5}$$

が成立する．ベクトル $\boldsymbol{a}$ の各成分をすべて定数倍することを，ベクトル $\boldsymbol{a}$ を定数倍(スカラー倍という)するという．すなわち c を任意の実数とするとき

$$c\boldsymbol{a} = \begin{pmatrix} ca_1 \\ ca_2 \\ ca_3 \end{pmatrix} \tag{1.6}$$

と定義される．ベクトルのスカラー乗法についても，c, d を任意の実数として次の規則が成り立つ．

$$\begin{cases} c(\boldsymbol{a}+\boldsymbol{b}) = c\boldsymbol{a}+c\boldsymbol{b} \\ (c+d)\boldsymbol{a} = c\boldsymbol{a}+d\boldsymbol{a} \\ (cd)\boldsymbol{a} = c(d\boldsymbol{a}) \end{cases} \tag{1.7}$$

例題 1-1　次のベクトルの足し算およびスカラー倍を行え．

(a) $\begin{pmatrix} 1 \\ 0 \\ 1.5 \end{pmatrix} + \begin{pmatrix} 2.5 \\ 1 \\ 0 \end{pmatrix}$　　(b) $2\begin{pmatrix} 1 \\ 0 \\ 1.5 \end{pmatrix}$

[解]

(a) $\begin{pmatrix} 1 \\ 0 \\ 1.5 \end{pmatrix} + \begin{pmatrix} 2.5 \\ 1 \\ 0 \end{pmatrix} = \begin{pmatrix} 1+2.5 \\ 0+1 \\ 1.5+0 \end{pmatrix} = \begin{pmatrix} 3.5 \\ 1 \\ 1.5 \end{pmatrix}$

(b) $2\begin{pmatrix} 1 \\ 0 \\ 1.5 \end{pmatrix} = \begin{pmatrix} 2\cdot 1 \\ 2\cdot 0 \\ 2\cdot 1.5 \end{pmatrix} = \begin{pmatrix} 2 \\ 0 \\ 3 \end{pmatrix}$　▌

すべての成分が0であるベクトルを $\boldsymbol{0}$ と表し，ゼロ・ベクトルという．このとき

$$\boldsymbol{a}+\boldsymbol{0} = \boldsymbol{a} \tag{1.8}$$

である．$(-1)\times\boldsymbol{a}$ を $-\boldsymbol{a}$ と表す．これを用いると，また

$$\boldsymbol{a}+(-\boldsymbol{a}) = \boldsymbol{0} \tag{1.9}$$

である．

以上では，われわれは3つの実数を成分としたベクトルを考えた．一般の n

個の数の組についても，まったく同様に考えることができる．これを**n 次元ベクトル**という．

$$\boldsymbol{a} = \begin{pmatrix} a_1 \\ a_2 \\ \vdots \\ a_n \end{pmatrix} \tag{1.10}$$

n 個の数 $a_1 \sim a_n$ は実数ではなく**複素数**であってもよい．これをとくに**n 次元複素ベクトル**と呼ぶこともある．それに対し実数のみを成分とした n 次元ベクトルを**n 次元実ベクトル**と呼ぶ．n 次元ベクトルの足し算，スカラー倍についても(1.3), (1.6)と同様に定義する．n 次元ゼロ・ベクトルは n 個の成分がすべてゼロであるベクトルであることも同様である．スカラー倍を考えるときの定数 c, d も一般に複素数であるとする．もっと一般的なベクトルの概念については第 4 章以降で学ぶ．

n 次元ベクトルのうちで，次のような特別の n 個のベクトル

$$\boldsymbol{e}_1 = \begin{pmatrix} 1 \\ 0 \\ 0 \\ \vdots \\ 0 \end{pmatrix}, \quad \boldsymbol{e}_2 = \begin{pmatrix} 0 \\ 1 \\ 0 \\ \vdots \\ 0 \end{pmatrix}, \quad \cdots, \quad \boldsymbol{e}_i = \begin{matrix} 1 \\ \\ \\ i \\ \\ \\ n \end{matrix}\begin{pmatrix} 0 \\ \vdots \\ 0 \\ 1 \\ 0 \\ \vdots \\ 0 \end{pmatrix}, \quad \cdots, \quad \boldsymbol{e}_n = \begin{pmatrix} 0 \\ \vdots \\ 0 \\ 1 \end{pmatrix} \tag{1.11}$$

を**n 次元単位ベクトル**という．任意の n 次元(複素)ベクトルは，単位ベクトルの定数倍の和(**1 次結合**または**線形結合**という)により，一意的に表すことができる．例えば $a_1, a_2, \cdots, a_n$ を n 個の複素数として

$$\boldsymbol{a} = \begin{pmatrix} a_1 \\ a_2 \\ \vdots \\ a_n \end{pmatrix} = a_1\boldsymbol{e}_1 + a_2\boldsymbol{e}_2 + \cdots + a_n\boldsymbol{e}_n \tag{1.12}$$

となる．

任意の n 次元複素ベクトル $\boldsymbol{a}$ について

$$N(\boldsymbol{a}) = \sqrt{|a_1|^2+|a_2|^2+\cdots+|a_n|^2} \tag{1.13}$$

を定義し，これについての性質を調べてみよう．$N(\boldsymbol{a})$ は常に正または0であり，0となるのは $a_1=a_2=\cdots=a_n=0$ つまり $\boldsymbol{a}=\boldsymbol{0}$ のときに限られる．さらに

$$\begin{aligned} N(\boldsymbol{a}+\boldsymbol{b}) &= \sqrt{|a_1+b_1|^2+|a_2+b_2|^2+\cdots+|a_n+b_n|^2} \\ &\leqq N(\boldsymbol{a})+N(\boldsymbol{b}) \end{aligned} \tag{1.14}$$

が成立している．(1.14)は**3角不等式**という重要な性質である．2次元または3次元実ベクトルの場合には,「3角形の任意の2辺の長さの和は他の1辺の長さより長い」ということを述べているからである．3角不等式は以下のようにして示すことができる．

ここでいくつかの記号を導入しておこう．複素数 z の実数部を $\mathrm{Re}(z)$，虚数部を $\mathrm{Im}(z)$ と書く．したがって x, y を実数として複素数 $z=x+iy$ については，$x=\mathrm{Re}(z)$，$y=\mathrm{Im}(z)$ である．また z の虚数部の符号を換えたもの $x-iy$ を複素共役といい，$\bar{z}$ と書く．複素数の絶対値 $|z|$ は $|z|=\sqrt{x^2+y^2}$ である．

まず最初に

$$\left|\sum_{i=1}^{n} \bar{a}_i b_i\right|^2 \leqq \sum_{i=1}^{n} |a_i|^2 \cdot \sum_{j=1}^{n} |b_j|^2 \tag{1.15}$$

を示す．

z と w を任意の複素数として

$$\begin{aligned} 0 &\leqq N(z\boldsymbol{a}+w\boldsymbol{b})^2 \\ &= |z|^2\sum_{i=1}^{n}|a_i|^2+\bar{z}w\sum_{i=1}^{n}\bar{a}_i b_i+z\bar{w}\sum_{i=1}^{n}a_i\bar{b}_i+|w|^2\sum_{i=1}^{n}|b_i|^2 \end{aligned}$$

が成立している．ここで

$$z = \sum_{i=1}^{n}|b_i|^2, \qquad w = -\sum_{i=1}^{n}a_i\bar{b}_i$$

と選べば上式は

$$0 \leqq \sum_{i=1}^{n}|b_i|^2\left[\sum_{i=1}^{n}|a_i|^2\cdot\sum_{i=1}^{n}|b_i|^2-\left|\sum_{i=1}^{n}\bar{a}_i b_i\right|^2\right]$$

と書きなおされる．これは(1.15)が成立していることを示している．(1.15)を**シュワルツ(Schwarz)の不等式**と呼ぶ．

シュワルツの不等式を用いると(1.14)と同値な式((1.14)を2乗して整理した式)

$$\sum_{i=1}^{n}(\bar{a}_i b_i+a_i\bar{b}_i) \leqq 2\sqrt{\sum_{i=1}^{n}|a_i|^2\cdot\sum_{j=1}^{n}|b_j|^2} \tag{1.14'}$$

を次のようにして示すことができる．(1.14′)の左辺は互いに複素共役な数 $\bar{a}_i b_i$ と $a_i\bar{b}_i$ の和であるから

$$\bar{a}_i b_i+a_i\bar{b}_i = 2\,\mathrm{Re}(\bar{a}_i b_i)$$

であり，したがって示すべき式(1.14′)は,

$$\left|\mathrm{Re}\left(\sum_{i=1}^{n}\bar{a}_i b_i\right)\right|^2 \leqq \sum_{i=1}^{n}|a_i|^2\cdot\sum_{j=1}^{n}|b_j|^2 \tag{1.14''}$$

と書きかえることができる．一般に複素数 $z=x+iy$ に関して

$$|\mathrm{Re}(z)|^2 = |x|^2 \leqq x^2+y^2 = |z|^2$$

であることを考えれば，(1.15)を用いて

$$\left|\mathrm{Re}\left(\sum_{i=1}^{n}\bar{a}_i b_i\right)\right|^2 \leqq \left|\sum_{i=1}^{n}\bar{a}_i b_i\right|^2 \leqq \sum_{i=1}^{n}|a_i|^2\cdot\sum_{j=1}^{n}|b_j|^2$$

となる．したがって(1.14″)が成立している．▌

ここにあらわれた

$$\sum_{i=1}^{n}\bar{a}_i b_i, \qquad \sum_{i=1}^{n}|a_i|^2 = \sum_{i=1}^{n}\bar{a}_i a_i$$

を

$$(\boldsymbol{a},\boldsymbol{b}) = \sum_{i=1}^{n}\bar{a}_i b_i, \qquad (\boldsymbol{a},\boldsymbol{a}) = \sum_{i=1}^{n}\bar{a}_i a_i \tag{1.16}$$

と書いて**内積**という．とくに自分自身との内積の平方根

$$N(\boldsymbol{a}) = \sqrt{(\boldsymbol{a},\boldsymbol{a})}$$

を**ノルム**(norm)といい

$$\|\boldsymbol{a}\| = \sqrt{(\boldsymbol{a},\boldsymbol{a})} \tag{1.17}$$

と表す.

これらの書き方を用いると，上で示したことは

(1) $\|\boldsymbol{a}\| \geqq 0, \quad \|\boldsymbol{a}\|=0 \iff \boldsymbol{a}=0$

(2) $\|\boldsymbol{a}+\boldsymbol{b}\| \leqq \|\boldsymbol{a}\|+\|\boldsymbol{b}\|$　　(三角不等式)　　(1.18)

(3) $|(\boldsymbol{a}, \boldsymbol{b})| \leqq \|\boldsymbol{a}\| \cdot \|\boldsymbol{b}\|$　　(シュワルツの不等式)

となる．もし $\boldsymbol{a}$ が3次元(実数)ベクトルであるなら，ノルム $\|\boldsymbol{a}\|$ はベクトル $\boldsymbol{a}$ の矢印の長さをあらわしている．ノルム $\|\boldsymbol{a}\|$ の満足する性質(1.18)の(1)，(2)は長さの基本的性質である．したがって一般の n 次元複素ベクトルについても，ノルムをベクトルの「長さ」と呼ぶことにする．

ベクトル $\boldsymbol{a}$ と $\boldsymbol{b}$ が2次元または3次元実ベクトルなら $(\boldsymbol{a}, \boldsymbol{b})/(\|\boldsymbol{a}\| \cdot \|\boldsymbol{b}\|)$ は，ベクトル $\boldsymbol{a}$ と $\boldsymbol{b}$ のなす角度の余弦(cos)を与えている．これは次のようにすればわかる．ベクトル $\boldsymbol{a}, \boldsymbol{b}$ の交角を θ とすると余弦定理により

$$\|\boldsymbol{a}\| \cdot \|\boldsymbol{b}\| \cos\theta = \frac{1}{2}(\|\boldsymbol{a}\|^2+\|\boldsymbol{b}\|^2-\|\boldsymbol{a}-\boldsymbol{b}\|^2)$$

である(図1-2)．一方 $\|\boldsymbol{a}-\boldsymbol{b}\|$ は

$$\begin{aligned}\|\boldsymbol{a}-\boldsymbol{b}\|^2 &= (\boldsymbol{a}-\boldsymbol{b}, \boldsymbol{a}-\boldsymbol{b}) \\ &= (\boldsymbol{a}, \boldsymbol{a})+(\boldsymbol{b}, \boldsymbol{b})-(\boldsymbol{a}, \boldsymbol{b})-(\boldsymbol{b}, \boldsymbol{a}) \\ &= \|\boldsymbol{a}\|^2+\|\boldsymbol{b}\|^2-2(\boldsymbol{a}, \boldsymbol{b})\end{aligned}$$

であるから

$$(\boldsymbol{a}, \boldsymbol{b}) = \|\boldsymbol{a}\| \cdot \|\boldsymbol{b}\| \cos\theta$$

である．これを書き直せば

$$\frac{(\boldsymbol{a}, \boldsymbol{b})}{\|\boldsymbol{a}\| \cdot \|\boldsymbol{b}\|} = \cos\theta$$

が得られる．一般の場合の内積の意味については後の節で考えてみることにしよう．

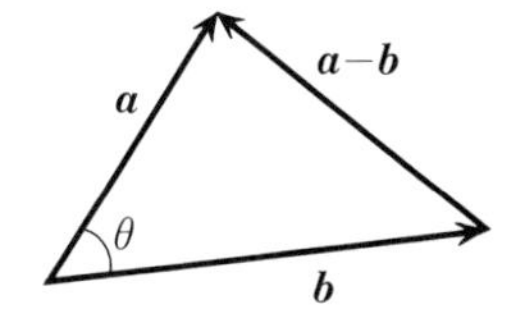

図1-2　2次元(3次元)実ベクトル $\boldsymbol{a}, \boldsymbol{b}$ のなす角 θ と差 $\boldsymbol{a}-\boldsymbol{b}$

例題 1-2

$$\boldsymbol{a}=\begin{pmatrix}3\\1+2i\\i\end{pmatrix},\quad \boldsymbol{b}=\begin{pmatrix}1+0.5i\\i\\2\end{pmatrix}$$

について，$\boldsymbol{a}+\boldsymbol{b}, \boldsymbol{a}-\boldsymbol{b}, (\boldsymbol{a},\boldsymbol{b}), (\boldsymbol{b},\boldsymbol{a}), \|\boldsymbol{a}\pm\boldsymbol{b}\|, \|\boldsymbol{a}\|, \|\boldsymbol{b}\|$ を計算し，3角不等式，シュワルツの不等式が成り立っていることを確かめよ．

[解]

$$\boldsymbol{a}+\boldsymbol{b}=\begin{pmatrix}4+0.5i\\1+3i\\2+i\end{pmatrix},\quad \boldsymbol{a}-\boldsymbol{b}=\begin{pmatrix}2-0.5i\\1+i\\-2+i\end{pmatrix}$$

$$(\boldsymbol{a},\boldsymbol{b})=3\times(1+0.5i)+(1-2i)\times(i)+(-i)\times 2=5+0.5i$$

$$(\boldsymbol{b},\boldsymbol{a})=(1-0.5i)\times 3+(-i)\times(1+2i)+2\times(+i)=5-0.5i$$

$$\|\boldsymbol{a}+\boldsymbol{b}\|=\sqrt{(16+0.25)+(1+9)+(4+1)}=\sqrt{31.25}=5.590\cdots$$

$$\|\boldsymbol{a}-\boldsymbol{b}\|=\sqrt{(4+0.25)+(1+1)+(4+1)}=\sqrt{11.25}=3.354\cdots$$

$$\|\boldsymbol{a}\|=\sqrt{(9)+(1+4)+(1)}=\sqrt{15}=3.872\cdots$$

$$\|\boldsymbol{b}\|=\sqrt{(1+0.25)+(1)+(4)}=\sqrt{6.25}=2.5 \qquad \blacksquare$$

1-2　ベクトルの回転

2次元平面上でベクトルを回転することを考えよう．図1-3のように原点のまわりで，時計と反対の方向(正の方向)に角度θだけ回転すると，点$\begin{pmatrix}x\\y\end{pmatrix}$は$\begin{pmatrix}x'\\y'\end{pmatrix}$

$$\begin{cases}x'=x\cos\theta-y\sin\theta\\ y'=x\sin\theta+y\cos\theta\end{cases}\tag{1.19}$$

に移る．これを

$$\begin{pmatrix}x'\\y'\end{pmatrix}=\begin{pmatrix}\cos\theta & -\sin\theta\\ \sin\theta & \cos\theta\end{pmatrix}\begin{pmatrix}x\\y\end{pmatrix}\tag{1.20}$$

と書く．ここに現れた，数を縦横に並べたもの

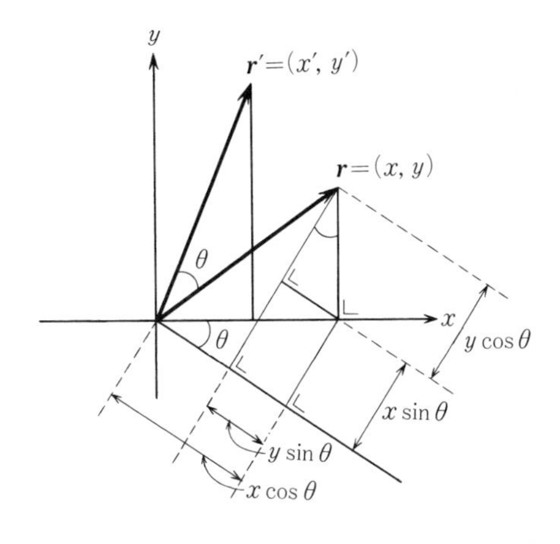

図 1-3　2次元平面上のベクトル $\boldsymbol{r}=(x, y)$ の回転．反時計回りに角度 θ だけ回転させて $\boldsymbol{r}'=(x', y')$ に移る．

$$\begin{pmatrix} \cos\theta & -\sin\theta \\ \sin\theta & \cos\theta \end{pmatrix}$$

あるいはもっと一般的に書いて

$$\begin{pmatrix} a_{11} & a_{12} \\ a_{21} & a_{22} \end{pmatrix} \tag{1.21}$$

を (2,2) **行列**，あるいは2行2列行列という．横の並びを**行**，縦の並びを**列**という．ここで2行2列行列と2次元ベクトルの掛け算を

$$\begin{pmatrix} a_{11} & a_{12} \\ a_{21} & a_{22} \end{pmatrix}\begin{pmatrix} u_1 \\ u_2 \end{pmatrix} = \begin{pmatrix} a_{11}u_1+a_{12}u_2 \\ a_{21}u_1+a_{22}u_2 \end{pmatrix} \tag{1.22}$$

と定義する．この定義は(1.19)を(1.20)のように書くこととあっている．回転(1.20)ではベクトル $\begin{pmatrix} x \\ y \end{pmatrix}$ の長さ $\sqrt{x^2+y^2}$ は回転した後でも変わらないはずであるから $\sqrt{x'^2+y'^2}$ に等しい．直接の計算で

$$x'^2+y'^2 = (x\cos\theta-y\sin\theta)^2+(x\sin\theta+y\cos\theta)^2 = x^2+y^2$$

行列のことを英語で matrix(マトリックス)という．matrix とは，いろいろなものを並べた「地」といったニュアンスの語である．最初これを「方列」と呼んだこともあるようである．わが国の専門用語はおおむね難しい漢語を用いるが，「行列」などは日常用語でもあり，わが国では珍しい例かもしれない．

となり，確かに長さが不変であることが確かめられる．

3次元実ベクトルについても，ベクトルの回転を同じように表すことができる．たとえば，z軸を回転軸としてx-y平面内で$z>0$の方向から見て時計と反対回りの方向に$+\theta$だけ回転すると（z軸を回転軸としてz軸方向に進む右ネジの方向に$+\theta$だけ回転する，と言ってもよい），ベクトル$\begin{pmatrix} x \\ y \\ z \end{pmatrix}$は$\begin{pmatrix} x' \\ y' \\ z' \end{pmatrix}$

$$\begin{cases} x' = x\cos\theta - y\sin\theta \\ y' = x\sin\theta + y\cos\theta \\ z' = z \end{cases} \tag{1.23}$$

に移る．(1.23)はもう少していねいに書いて

$$\begin{cases} x' = x\cos\theta - y\sin\theta + z\cdot 0 \\ y' = x\sin\theta + y\cos\theta + z\cdot 0 \\ z' = x\cdot 0 + y\cdot 0 + z \end{cases} \tag{1.23$'$}$$

となり，これをまた

$$\begin{pmatrix} x' \\ y' \\ z' \end{pmatrix} = \begin{pmatrix} \cos\theta & -\sin\theta & 0 \\ \sin\theta & \cos\theta & 0 \\ 0 & 0 & 1 \end{pmatrix} \begin{pmatrix} x \\ y \\ z \end{pmatrix} \tag{1.24}$$

と書くことにする．ここに現れた，数を3行3列に並べたものを(3,3)行列あるいは3行3列行列という．(1.22)と同様に3行3列の行列と3次元ベクトルの掛け算によって新しい3次元ベクトルが生成され，その掛け算を

$$\begin{pmatrix} a_{11} & a_{12} & a_{13} \\ a_{21} & a_{22} & a_{23} \\ a_{31} & a_{32} & a_{33} \end{pmatrix} \begin{pmatrix} u_1 \\ u_2 \\ u_3 \end{pmatrix} = \begin{pmatrix} a_{11}u_1 + a_{12}u_2 + a_{13}u_3 \\ a_{21}u_1 + a_{22}u_2 + a_{23}u_3 \\ a_{31}u_1 + a_{32}u_2 + a_{33}u_3 \end{pmatrix} \tag{1.25}$$

と定義する．この定義は(1.23′)と(1.24)が同じであることを意味している．回転(1.24)によって，ベクトルの長さが変わらないことは

$$\begin{aligned} x'^2 + y'^2 + z'^2 &= (\cos\theta\cdot x - \sin\theta\cdot y)^2 + (\sin\theta\cdot x + \cos\theta\cdot y)^2 + z^2 \\ &= x^2 + y^2 + z^2 \end{aligned}$$

と確かめられる．

3次元実ベクトルの集合に関する回転をあらわす行列が満たすべき条件を考えてみよう．回転をあらわす行列を

$$A=\begin{pmatrix} a_{11} & a_{12} & a_{13} \\ a_{21} & a_{22} & a_{23} \\ a_{31} & a_{32} & a_{33} \end{pmatrix} \tag{1.26}$$

とする．今，これらは(1.24)のような実ベクトルの変換をあらわすから，a_{ij} はすべて実数である．回転は

$$\begin{pmatrix} x' \\ y' \\ z' \end{pmatrix} = A\begin{pmatrix} x \\ y \\ z \end{pmatrix} \tag{1.27}$$

とあらわされる．この2つのベクトルについて，ベクトルの長さの不変性は

$$x'^2+y'^2+z'^2 = x^2+y^2+z^2 \tag{1.28}$$

と書ける．これに(1.27)から x', y', z' を代入すれば，

$$(a_{11}x+a_{12}y+a_{13}z)^2+(a_{21}x+a_{22}y+a_{23}z)^2+(a_{31}x+a_{32}y+a_{33}z)^2 = x^2+y^2+z^2$$

を得る．左辺を整理して，x^2, y^2, z^2 の係数が1，それ以外の係数が0であるという条件から

$$\begin{cases} a_{1i}{}^2+a_{2i}{}^2+a_{3i}{}^2 = 1 & (i=1,2,3) \\ a_{1i}a_{1j}+a_{2i}a_{2j}+a_{3i}a_{3j} = 0 & (i\neq j,\ \ i,j=1,2,3) \end{cases}$$

が得られる．あるいはこれらをまとめて

$$a_{1i}a_{1j}+a_{2i}a_{2j}+a_{3i}a_{3j} = \delta_{ij} \qquad (i,j=1,2,3) \tag{1.29}$$

と書くことができる．δ_{ij} は**クロネッカーのデルタ**といい，

$$\delta_{ij} = \begin{cases} 1 & (i=j) \\ 0 & (\text{それ以外の場合}) \end{cases} \tag{1.30}$$

と定義される．

例題1-3　ベクトル $\begin{pmatrix} 1 \\ 1 \\ 1 \end{pmatrix}$ を軸として，このベクトルの方向に進む右ネジの方向に120°(2π/3)の回転を表す行列を求めよ．またこの行列について(1.29)式が満たされることを確かめよ．

[解]

上の回転では，x 軸，y 軸，z 軸上の点はそれぞれ y, z, x 軸上に動くから，点 $\begin{pmatrix} x \\ y \\ z \end{pmatrix}$ は $\begin{pmatrix} z \\ x \\ y \end{pmatrix}$ に移る．したがってこの回転をあらわす行列は

$$\begin{pmatrix} 0 & 0 & 1 \\ 1 & 0 & 0 \\ 0 & 1 & 0 \end{pmatrix}$$

である．係数に関して確かに(1.29)式が満たされている．▌

2つのベクトル $\boldsymbol{x}_1, \boldsymbol{x}_2$ をそれぞれ同じ回転軸のまわりで同じ角度だけ回転させたとき，2つのベクトルのなす角度は変化しないことに注意しよう．ベクトル $\boldsymbol{x}, \boldsymbol{y}$ のなす角を θ とすると

$$(\boldsymbol{x}, \boldsymbol{y}) = \|\boldsymbol{x}\|\cdot\|\boldsymbol{y}\|\cos\theta \tag{1.31}$$

であり，ベクトル $\boldsymbol{x}, \boldsymbol{y}$ の長さ $\|\boldsymbol{x}\|, \|\boldsymbol{y}\|$ は変わらない．内積の表現を用いてこのことを式に書くと，回転後のベクトル $\boldsymbol{x}'=A\boldsymbol{x}$，$\boldsymbol{y}'=A\boldsymbol{y}$ の内積は $(\boldsymbol{x}, \boldsymbol{y})$ と等しく

$$(\boldsymbol{x}', \boldsymbol{y}') = (\boldsymbol{x}, \boldsymbol{y}) \tag{1.32}$$

である．具体的に書き下せば $\boldsymbol{x}=\begin{pmatrix} x_1 \\ x_2 \\ x_3 \end{pmatrix}$，$\boldsymbol{y}=\begin{pmatrix} y_1 \\ y_2 \\ y_3 \end{pmatrix}$ などと書いて

$$\sum_{i=1}^{3} x_i' y_i' = \sum_{i=1}^{3}\sum_{j=1}^{3}\sum_{k=1}^{3} a_{ij}x_j\cdot a_{ik}y_k = \sum_{j,k}\left(\sum_i a_{ij}a_{ik}\right)x_j y_k = \sum_{l=1}^{3} x_l y_l$$

となる．最後の変形に(1.29)を用いた．したがって式(1.29)が成り立てば(1.32)が得られることが示された．

回転操作という言葉に関しては少し注意しなくてはならない．このことを次の例題で考えてみよう．

例題 1-4

$$\begin{pmatrix} 0 & -1 & 0 \\ 1 & 0 & 0 \\ 0 & 0 & -1 \end{pmatrix}$$

はどのような回転か．

[解]

上の行列は点$\begin{pmatrix} x \\ y \\ z \end{pmatrix}$を$\begin{pmatrix} -y \\ x \\ -z \end{pmatrix}$に移す．これは$z$軸の回りで90°回転した後，$x$-$y$平面について鏡像をとる操作に対応している．▌

上の例のような鏡像あるいは$\boldsymbol{x} \to -\boldsymbol{x}$とする変換(座標反転)を含む回転操作を**広義回転操作**ということがある．座標反転を表す行列は

$$\begin{pmatrix} -1 & 0 & 0 \\ 0 & -1 & 0 \\ 0 & 0 & -1 \end{pmatrix}$$

である．以下では普通の回転操作と広義回転操作をあわせて単に**回転操作**という．

1-3　3次元空間の直線および平面の方程式

3次元実ベクトルを考えよう．3次元空間において，直線あるいは平面を表す式はベクトルの表記を用いれば簡単に書き下すことができる．

直線はその直線が通る1点$\boldsymbol{x}_0$と直線の方向$\boldsymbol{a}$を与えれば定まる(図1-4(a))．$\boldsymbol{x}_0$から測って点$\boldsymbol{x}$までの距離を$t|\boldsymbol{a}|$とすると

$$\boldsymbol{x} = \boldsymbol{x}_0 + t\boldsymbol{a} \tag{1.33}$$

である．これが助変数tを用いた直線の方程式である．あるいは各成分ごとに書いて

$$\begin{cases} x_1 = x_{01} + ta_1 \\ x_2 = x_{02} + ta_2 \\ x_3 = x_{03} + ta_3 \end{cases}$$

とし，この3式より変数tを消去することにより

$$\frac{x_1 - x_{01}}{a_1} = \frac{x_2 - x_{02}}{a_2} = \frac{x_3 - x_{03}}{a_3} \tag{1.34}$$

と書くこともできる．

平面の方程式についても同様である．平面は，その上にある2つのベクトルを定義すれば定まる(図1-4(b))．空間内の1点$\boldsymbol{x}_0$を通り2つのベクトル$\boldsymbol{a}, \boldsymbol{b}$を含む平面の式は

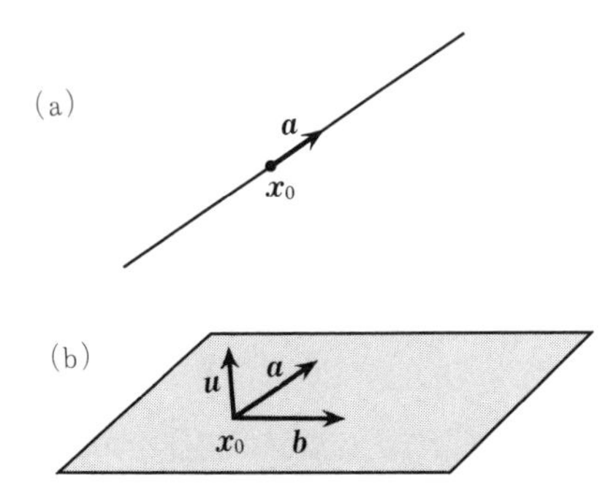

図 1-4　(a)点 $\boldsymbol{x}_0$ と方向 $\boldsymbol{a}$ を指定して直線を定める．(b)点 $\boldsymbol{x}_0$ と 2 つの方向 $\boldsymbol{a}, \boldsymbol{b}$ を指定して平面を定める．

$$\boldsymbol{x} = \boldsymbol{x}_0 + s\boldsymbol{a} + t\boldsymbol{b} \tag{1.35}$$

である．あるいは点 $\boldsymbol{x}_0$ を通りベクトル $\boldsymbol{u}$ に垂直な平面を定義することもできる．$\boldsymbol{x}-\boldsymbol{x}_0$ と $\boldsymbol{u}$ が垂直であるときには，この 2 つのベクトルのなす角は 90° であり内積はゼロとなる．したがって

$$(\boldsymbol{u}, \boldsymbol{x}-\boldsymbol{x}_0) = 0 \tag{1.36}$$

と書けばよい．各成分をあからさまに書けば

$$u_1(x_1-x_{01})+u_2(x_2-x_{02})+u_3(x_3-x_{03}) = 0$$

である．

$\boldsymbol{e}$ を単位の長さを持ったベクトルとすると，

$$(\boldsymbol{e}, \boldsymbol{u}) \tag{1.37}$$

はベクトル $\boldsymbol{u}$ を $\boldsymbol{e}$ の方向に射影したベクトルの長さを与えている(図 1-5)．$\boldsymbol{e}$ と $\boldsymbol{u}$ のなす角を θ とすると

$$\begin{aligned}(\boldsymbol{e}, \boldsymbol{u}) &= \|\boldsymbol{e}\|\cdot\|\boldsymbol{u}\| \cos\theta \\ &= \|\boldsymbol{u}\| \cos\theta\end{aligned}$$

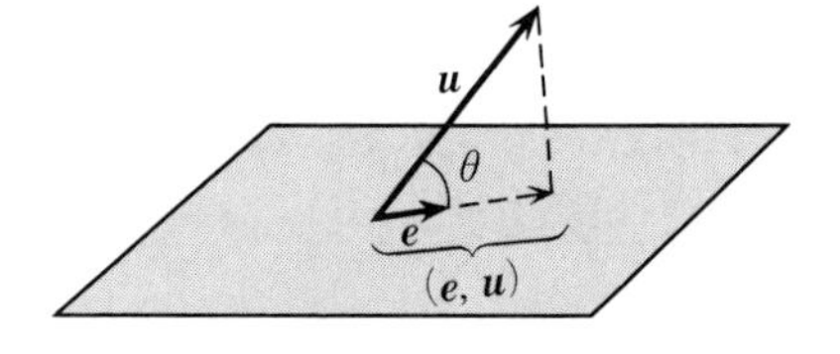

図 1-5　ベクトル $\boldsymbol{u}$ と単位ベクトル $\boldsymbol{e}$ へのその射影

だからである．これをベクトル $\boldsymbol{u}$ の $\boldsymbol{e}$ への射影という．もし3つの互いに直交した単位ベクトル

$$\boldsymbol{e}_1, \boldsymbol{e}_2, \boldsymbol{e}_3, \qquad (\boldsymbol{e}_i, \boldsymbol{e}_j) = \delta_{ij}$$

が与えられるならば，任意のベクトル $\boldsymbol{u}$ は単位ベクトル方向の成分に分解されて

$$\boldsymbol{u} = \boldsymbol{e}_1(\boldsymbol{e}_1, \boldsymbol{u}) + \boldsymbol{e}_2(\boldsymbol{e}_2, \boldsymbol{u}) + \boldsymbol{e}_3(\boldsymbol{e}_3, \boldsymbol{u}) \tag{1.38}$$

とあらわされることとなる．

例題 1-5 3次元空間で $\begin{pmatrix}1\\1\\0\end{pmatrix}$ に平行で点 $\begin{pmatrix}2\\0\\1\end{pmatrix}$ を通る直線の方程式を書け．またこの直線が垂直に貫きかつ原点をその上に含む平面の方程式を求めよ．

［解］ 求めるべき直線の方程式は(1.33)式を用いて

$$\boldsymbol{x} = \begin{pmatrix}2\\0\\1\end{pmatrix} + t\begin{pmatrix}1\\1\\0\end{pmatrix} = \begin{pmatrix}2+t\\t\\1\end{pmatrix}$$

と書ける．あるいは t を消去して

$$x_1 - 2 = x_2, \qquad x_3 = 1$$

である．またこの直線が垂直に貫きかつ原点がその上に乗った平面は(1.36)において $\boldsymbol{u} = \begin{pmatrix}1\\1\\0\end{pmatrix}$，$\boldsymbol{x}_0 = \boldsymbol{0}$ として，

$$x_1 + x_2 = 0$$

で与えられる．▌

1-4 ベクトルの微分，積分

複素ベクトル $\boldsymbol{a}$ が変数 s の値に応じて変化するとき，このベクトル $\boldsymbol{a}$ をベクトル関数といい $\boldsymbol{a}(s)$ と書く．ここでもベクトル $\boldsymbol{a}(s)$ は3つの成分からなっているとしよう．これに対して方向を持たない値だけの関数をスカラー関数ということがある．

ベクトル関数 $\boldsymbol{a}(s)$ は，変数 s が $s+\Delta s$ に変わると $\boldsymbol{a}(s+\Delta s)$ に変わる．増分 $\boldsymbol{a}(s+\Delta s)-\boldsymbol{a}(s)$ と変数 s の変化分 Δs について，極限

$$\lim_{\Delta s\to 0}\frac{\boldsymbol{a}(s+\Delta s)-\boldsymbol{a}(s)}{\Delta s} \tag{1.39}$$

が存在するとき，これを $\boldsymbol{a}(s)$ の s における微分係数といい，

$$\frac{d\boldsymbol{a}(s)}{ds},\quad \frac{d}{ds}\boldsymbol{a}(s),\quad \boldsymbol{a}'(s) \tag{1.40}$$

等と表す．またこのとき $\boldsymbol{a}(s)$ は s で微分可能であるという．ベクトル $\boldsymbol{a}(s)$ を成分を用いて

$$\boldsymbol{a}(s)=\begin{pmatrix}a_1(s)\\ a_2(s)\\ a_3(s)\end{pmatrix}=\boldsymbol{e}_1a_1(s)+\boldsymbol{e}_2a_2(s)+\boldsymbol{e}_3a_3(s) \tag{1.41}$$

と書き，微分係数については定義(1.39)に立ち戻れば

$$\frac{d}{ds}\boldsymbol{a}(s)=\begin{pmatrix}\dfrac{da_1(s)}{ds}\\ \dfrac{da_2(s)}{ds}\\ \dfrac{da_3(s)}{ds}\end{pmatrix}=\boldsymbol{e}_1\frac{da_1(s)}{ds}+\boldsymbol{e}_2\frac{da_2(s)}{ds}+\boldsymbol{e}_3\frac{da_3(s)}{ds} \tag{1.42}$$

となる．高次の微分係数についても同様である．

ベクトル $\boldsymbol{r}(s)$ について，ベクトル関数 $\boldsymbol{R}(s)$ が存在して

$$\frac{d\boldsymbol{R}(s)}{ds}=\boldsymbol{r}(s) \tag{1.43}$$

が成り立つとき，

$$\int^s ds'\boldsymbol{r}(s')=\boldsymbol{R}(s) \tag{1.44}$$

と書いて，$\boldsymbol{R}(s)$ をベクトル $\boldsymbol{r}(s)$ の不定積分という．これについても各成分ごとに分けて

$$\boldsymbol{R}(s) = \begin{pmatrix} R_1(s) \\ R_2(s) \\ R_3(s) \end{pmatrix}, \qquad R_i(s) = \int^s ds' \boldsymbol{r}_i(s') \tag{1.45}$$

と書くことができる．一般のスカラー関数について成り立つことは，この各成分 $R_i(s)$ についても同じように成り立っている．

1-5 ベクトルの線形写像

もとにもどってベクトルの変換を考えよう．任意の3次元ベクトル $\boldsymbol{x}$ に対して，行列 A を用いて

$$\begin{aligned} A &= \begin{pmatrix} a_{11} & a_{12} & a_{13} \\ a_{21} & a_{22} & a_{23} \\ a_{31} & a_{32} & a_{33} \end{pmatrix} \\ \boldsymbol{x}' &= A\boldsymbol{x} \end{aligned} \tag{1.46}$$

あるいは具体的に

$$\begin{pmatrix} x_1' \\ x_2' \\ x_3' \end{pmatrix} = \begin{pmatrix} a_{11}x_1 + a_{12}x_2 + a_{13}x_3 \\ a_{21}x_1 + a_{22}x_2 + a_{23}x_3 \\ a_{31}x_1 + a_{32}x_2 + a_{33}x_3 \end{pmatrix}$$

とあらわされる変換 $A: \boldsymbol{x} \to \boldsymbol{x}'$ を考える．この場合には，任意のベクトル $\boldsymbol{x}, \boldsymbol{y}$ について c を複素数として

$$\begin{aligned} A(\boldsymbol{x}+\boldsymbol{y}) &= A\boldsymbol{x} + A\boldsymbol{y} \\ Ac\boldsymbol{x} &= cA\boldsymbol{x} \end{aligned} \tag{1.47}$$

が成立する．このように任意のベクトル $\boldsymbol{x}$ にベクトル $A\boldsymbol{x}$ を対応させる規則を**線形写像**または**線形変換**という．また(1.47)のような性質を**線形性**という．

逆に任意の線形写像(線形変換)は

$$x_i' = \sum_{j=1}^{3} a_{ij} x_j$$

と書くことができることを示そう．3次元単位ベクトルを

$$\boldsymbol{e}_1 = \begin{pmatrix} 1 \\ 0 \\ 0 \end{pmatrix}, \quad \boldsymbol{e}_2 = \begin{pmatrix} 0 \\ 1 \\ 0 \end{pmatrix}, \quad \boldsymbol{e}_3 = \begin{pmatrix} 0 \\ 0 \\ 1 \end{pmatrix} \tag{1.48}$$

と書いて，線形写像 A が

$$A\boldsymbol{e}_1 = \begin{pmatrix} a_{11} \\ a_{21} \\ a_{31} \end{pmatrix}, \quad A\boldsymbol{e}_2 = \begin{pmatrix} a_{12} \\ a_{22} \\ a_{32} \end{pmatrix}, \quad A\boldsymbol{e}_3 = \begin{pmatrix} a_{13} \\ a_{23} \\ a_{33} \end{pmatrix} \tag{1.49}$$

であるとする．このとき任意のベクトル $\boldsymbol{x}=\begin{pmatrix} x_1 \\ x_2 \\ x_3 \end{pmatrix}$ に対しては

$$\begin{aligned} A\boldsymbol{x} &= A(x_1\boldsymbol{e}_1+x_2\boldsymbol{e}_2+x_3\boldsymbol{e}_3) = x_1A\boldsymbol{e}_1+x_2A\boldsymbol{e}_2+x_3A\boldsymbol{e}_3 \\ &= \begin{pmatrix} a_{11}x_1+a_{12}x_2+a_{13}x_3 \\ a_{21}x_1+a_{22}x_2+a_{23}x_3 \\ a_{31}x_1+a_{32}x_2+a_{33}x_3 \end{pmatrix} \end{aligned} \tag{1.50}$$

となる．これが示すべきことである．

第1章　演習問題

[1]　3次元実ベクトル $\boldsymbol{a}=\begin{pmatrix} 1 \\ 2 \\ 3 \end{pmatrix}$, $\boldsymbol{b}=\begin{pmatrix} 3 \\ 1 \\ 0 \end{pmatrix}$ について次の問に答えよ．

(a)　$\|\boldsymbol{a}\|, \|\boldsymbol{b}\|, \|\boldsymbol{a}+\boldsymbol{b}\|, \|\boldsymbol{a}-\boldsymbol{b}\|$ を計算せよ．

(b)　3角不等式 $\|\boldsymbol{a}\|+\|\boldsymbol{b}\| \geqq \|\boldsymbol{a}\pm\boldsymbol{b}\|$ を説明せよ．

(c)　$\boldsymbol{a}$ と $\boldsymbol{b}$ のなす角度を求めよ．

[2]　2つの平行でない3次元ベクトル $\boldsymbol{a}=\begin{pmatrix} a_1 \\ a_2 \\ a_3 \end{pmatrix}$ と $\boldsymbol{b}=\begin{pmatrix} b_1 \\ b_2 \\ b_3 \end{pmatrix}$ が張る平行4辺形の面積を計算せよ．

[3]　3つの互いに平行でない3次元ベクトル $\boldsymbol{a}, \boldsymbol{b}, \boldsymbol{c}$ について，

(a)　原点 $\boldsymbol{0}, \boldsymbol{a}, \boldsymbol{b}, \boldsymbol{c}$ を頂点とする4面体の体積

(b)　原点 $\boldsymbol{0}, \boldsymbol{a}, \boldsymbol{b}, \boldsymbol{c}$ を頂点とする4面体の重心の座標

を求めよ．

[4]　3次元空間の座標 $\boldsymbol{x}=\begin{pmatrix} x \\ y \\ z \end{pmatrix}$ に対して，次の行列で表される変換はどのようなもので

あるか調べよ．

(a) $\begin{pmatrix} 2 & 0 & 0 \\ 0 & 1 & 0 \\ 1 & 0 & 1 \end{pmatrix}$　(b) $\begin{pmatrix} 0 & 1 & 0 \\ 1 & 0 & 0 \\ 0 & 0 & 1 \end{pmatrix}$　(c) $\begin{pmatrix} 0 & 1 & 0 \\ -1 & 0 & 0 \\ 0 & 0 & 1 \end{pmatrix}$

(d) $\begin{pmatrix} 0 & 1 & 0 \\ 0 & 0 & 1 \\ 1 & 0 & 0 \end{pmatrix}$　(e) $\begin{pmatrix} 1/2 & \sqrt{3}/2 & 0 \\ -\sqrt{3}/2 & 1/2 & 0 \\ 0 & 0 & 1 \end{pmatrix}$

(f) $\begin{pmatrix} 1 & 0 & 0 \\ 0 & 0 & 1 \\ 0 & -1 & 0 \end{pmatrix}$

[5]　$2x+3y+4z=5$ があらわす平面の方程式をベクトル表示にせよ．この平面の垂線の方向ベクトルを定め，原点よりこの平面におろした垂線の長さを求めよ．

2 行　列

第1章では2次元(3次元)ベクトルから2次元(3次元)ベクトルへの線形写像として2行2列(3行3列)の行列を定義した．ここではもう少し一般的な線形写像として行列を定義する．さらに行列の演算，変換，種類および行列の関数などの基本について学ぶ．

2-1　行列の定義と演算

$n\times m$ 個の複素数を縦に n 個，横に m 個ならべて

$$A=\begin{pmatrix} a_{11} & a_{12} & \cdots & a_{1m} \\ a_{21} & a_{22} & \cdots & a_{2m} \\ \vdots & \vdots & \ddots & \vdots \\ a_{n1} & a_{n2} & \cdots & a_{nm} \end{pmatrix} \tag{2.1}$$

と書いたものを $n\times m$ 行列，n 行 m 列行列または (n,m) 型行列という．行列を構成している mn 個の複素数を**成分**(要素)とよび，a_{ij} 成分，あるいは (i,j) 成分とよぶ．対角線上に並んだ (i,i) 成分を**対角成分**(要素)とよび，それに対して (i,j) 成分 $(i\neq j)$ を**非対角成分**(要素)とよぶ．横の並びを**行**，縦の並びを**列**という．また上から i 番目の行を第 i 行，左から j 番目の列を第 j 列という．(2.1)を $A=(a_{ij})$ と書くこともある．これは (i,j) 成分が a_{ij} である

行列という意味である．

ベクトルと行列の掛け算を(1.22)または(1.25)と同様に定義しよう．(n, m) 型行列の右側に置かれるのは m 次元(複素)ベクトルで，その演算の結果は n 次元(複素)ベクトルとなる．これを

$$\begin{pmatrix} x_1' \\ x_2' \\ \vdots \\ x_n' \end{pmatrix} = \begin{pmatrix} a_{11} & a_{12} & \cdots & a_{1m} \\ a_{21} & a_{22} & \cdots & a_{2m} \\ \vdots & \vdots & \ddots & \vdots \\ a_{n1} & a_{n2} & \cdots & a_{nm} \end{pmatrix} \begin{pmatrix} x_1 \\ x_2 \\ \vdots \\ x_m \end{pmatrix} \tag{2.2}$$

と書く．具体的な掛け算をベクトルの各成分で表せば

$$x_i' = \sum_{j=1}^{m} a_{ij} x_j \qquad (i=1, 2, \cdots, n) \tag{2.2'}$$

となる．また(2.2)は

$$\boldsymbol{x}' = A\boldsymbol{x} \tag{2.3}$$

と書くこともできる．$\boldsymbol{x}'$ と $\boldsymbol{x}$ はそれぞれ n 次元ベクトル，m 次元ベクトルである．1 変数 x から 1 変数 y への線形写像は

$$y = ax$$

であることに対照させて(2.3)を理解することができる．(n, m) 行列に対しても(1.47)と同じように線形性の関係式

$$\begin{aligned} A(\boldsymbol{x}+\boldsymbol{y}) &= A\boldsymbol{x}+A\boldsymbol{y} \\ (Ac\boldsymbol{x}) &= c(A\boldsymbol{x}) \end{aligned} \tag{2.4}$$

が成立する．したがって n 行 m 列の行列により，m 次元ベクトルの集合から n 次元ベクトルの集合への任意の線形写像を定めることができる．

(n, m) 型行列 $A=(a_{ij})$，$B=(b_{ij})$ に対して，次のように定義する．

(1) 2 つの行列が等しい，すなわち $A=B$ とは，すべての成分について $a_{ij}=b_{ij}$ ということである．

(2) 行列 A と行列 B の和とは，$a_{ij}+b_{ij}$ を (i, j) 成分とする行列のことである．

$$A+B = (a_{ij}+b_{ij}) \tag{2.5}$$

(3) 行列 A の各成分を c 倍(c は複素数)して得られる行列を，A の c 倍と

いい

$$cA = (ca_{ij}) \tag{2.6}$$

と書く.

(4) とくに $(-1)A$ を $-A$ と書く. したがって $A-B$ とは $A+(-1)B$ のことである.

(5) すべての成分がゼロである (n, m) 型行列を (n, m) 型ゼロ行列といい, 0 と書く. したがって

$$0A = 0 \tag{2.7}$$

である.

これらのことから, 行列の和および定数倍については次のような法則が成り立つ.

$$\begin{aligned} &(A+B)+C = A+(B+C) \qquad (\text{結合法則}) \\ &A+B = B+A \qquad (\text{交換法則}) \\ &c(A+B) = cA+cB \\ &(c+d)A = cA+dA \\ &(cd)A = c(dA) \end{aligned} \tag{2.8}$$

行列はベクトルの集合からベクトルの集合への線形写像であることがわかった. 次に l 次元ベクトル → m 次元ベクトル → n 次元ベクトル, という2段階の線形写像を考えてみよう. (m, l) 型行列を B, (n, m) 型行列を A とする. l 次元ベクトルを $\boldsymbol{u}^{(l)}$, m 次元ベクトルを $\boldsymbol{v}^{(m)}$, n 次元ベクトルを $\boldsymbol{w}^{(n)}$ と書く. l 次元ベクトルから m 次元ベクトルへの線形写像は

$$\boldsymbol{v}^{(m)} = B\boldsymbol{u}^{(l)}, \qquad v_j{}^{(m)} = \sum_{i=1}^{l} b_{ji} u_i{}^{(l)} \quad (j=1, 2, \cdots, m) \tag{2.9}$$

である. これを A によって n 次元ベクトルの集合に写像すれば

$$\begin{aligned} &\boldsymbol{w}^{(n)} = A\boldsymbol{v}^{(m)} = A(B\boldsymbol{u}^{(l)}) \\ &w_k{}^{(n)} = \sum_{j=1}^{m} a_{kj} v_j{}^{(m)} = \sum_{j=1}^{m}\sum_{i=1}^{l} a_{kj} b_{ji} u_i{}^{(l)} \qquad (k=1, 2, \cdots, n) \end{aligned} \tag{2.10}$$

となる. 一方, $\boldsymbol{u}^{(l)} \to \boldsymbol{w}^{(n)}$ の直接の線形写像 C は (n, l) 行列で与えられるはずである. これを

$$\boldsymbol{w}^{(n)} = \boldsymbol{C}\boldsymbol{u}^{(l)}, \qquad w_k{}^{(n)} = \sum_{i=1}^{m} c_{ki} u_i{}^{(l)} \quad (k=1,2,\cdots,n) \tag{2.11}$$

と書いて(2.10)と比較すると

$$c_{ki} = \sum_{j=1}^{m} a_{kj} b_{ji} \tag{2.12}$$

となる．すなわち行列の掛け算として(ここで行列 A, B, C の上にそれぞれの形が示してある)

$$\overset{(n,l)}{C} = \overset{(n,m)}{A}\ \overset{(m,l)}{B} \iff c_{ij} = \sum_{k=1}^{m} a_{ik} b_{kj} \quad (i=1,\cdots,n,\ \ j=1,\cdots,l) \tag{2.13}$$

あるいは，より具体的に

$$\begin{array}{c} \\ 1 \\ i \\ n \end{array}\!\!\overset{\begin{matrix}1 & j & l\end{matrix}}{\begin{pmatrix} & & \\ & c_{ij} & \\ & & \end{pmatrix}} = \begin{array}{c} \\ 1 \\ i \\ n \end{array}\!\!\overset{\begin{matrix}1 & 2 & & m\end{matrix}}{\begin{pmatrix} & & & \\ a_{i1} & a_{i2} & \cdots & a_{im} \\ & & & \end{pmatrix}} \overset{\begin{matrix}1 & j & l\end{matrix}}{\begin{pmatrix} & b_{1j} & \\ & b_{2j} & \\ & \vdots & \\ & b_{mj} & \end{pmatrix}}\!\!\begin{array}{c} 1 \\ 2 \\ \\ m \end{array} \tag{2.13'}$$

と定義すれば，つじつまがあう．(2.13)が行列の掛け算である．

例題 2-1　次の行列の掛け算を行え．

$$\begin{pmatrix} 1 & 0 & -1 & 2 \\ 2 & 1 & 0 & 1 \\ 3 & 1 & 2 & 2 \end{pmatrix} \begin{pmatrix} 1 & 2 \\ 3 & 0 \\ 1 & 0 \\ 1 & 1 \end{pmatrix}$$

[解]　掛け算の定義にしたがって次のようになる．

$$\begin{pmatrix} 1 & 0 & -1 & 2 \\ 2 & 1 & 0 & 1 \\ 3 & 1 & 2 & 2 \end{pmatrix} \begin{pmatrix} 1 & 2 \\ 3 & 0 \\ 1 & 0 \\ 1 & 1 \end{pmatrix} = \begin{pmatrix} 2 & 4 \\ 6 & 5 \\ 10 & 8 \end{pmatrix}$$ ❚

上の例では (3, 4) 型行列と (4, 2) 型行列の積が与えられたが，(4, 2) 型行列と(3,4)型行列の順で積を考えることはできない.「一般に積 AB が定義されても積 BA が定義されるとは限らない.」

もう1つ次の例を見てみよう.

例題2-2　2つの(3,3)型行列

$$A = \begin{pmatrix} 1 & 0 & 1 \\ 1 & 2 & 2 \\ 2 & 1 & 0 \end{pmatrix}, \quad B = \begin{pmatrix} 1 & 1 & 1 \\ 2 & 0 & 1 \\ 3 & 1 & 2 \end{pmatrix}$$

の積 AB および BA を計算せよ.

[解]　掛け算の定義にしたがって次のようになる.

$$\begin{pmatrix} 1 & 0 & 1 \\ 1 & 2 & 2 \\ 2 & 1 & 0 \end{pmatrix}\begin{pmatrix} 1 & 1 & 1 \\ 2 & 0 & 1 \\ 3 & 1 & 2 \end{pmatrix} = \begin{pmatrix} 4 & 2 & 3 \\ 11 & 3 & 7 \\ 4 & 2 & 3 \end{pmatrix}$$

$$\begin{pmatrix} 1 & 1 & 1 \\ 2 & 0 & 1 \\ 3 & 1 & 2 \end{pmatrix}\begin{pmatrix} 1 & 0 & 1 \\ 1 & 2 & 2 \\ 2 & 1 & 0 \end{pmatrix} = \begin{pmatrix} 4 & 3 & 3 \\ 4 & 1 & 2 \\ 8 & 4 & 5 \end{pmatrix} \qquad \blacksquare$$

2つの行列の積について一般には

$$AB \neq BA \tag{2.14}$$

であり, 積の交換法則は一般に成立しないことが例題2-2によりわかる. $AB = BA$ のとき, A, B は**交換可能**であるという.

2つの行列の積が交換しないということの意味を理解するのは困難かもしれない. 次の例を考えてみよう.

$$A = \begin{pmatrix} 0 & -1 & 0 \\ 1 & 0 & 0 \\ 0 & 0 & 1 \end{pmatrix}, \quad B = \begin{pmatrix} 0 & 0 & 1 \\ 0 & 1 & 0 \\ -1 & 0 & 0 \end{pmatrix}$$

(1.24)で述べたように, この行列 A は z 軸を回転軸として右ネジの方向に $90°$ 回転する操作をあらわし((1.24)で $\theta=\pi/2$ とせよ), B は y 軸を回転軸として $90°$ 回転する操作をあらわす. 直接の計算から

$$AB = \begin{pmatrix} 0 & -1 & 0 \\ 0 & 0 & 1 \\ -1 & 0 & 0 \end{pmatrix}, \quad BA = \begin{pmatrix} 0 & 0 & 1 \\ 1 & 0 & 0 \\ 0 & 1 & 0 \end{pmatrix}$$

となる．図2-1に操作 AB, BA によって空間図形がどのように動いていくかを具体的に描いてみた．2つの図形の違い，すなわち $AB \neq BA$ であることが理解できるであろう．

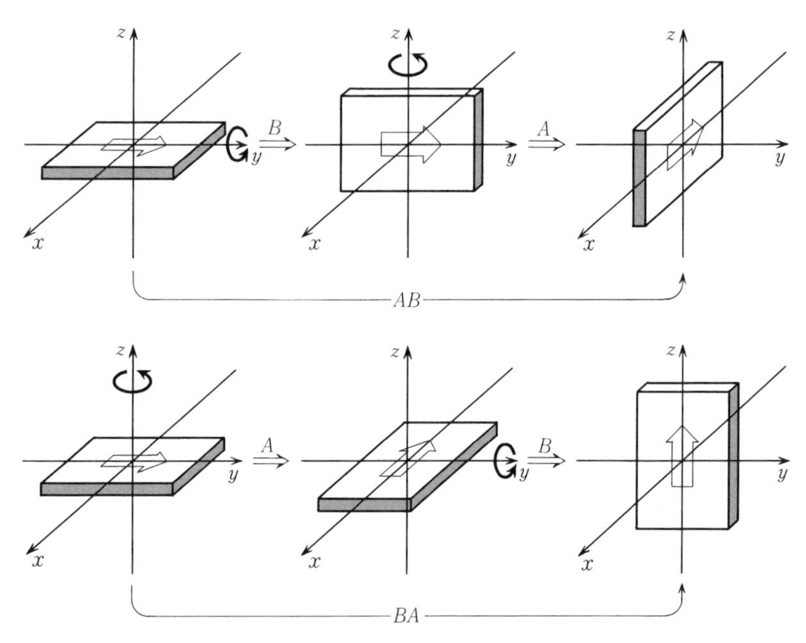

図 2-1　回転操作 AB と回転操作 BA

行列の掛け算については交換法則は成立しないが，結合法則

$$A(BC) = (AB)C \tag{2.15}$$

および分配法則

$$A(B+C) = AB+AC \tag{2.16}$$

は成立する．結合法則(2.15)を確かめてみよう．

$$(BC)_{kj} = \sum_l b_{kl} c_{lj}$$

$$\{A(BC)\}_{ij} = \sum_k a_{ik}(BC)_{kj} = \sum_{kl} a_{ik} b_{kl} c_{lj}$$

となる．一方

$$(AB)_{il} = \sum_k a_{ik} b_{kl}$$

$$\{(AB)C\}_{ij} = \sum_l (AB)_{il} c_{lj} = \sum_{kl} a_{ik} b_{kl} c_{lj}$$

となり，$A(BC)$ と $(AB)C$ の各成分が等しいことが示された．

例題 2-3 3 つの $(3,3)$ 型行列

$$A = \begin{pmatrix} 1 & 0 & 1 \\ 1 & 2 & 2 \\ 2 & 1 & 0 \end{pmatrix}, \quad B = \begin{pmatrix} 1 & 1 & 1 \\ 2 & 0 & 1 \\ 3 & 1 & 2 \end{pmatrix}, \quad C = \begin{pmatrix} 1 & 2 & 1 \\ 1 & 0 & 3 \\ 3 & 1 & 1 \end{pmatrix}$$

の積 $(AB)C$ および $A(BC)$ を計算せよ．

［解］ 掛け算の定義にしたがって次のようになる．

$$(AB)C = A(BC) = \begin{pmatrix} 15 & 11 & 13 \\ 35 & 29 & 27 \\ 15 & 11 & 13 \end{pmatrix} \qquad \blacksquare$$

(n,n) 型行列で (i,i) 成分 $(i=1,2,\cdots,n)$ のみが 1 で，他のすべての成分が 0 であるものを n **次単位行列**または単に**単位行列**という．

$$\begin{pmatrix} 1 & 0 & 0 & \cdots & 0 \\ 0 & 1 & 0 & \cdots & 0 \\ 0 & 0 & 1 & \cdots & 0 \\ \vdots & \vdots & \vdots & \ddots & \vdots \\ 0 & 0 & 0 & \cdots & 1 \end{pmatrix} \tag{2.17}$$

この行列を E と書く．n 次単位行列と (n,m) 型行列 A，(m,n) 型行列 B との掛け算は

$$\underset{(n,n)}{E}\underset{(n,m)}{A} = \underset{(n,m)}{A}, \quad \underset{(m,n)}{B}\underset{(n,n)}{E} = \underset{(m,n)}{B} \tag{2.18}$$

となる(各行列の上にその型を示した).

行列 $A=(a_{ij})$ の各成分が実数であるものを**実行列**といい，各成分が複素数であるものを**複素行列**という．行列 $A=(a_{ij})$ の各成分を，その共役複素数 $\bar{a}_{ij}$ で置き換えた行列

$$\bar{A} = (\bar{a}_{ij}) \tag{2.19}$$

を A の**複素共役行列**という．実行列の複素共役行列はそれ自身である．

(m,n) 型行列 A

$$A = \begin{pmatrix} a_{11} & a_{12} & \cdots & a_{1n} \\ a_{21} & a_{22} & \cdots & a_{2n} \\ \vdots & \vdots & \ddots & \vdots \\ a_{m1} & a_{m2} & \cdots & a_{mn} \end{pmatrix}$$

の (i,j) 成分を (j,i) 成分とした行列を**転置行列**といい ${}^{t}A$ と書く．つまり

$${}^{t}A = \begin{pmatrix} a_{11} & a_{21} & \cdots & a_{m1} \\ a_{12} & a_{22} & \cdots & a_{m2} \\ \vdots & \vdots & \ddots & \vdots \\ a_{1n} & a_{2n} & \cdots & a_{mn} \end{pmatrix} \tag{2.20}$$

である．したがって，${}^{t}A$ は (n,m) 型行列である．これらについては

$$\begin{aligned} {}^{t}({}^{t}A) &= A \\ {}^{t}(\bar{A}) &= \overline{({}^{t}A)} \\ {}^{t}(A+B) &= {}^{t}A+{}^{t}B \\ {}^{t}(cA) &= c\,{}^{t}A \\ {}^{t}(AB) &= {}^{t}B\,{}^{t}A \end{aligned} \tag{2.21}$$

が成立する．最後の関係では A と B が入れかわっていることに注意しなければならない．${}^{t}(AB)$ の (i,j) 成分をとってみると

$$\begin{aligned} ({}^{t}(AB))_{ij} &= (AB)_{ji} = \sum_k a_{jk}b_{ki} \\ &= \sum_k ({}^{t}A)_{kj}({}^{t}B)_{ik} = \sum_k ({}^{t}B)_{ik}({}^{t}A)_{kj} = ({}^{t}B\,{}^{t}A)_{ij} \end{aligned}$$

となるからである．

例題 2-4 (3,4) 型行列 $A=\begin{pmatrix} i & 0 & 1 & 3 \\ 1 & 2+i & 2 & 1+i \\ 2 & 1 & -2i & 2 \end{pmatrix}$ の複素共役行列および転置行列を示せ.

[解] 定義にしたがって複素共役行列は

$$\bar{A}=\begin{pmatrix} -i & 0 & 1 & 3 \\ 1 & 2-i & 2 & 1-i \\ 2 & 1 & 2i & 2 \end{pmatrix}$$

である. また転置行列は (4,3) 行列となり

$${}^{\mathrm{t}}A=\begin{pmatrix} i & 1 & 2 \\ 0 & 2+i & 1 \\ 1 & 2 & -2i \\ 3 & 1+i & 2 \end{pmatrix}$$

である. ▌

(n,n) 型行列 $A=(a_{ij})$ について, 対角成分 a_{ii} $(i=1,\cdots,n)$ の和を**対角和**(または跡, トレース, シュプール)といい

$$\mathrm{Tr}\,A=\sum_{i=1}^{n}a_{ii} \tag{2.22}$$

と書く. これは実用上有用な量である.

例題 2-5 (3,3) 型行列 $A=\begin{pmatrix} i & 0 & 1 \\ 1 & 2+i & 2 \\ 2 & 1 & -2i \end{pmatrix}$ の対角和を計算せよ.

[解] 定義にしたがって対角和は $\mathrm{Tr}\,A=(i)+(2+i)+(-2i)=2$ である. ▌

2-2 逆 行 列

行の数と列の数が等しい行列はとくに重要である. (n,n) 型行列を ***n* 次正方行列**, または ***n* 次行列**ともいう. n 次行列全体に対しては, 常に足し算, 引

き算，掛け算が定義できる．このように加法，減法，乗法が定義され，乗法の交換法則を除いて，加法の交換法則，加法乗法の結合法則，分配法則が成立する集合を**環**という．(n, m) 行列 $(n \neq m)$ 全体に関しては足し算，引き算は定義できるが掛け算は定義できなくなることに注意しておこう．

n 次正方行列 A を考えよう．E を n 次単位行列として，

$$AX = E \tag{2.23}$$

を満足する n 次正方行列 X が存在するとき，この X を A の右逆行列という．また同じように

$$YA = E \tag{2.23'}$$

を満足する n 次正方行列 Y が存在するとき，この Y を A の左逆行列という．

$$X = Y \tag{2.24}$$

のときに，この X（または Y）を単に A の**逆行列**(inverse matrix)といい

$$A^{-1} \tag{2.25}$$

とあらわす．すなわち

$$A^{-1}A = AA^{-1} = E \tag{2.26}$$

である．逆行列の存在する行列 A を**正則行列**(regular matrix)という．

行列 A が右(左)逆行列をもつ条件を調べてみよう．実は「n 次正方行列 A が右逆行列(左逆行列)をもつなら，それは左逆行列(右逆行列)に等しく，したがって逆行列となる」．

n 次正方行列 A が，n 次元ベクトルの集合全体から n 次元ベクトルの集合全体への1対1の対応を与える線形写像であるとする．このときには A の逆写像 B も定義できる．したがって AB も BA もともに恒等写像 E(n 次単位行列)となる．

$$AB = BA = E$$

これを図2-2に示す．このことからわかるように，A の逆行列が存在するには，A が n 次元ベクトルの集合全体から n 次元ベクトルの集合全体への1対1写像であることが必要十分条件である．このことについては後で再び議論する．

右および左逆行列が存在し

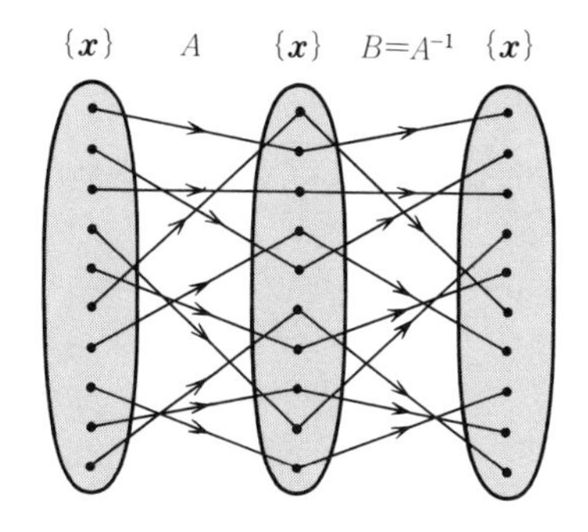

図 2-2　写像 A と逆写像 A^{-1}.

$$AX = YA = E$$

であるときは

$$X = Y$$

であることは行列の演算規則からすぐに示される．なぜなら

$$X = EX = (YA)X = Y(AX) = YE = Y$$

となるからである．

例題 2-6　(3,3) 型行列 $\begin{pmatrix} 2 & 2 & 3 \\ 1 & -1 & 0 \\ -1 & 2 & 1 \end{pmatrix}$ の逆行列が $\begin{pmatrix} 1 & -4 & -3 \\ 1 & -5 & -3 \\ -1 & 6 & 4 \end{pmatrix}$ であることを直接掛け算をして確かめよ．

［解］　定義にしたがって

$$\begin{pmatrix} 2 & 2 & 3 \\ 1 & -1 & 0 \\ -1 & 2 & 1 \end{pmatrix}\begin{pmatrix} 1 & -4 & -3 \\ 1 & -5 & -3 \\ -1 & 6 & 4 \end{pmatrix}$$

$$= \begin{pmatrix} 1 & -4 & -3 \\ 1 & -5 & -3 \\ -1 & 6 & 4 \end{pmatrix}\begin{pmatrix} 2 & 2 & 3 \\ 1 & -1 & 0 \\ -1 & 2 & 1 \end{pmatrix} = \begin{pmatrix} 1 & 0 & 0 \\ 0 & 1 & 0 \\ 0 & 0 & 1 \end{pmatrix}$$

と計算される．▌

n 次元正方行列 A の逆行列が存在するならば，それはただ 1 つである．このことを示しておこう．A の逆行列が X と Y と 2 つあるとする．このとき

$$AX = AY = E$$

の左から X(あるいは Y でもよい)を掛けると，$XA=YA=E$ でもあるから

$$X = Y$$

となる．したがって X と Y は等しくなければならない．すなわち逆行列は1つである．

(2.23)を成分ごとに書き下すと

$$a_{i1}x_{1i}+a_{i2}x_{2j}+\cdots+a_{in}x_{nj} = \delta_{ij} \tag{2.27}$$

である．一方(2.23′)は

$$y_{i1}a_{1i}+y_{i2}a_{2j}+\cdots+y_{in}a_{nj} = \delta_{ij} \tag{2.27′}$$

となる．したがって逆行列の存在する条件と，n 元連立1次方程式(2.27)，(2.27′)が解をもつ条件は同じである．連立1次方程式については，第3章において詳しく学ぶことになる．3-6節では n 元連立1次方程式が解をもつため

本書の範囲を超えるが行列の次元が無限大のものについて一言述べておこう．

$$\begin{pmatrix} a_{11} & a_{12} & \cdots & a_{1n} & \cdots \\ a_{21} & a_{22} & & & \\ \vdots & & \ddots & & \\ a_{n1} & & & a_{nn} & \\ \vdots & & & & \ddots \end{pmatrix}$$

のように行および列が無限大の行列を**無限次元行列**という．無限次元行列については，上に述べた右および左逆行列に関する性質は一般には成立しない．たとえば無限次元行列

$$\begin{pmatrix} 0 & 1 & 0 & 0 & \cdots \\ 0 & 0 & 1 & 0 & \cdots \\ 0 & 0 & 0 & 1 & \\ \vdots & \vdots & \vdots & \ddots & \ddots \\ \vdots & \vdots & \vdots & & \ddots \end{pmatrix}$$

の右逆行列の1つは(唯一ではないことに注意せよ)

$$\begin{pmatrix} 0 & 0 & 0 & \cdots \\ 1 & 0 & 0 & \cdots \\ 0 & 1 & 0 & \\ 0 & 0 & 1 & \ddots \\ \vdots & \vdots & \ddots & \ddots \\ \vdots & \vdots & & \ddots \end{pmatrix}$$

であるが，左逆行列は存在しない．このような行列は量子力学などで顔を見せる．

の必要十分条件を別の形で与える．

逆行列を具体的に求めてみよう．

例題 2-7 (3,3) 型行列

$$A=\begin{pmatrix} 2 & 2 & 3 \\ 1 & -1 & 0 \\ -1 & 2 & 1 \end{pmatrix} \tag{2.28}$$

の逆行列を求めよ．

［解］ 逆行列 A^{-1} が存在するとして，それを

$$\begin{pmatrix} x_{11} & x_{12} & x_{13} \\ x_{21} & x_{22} & x_{23} \\ x_{31} & x_{32} & x_{33} \end{pmatrix} \tag{2.29}$$

と書こう．$AX=E$ であるから，

$$\begin{pmatrix} 2x_{11}+2x_{21}+3x_{31} & 2x_{12}+2x_{22}+3x_{32} & 2x_{13}+2x_{23}+3x_{33} \\ x_{11}-x_{21} & x_{12}-x_{22} & x_{13}-x_{23} \\ -x_{11}+2x_{21}+x_{31} & -x_{12}+2x_{22}+x_{32} & -x_{13}+2x_{23}+x_{32} \end{pmatrix}=\begin{pmatrix} 1 & 0 & 0 \\ 0 & 1 & 0 \\ 0 & 0 & 1 \end{pmatrix}$$

から x_{ij} を求めればよい．例えば第 1 列目より

$$x_{11}=x_{21}=-x_{31}=1$$

第 2 列目より

$$x_{12}=\frac{4}{5}x_{22}=-\frac{2}{3}x_{32}=-4$$

第 3 列目より

$$x_{13}=x_{23}=-\frac{3}{4}x_{33}=-3$$

となる．これらをまとめて，逆行列 A^{-1} は

$$A^{-1}=X=\begin{pmatrix} 1 & -4 & -3 \\ 1 & -5 & -3 \\ -1 & 6 & 4 \end{pmatrix} \tag{2.30}$$

と求められる．例2-6で確かめたように，もちろん $XA=E$ を満足している．▌

上の例で示したような逆行列を求める方法を，もう少し一般的な形でまとめておこう．(2.27)でも見たように，逆行列あるいは逆行列の求め方は，連立1次方程式の解と密接に結びついている．(2.28)式の A について $AX=E$ を書きなおした次の連立1次方程式を解くことを考えよう．

$$\begin{cases} 2x_{11}+2x_{21}+3x_{31}=1 \\ x_{11}-x_{21}=0 \\ -x_{11}+2x_{21}+x_{31}=0 \end{cases} \tag{2.31a}$$

$$\begin{cases} 2x_{12}+2x_{22}+3x_{32}=0 \\ x_{12}-x_{22}=1 \\ -x_{12}+2x_{22}+x_{32}=0 \end{cases} \tag{2.31b}$$

$$\begin{cases} 2x_{13}+2x_{23}+3x_{33}=0 \\ x_{13}-x_{23}=0 \\ -x_{13}+2x_{23}+x_{33}=1 \end{cases} \tag{2.31c}$$

(2.31a)の第1式を1/2倍する．つぎにその第1式を第2式より引き，また第1式を第3式に加える．こうすると(2.31a)は次のように変わる．

$$\begin{cases} x_{11}+x_{21}+(3/2)x_{31}=1/2 \\ -2x_{21}-(3/2)x_{31}=-1/2 \\ 3x_{21}+(5/2)x_{31}=1/2 \end{cases} \tag{2.31a$'$}$$

(2.31a′)の第2式を $-1/2$ 倍する．つぎにその第2式を第1式から引き，またその第2式の3倍を第3式より引く．

$$\begin{cases} x_{11}+(3/4)x_{31}=1/4 \\ x_{21}+(3/4)x_{31}=1/4 \\ (1/4)x_{31}=-1/4 \end{cases} \tag{2.31a$''$}$$

第3式を4倍する．つぎにその3/4倍を第1式，第2式よりそれぞれ引く．こうして次の結果を得る．

$$\begin{cases} x_{11}=1 \\ x_{21}=1 \\ x_{31}=-1 \end{cases} \tag{2.31a$'''$}$$

これを(2.30)と比べると，上の結果は(2.30)の第1列に対応している．(2.31b)，(2.31c)を解くときも，まったく同じ操作を行えば左辺は(2.31a‴)と同じ形にできる．右辺がどういう値になるかは同一の操作を具体的にやってみなければならない．結果のみを示せば

$$\begin{cases} x_{12} \qquad\qquad = -4 \\ \qquad x_{22} \qquad = -5 \\ \qquad\qquad x_{32} = 6 \end{cases} \tag{2.31b‴}$$

$$\begin{cases} x_{13} \qquad\qquad = -3 \\ \qquad x_{23} \qquad = -3 \\ \qquad\qquad x_{33} = 4 \end{cases} \tag{2.31c‴}$$

である．以上は単純であるが，行列の数が増えても系統的に実行できるきわめて一般的で原理的かつ実際的な方法である．これを連立1次方程式に関する**ガウスの消去法**という．

次のようにしてこの計算をもう少し簡潔にすることもできる．まず(2.31a)～(2.31c)の左辺の係数，すなわち行列 A を書く．その右側に(2.31a)～(2.31c)の右辺を並べる．これは単位行列である．まとめてこれらを (A,E) と書くと

$$(A,E) = \begin{pmatrix} 2 & 2 & 3 & 1 & 0 & 0 \\ 1 & -1 & 0 & 0 & 1 & 0 \\ -1 & 2 & 1 & 0 & 0 & 1 \end{pmatrix} \tag{2.32}$$

である．この $(3,6)$ 行列に対して，(2.31a)から(2.31a‴)に至る変形，すなわち，(1)「ある行を定数倍する」，(2)「ある行を他の行に加える，または引く」，(3)（ここではなかったが)「行を入れ換える」という操作を行い，左側の $(3,3)$ 行列部分を単位行列に変換する．

先の変形を書くと次のようになる．

$$\begin{pmatrix} 2 & 2 & 3 & 1 & 0 & 0 \\ 1 & -1 & 0 & 0 & 1 & 0 \\ -1 & 2 & 1 & 0 & 0 & 1 \end{pmatrix} \xrightarrow{(\text{第1行}\times(1/2))}$$

$$
\begin{pmatrix}
1 & 1 & 3/2 & 1/2 & 0 & 0\\
1 & -1 & 0 & 0 & 1 & 0\\
-1 & 2 & 1 & 0 & 0 & 1
\end{pmatrix}
\xrightarrow{\begin{pmatrix}\text{第 2 行}-\text{第 1 行}\\ \text{第 3 行}+\text{第 1 行}\end{pmatrix}}
$$

$$
\begin{pmatrix}
1 & 1 & 3/2 & 1/2 & 0 & 0\\
0 & -2 & -3/2 & -1/2 & 1 & 0\\
0 & 3 & 5/2 & 1/2 & 0 & 1
\end{pmatrix}
\xrightarrow{(\text{第 2 行}\times(-1/2))}
$$

$$
\begin{pmatrix}
1 & 1 & 3/2 & 1/2 & 0 & 0\\
0 & 1 & 3/4 & 1/4 & -1/2 & 0\\
0 & 3 & 5/2 & 1/2 & 0 & 1
\end{pmatrix}
\xrightarrow{\begin{pmatrix}\text{第 1 行}-\text{第 2 行}\\ \text{第 3 行}-\text{第 2 行}\times 3\end{pmatrix}}
$$

$$
\begin{pmatrix}
1 & 0 & 3/4 & 1/4 & 1/2 & 0\\
0 & 1 & 3/4 & 1/4 & -1/2 & 0\\
0 & 0 & 1/4 & -1/4 & 3/2 & 1
\end{pmatrix}
\xrightarrow{(\text{第 3 行}\times 4)}
$$

$$
\begin{pmatrix}
1 & 0 & 3/4 & 1/4 & 1/2 & 0\\
0 & 1 & 3/4 & 1/4 & -1/2 & 0\\
0 & 0 & 1 & -1 & 6 & 4
\end{pmatrix}
\xrightarrow{\begin{pmatrix}\text{第 1 行}-\text{第 3 行}\times(3/4)\\ \text{第 2 行}-\text{第 3 行}\times(3/4)\end{pmatrix}}
$$

$$
\begin{pmatrix}
1 & 0 & 0 & 1 & -4 & -3\\
0 & 1 & 0 & 1 & -5 & -3\\
0 & 0 & 1 & -1 & 6 & 4
\end{pmatrix}
\tag{2.33}
$$

(2.33)の一番最後に現れた$(3,6)$型行列は左半分が$(3,3)$型単位行列，右半分の$(3,3)$型行列はA^{-1}である．このようにして，逆行列が存在するときは$(n,2n)$型行列の「行に関する操作」を行うことによりその逆行列を求めることができる．

逆行列に関するもう1つの重要な性質を示しておこう．行列A,Bが正則で

$$C = AB \tag{2.34a}$$

とする．このとき，積行列Cも正則で

$$C^{-1} = B^{-1}A^{-1} \tag{2.34b}$$

である．行列の順番がひっくり返ることに注意しよう．これは

$$(AB)(B^{-1}A^{-1}) = A(BB^{-1})A^{-1} = AA^{-1} = E$$

だからである．

最後に n 次正則行列全体は次の性質をもつことに注意しよう.

(1)　A, B をそれぞれ n 次正則行列とすると，その積 AB, BA はやはり n 次正則行列である．これは(2.34a)に述べたことである.

(2)　n 次単位行列は正則行列である.

(3)　A が n 次正則行列であれば，必ず逆行列 A^{-1} が存在し，それも正則行列である．($(A^{-1})^{-1}=A$)

このような3つの性質を満たす集合を**群**という．群の構成要素を**元**という．とくに n 次正則行列のなす群を $GL(n)$ と書き，**n 次一般線形変換群**という．一般的に群の公理は，(1)群の元が演算に関して閉じていること，(2)単位元が存在すること，(3)逆元が存在すること，である．n 次正則行列全体はこの条件を満たしている.

2-3　行列の基本変形と階数

2-2節で行った行に関する操作を，行列によってあらわすことを考えよう.

(1)　第 i 行目の成分を定数 c 倍する：

$$P(i;c) = i\begin{pmatrix} 1 & & & \vdots & & & \\ & \ddots & & \vdots & & & \\ & & 1 & \vdots & & & \\ \cdot & \cdots & \cdot & c & & & \\ & & & & 1 & & \\ & & & & & \ddots & \\ & & & & & & 1 \end{pmatrix} \tag{2.35}$$

（列 i の上に i の表示）

対角成分のうち (i,i) 成分が c で他の対角成分は1，すべての非対角成分が0である行列 $P(i;c)$ を「左から掛ける」ことによって第 i 行目の成分はすべて c 倍される.

例題 2-8　(3,3) 型行列 $\begin{pmatrix} 2 & 2 & 3 \\ 1 & -1 & 0 \\ -1 & 2 & 1 \end{pmatrix}$ が (3,3) 型の $P(2;c)$ により第2行目の成分が c 倍されることを確かめよ.

［解］ 定義にしたがって

$$\begin{pmatrix}1&0&0\\0&c&0\\0&0&1\end{pmatrix}\begin{pmatrix}2&2&3\\1&-1&0\\-1&2&1\end{pmatrix}=\begin{pmatrix}2&2&3\\c&-c&0\\-1&2&1\end{pmatrix}$$

と計算される．▌

（2） 第 i 行目の成分 a_{ik} の c 倍を第 j 行目の対応する成分 a_{jk} に加えて $a_{jk}+ca_{ik}$ とする($i\neq j$)．：

$$Q(i\to j;c)=\begin{pmatrix}1&&\cdot&&\cdot&&\\&\ddots&\vdots&&\vdots&&\\\cdot&\cdots&1&\cdots&\cdot&\cdots&\cdot\\&&\vdots&\ddots&\vdots&&\\\cdot&\cdots&c&\cdots&1&\cdots&\cdot\\&&\vdots&&\vdots&\ddots&\\&&\cdot&&\cdot&&1\end{pmatrix}\begin{matrix}\\\\i\\\\j\\\\\\\end{matrix} \tag{2.36}$$

すべての対角成分が1で，(j,i) 成分が c，それ以外の非対角成分がすべて0である行列を「左から掛ける」と，A の i 行目成分の c 倍が j 行目の対応する成分に加えられる．上の例では $j>i$ としてある．$j<i$ の場合には (j,i) 成分は行列の右上半分に現れる．

例題 2-9 (3,3)型行列 $\begin{pmatrix}2&2&3\\1&-1&0\\-1&2&1\end{pmatrix}$ が(3,3)型の $Q(1\to 2;c)$ により第1行目の成分の c 倍が第2行目成分に足されることを確かめよ．

［解］ 定義にしたがって

$$\begin{pmatrix}1&0&0\\c&1&0\\0&0&1\end{pmatrix}\begin{pmatrix}2&2&3\\1&-1&0\\-1&2&1\end{pmatrix}=\begin{pmatrix}2&2&3\\1+2c&-1+2c&0+3c\\-1&2&1\end{pmatrix}$$

と計算される．▌

（3） i 行目と j 行目の対応する成分を入れ換える：

$$I_{ij} = \begin{pmatrix} 1 & & & \vdots & & & & \vdots & & & \\ & \ddots & & \vdots & & & & \vdots & & & \\ & & 1 & \vdots & & & & \vdots & & & \\ \cdot & \cdots & \cdot & 0 & \cdot & \cdots & \cdot & 1 & \cdot & \cdots & \cdot \\ & & & \vdots & 1 & & & \vdots & & & \\ & & & \vdots & & \ddots & & \vdots & & & \\ & & & \vdots & & & 1 & \vdots & & & \\ \cdot & \cdots & \cdot & 1 & \cdot & \cdots & \cdot & 0 & \cdot & \cdots & \cdot \\ & & & \vdots & & & & \vdots & 1 & & \\ & & & \vdots & & & & \vdots & & \ddots & \\ & & & \vdots & & & & \vdots & & & 1 \end{pmatrix} \quad (2.37)$$

（左側の行ラベル i, j は第 i 行・第 j 行、上側のラベル i, j は第 i 列・第 j 列を示す）

対角成分のうち (i,i) 成分と (j,j) 成分が 0 でそれ以外はすべて 1 であり，非対角成分のうち (i,j) 成分と (j,i) 成分が 1 であり他はすべて 0 である行列 I_{ij} を「左から掛ける」と，i 行目と j 行目の対応する成分が入れかわる．

例題 2-10　(3,3) 型行列 $\begin{pmatrix} 2 & 2 & 3 \\ 1 & -1 & 0 \\ -1 & 2 & 1 \end{pmatrix}$ が (3,3) 型の I_{12} により第 1 行目の成分と第 2 行目成分が入れかわることを確かめよ．

［解］　定義にしたがって

$$\begin{pmatrix} 0 & 1 & 0 \\ 1 & 0 & 0 \\ 0 & 0 & 1 \end{pmatrix}\begin{pmatrix} 2 & 2 & 3 \\ 1 & -1 & 0 \\ -1 & 2 & 1 \end{pmatrix} = \begin{pmatrix} 1 & -1 & 0 \\ 2 & 2 & 3 \\ -1 & 2 & 1 \end{pmatrix}$$

と計算される．▌

これらの $P(i;c), Q(i\to j;c), I_{ij}$ を行列の左側から掛ける操作を**行に関する基本変形**という．行列 $P(i;c), Q(i\to j;c), I_{ij}$ を行列の右側から掛けると，列に関する同様の操作になっていることがわかる．それを**列に関する基本変形**という．

先の (n,n) 型正方行列 A に関連して，$(n,2n)$ 型行列 (A,E) に対して (2.33) で行った操作は，実はここで定義した 3 つの行に関する基本変形に他ならない．いくつかの行に関する基本変形を行列 A にほどこして，A を単位行列 E に変形したとしよう．このいくつかの基本変形をまとめて P と書くと

$$PA = E \tag{2.38}$$

と書ける．このことは，基本変形の組 P が

$$P = A^{-1} \tag{2.38$'$}$$

となり，逆行列であることを示している．A と E とを並べて $(n, 2n)$ 型行列として (A, E) と書く．これに左から基本変形の組 P をほどこすと $P(A, E)$ と書くことができる．(2.38),(2.38′)によって

$$P(A, E) \equiv (PA, PE) = (E, P) = (E, A^{-1}) \tag{2.39}$$

となる．これが(2.33)で行ったことである．行列 A を対角行列に変換する行に関する基本変形の仕方は1通りには定まらず，いろいろな順番があり得るが，それらをまとめた P の形は，それが可能である限り一意的に定まる．それは $P = A^{-1}$ であり，逆行列は存在するなら唯一つだからである．

例題 2-11　(3, 3) 型行列

$$A = \begin{pmatrix} 2 & 2 & 3 \\ 1 & 1 & 2 \\ 1 & -1 & 0 \end{pmatrix} \tag{2.40}$$

に基本変形を加えて逆行列を求めよ．

［解］　行に関する基本変形を A に対して施すと次のようになる．

$$\begin{pmatrix} 2 & 2 & 3 & 1 & 0 & 0 \\ 1 & 1 & 2 & 0 & 1 & 0 \\ 1 & -1 & 0 & 0 & 0 & 1 \end{pmatrix} \xrightarrow{(\text{第1行} \times (1/2))}$$

$$\begin{pmatrix} 1 & 1 & 3/2 & 1/2 & 0 & 0 \\ 1 & 1 & 2 & 0 & 1 & 0 \\ 1 & -1 & 0 & 0 & 0 & 1 \end{pmatrix} \xrightarrow{\begin{pmatrix} \text{第2行} - \text{第1行} \\ \text{第3行} - \text{第1行} \end{pmatrix}}$$

$$\begin{pmatrix} 1 & 1 & 3/2 & 1/2 & 0 & 0 \\ 0 & 0 & 1/2 & -1/2 & 1 & 0 \\ 0 & -2 & -3/2 & -1/2 & 0 & 1 \end{pmatrix}$$

ここで第2行と第3行を入れ換える．これも基本変形の1つである．

$$\xrightarrow{\text{(第2行と第3行の入れ換え)}}$$

$$\begin{pmatrix} 1 & 1 & 3/2 & 1/2 & 0 & 0 \\ 0 & -2 & -3/2 & -1/2 & 0 & 1 \\ 0 & 0 & 1/2 & -1/2 & 1 & 0 \end{pmatrix} \xrightarrow{\text{(第2行}\times(-1/2))}$$

$$\begin{pmatrix} 1 & 1 & 3/2 & 1/2 & 0 & 0 \\ 0 & 1 & 3/4 & 1/4 & 0 & -1/2 \\ 0 & 0 & 1/2 & -1/2 & 1 & 0 \end{pmatrix} \xrightarrow{\text{(第1行}-\text{第2行)}}$$

$$\begin{pmatrix} 1 & 0 & 3/4 & 1/4 & 0 & 1/2 \\ 0 & 1 & 3/4 & 1/4 & 0 & -1/2 \\ 0 & 0 & 1/2 & -1/2 & 1 & 0 \end{pmatrix} \xrightarrow{\text{(第3行}\times 2)}$$

$$\begin{pmatrix} 1 & 0 & 3/4 & 1/4 & 0 & 1/2 \\ 0 & 1 & 3/4 & 1/4 & 0 & -1/2 \\ 0 & 0 & 1 & -1 & 2 & 0 \end{pmatrix} \xrightarrow{\begin{pmatrix}\text{第1行}-\text{第3行}\times(3/4) \\ \text{第2行}-\text{第3行}\times(3/4)\end{pmatrix}}$$

$$\begin{pmatrix} 1 & 0 & 0 & 1 & -3/2 & 1/2 \\ 0 & 1 & 0 & 1 & -3/2 & -1/2 \\ 0 & 0 & 1 & -1 & 2 & 0 \end{pmatrix}$$

最後に右側にあらわれた行列

$$X = \begin{pmatrix} 1 & -3/2 & 1/2 \\ 1 & -3/2 & -1/2 \\ -1 & 2 & 0 \end{pmatrix}$$

が A の逆行列である．これを直接掛け算で確かめることができる．▌

今度はもう1つ別の例を考えよう．

例題 2-12　(3,3) 型行列

$$A = \begin{pmatrix} 1 & 2 & 1 \\ 1 & -1 & 0 \\ 5 & 4 & 3 \end{pmatrix} \tag{2.41}$$

に基本変形を加えて逆行列を求めよ．

［解］ 行に関する基本変形を A に対して施すと次のようになる．

$$\begin{pmatrix}1&2&1\\1&-1&0\\5&4&3\end{pmatrix}\xrightarrow{\begin{pmatrix}\text{第2行}-\text{第1行}\\\text{第3行}-\text{第1行}\times 5\end{pmatrix}}\begin{pmatrix}1&2&1\\0&-3&-1\\0&-6&-2\end{pmatrix}\xrightarrow{(\text{第2行}\times(-1/3))}$$

$$\begin{pmatrix}1&2&1\\0&1&1/3\\0&-6&-2\end{pmatrix}\xrightarrow{\begin{pmatrix}\text{第1行}-\text{第2行}\times 2\\\text{第3行}+\text{第2行}\times 6\end{pmatrix}}\begin{pmatrix}1&0&1/3\\0&1&1/3\\0&0&0\end{pmatrix}$$

この例では与えられた行列に対して行に関する基本操作を行って単位行列に変形することはできない．▌

一般に (n,n) 行列は行に関する基本変形によって単位行列に変形されずに

$$\begin{matrix}1\\\\\\\\r\\r+1\\\\n\end{matrix}\begin{pmatrix}1&&&&&&&\\0&1&&&&&&\\0&0&1&&&&&\\\vdots&\vdots&\vdots&\ddots&&&&\\\cdot&\cdot&\cdot&\cdots&1&&&\\0&0&\cdot&\cdots&0&0&\cdots&0\\\vdots&\vdots&&&\vdots&\vdots&\ddots&\vdots\\0&0&\cdot&\cdots&0&0&\cdots&0\end{pmatrix}\tag{2.42}$$

のように初めの r 個の行それぞれの中に少なくとも一つ0にできない要素が残り，残りの行のすべての要素が0になることがある(左下要素はすべて0)．r は行列それ自身によって決まり変形の仕方には依存しない．この数 r を行列 A の**階数**(ランク，rank)という．例題2-12では行列の階数は2である．(2.42)のように $r+1$ 行から n 行まですべて0が並んだ行列ではさらに基本変形を加えて単位行列に変形できないのだから逆行列は存在しない．したがって「n 次行列 A に逆行列が存在するためには階数 r が n に等しくならなければならない」．

階数 r が変形の仕方に依存しないことを証明しておこう．その前に基本変形 $P(i;c), Q(i\to j;c), I_{ij}$ は正則であることを示す必要がある．実際ここでは，それらの逆行列を次のように書き下してしまえば十分である．

$$P(i;c)^{-1} = P(i,1/c)$$

$$Q(i\to j;c)^{-1} = Q(i\to j;-c)$$

$$I_{ij}{}^{-1} = I_{ij} \tag{2.43}$$

行に関する基本変形は行列 A の左側に $P(i;c), Q(i\to j;c), I_{ij}$ をその操作の順に掛けていくことに対応している.

例題 2-13　(3,3) 型行列の行に関する次の基本変形の逆行列を求めよ.

$$P(2;c) = \begin{pmatrix} 1 & 0 & 0 \\ 0 & c & 0 \\ 0 & 0 & 1 \end{pmatrix}$$

$$Q(1\to 2;c) = \begin{pmatrix} 1 & 0 & 0 \\ c & 1 & 0 \\ 0 & 0 & 1 \end{pmatrix}$$

$$I_{12} = \begin{pmatrix} 0 & 1 & 0 \\ 1 & 0 & 0 \\ 0 & 0 & 1 \end{pmatrix}$$

[解]　答を書き下しておく. 直接の掛け算で確かめることができる.

$$P(2;c)^{-1} = \begin{pmatrix} 1 & 0 & 0 \\ 0 & 1/c & 0 \\ 0 & 0 & 1 \end{pmatrix}$$

$$Q(1\to 2;c)^{-1} = \begin{pmatrix} 1 & 0 & 0 \\ -c & 1 & 0 \\ 0 & 0 & 1 \end{pmatrix}$$

$$I_{12}{}^{-1} = \begin{pmatrix} 0 & 1 & 0 \\ 1 & 0 & 0 \\ 0 & 0 & 1 \end{pmatrix}$$ ▌

例題 2-14　例題 2-11 で行った基本変形を行列で書け.

[解]　例題 2-11 では(第 1 行×(1/2)), (第 2 行−第 1 行, 第 3 行−第 1 行),

(第2行と第3行の入れ換え), (第2行×(−1/2)), (第1行−第2行), (第3行×2), (第1行−第3行×(3/4), 第2行−第3行×(3/4)) の順に9つの基本変形を行った．したがってこれは9つの (3,3) 行列の積

$$
\begin{aligned}
&Q(3\to 2;-3/4)Q(3\to 1;-3/4)P(3;2)Q(2\to 1;-1)P(2;-1/2)\\
&I_{23}Q(1\to 3;-1)Q(1\to 2;-1)P(1;1/2)\\
&=\begin{pmatrix}1&0&0\\0&1&-3/4\\0&0&1\end{pmatrix}\begin{pmatrix}1&0&-3/4\\0&1&0\\0&0&1\end{pmatrix}\begin{pmatrix}1&0&0\\0&1&0\\0&0&2\end{pmatrix}\begin{pmatrix}1&-1&0\\0&1&0\\0&0&1\end{pmatrix}\\
&\quad\begin{pmatrix}1&0&0\\0&-1/2&0\\0&0&1\end{pmatrix}\begin{pmatrix}1&0&0\\0&0&1\\0&1&0\end{pmatrix}\begin{pmatrix}1&0&0\\0&1&0\\-1&0&1\end{pmatrix}\begin{pmatrix}1&0&0\\-1&1&0\\0&0&1\end{pmatrix}\begin{pmatrix}1/2&0&0\\0&1&0\\0&0&1\end{pmatrix}\\
&=\begin{pmatrix}1&-3/2&1/2\\1&-3/2&-1/2\\-1&2&0\end{pmatrix}
\end{aligned}
$$

になる．▌

さて2通りの行に関する基本変形の組合せ P_r, P_s により，n 次正方行列 A が階数 r および s $(r<s)$ の行列に変形されたとする．これを

$$
P_rA=\begin{array}{c}1\\ \\r\\r+1\\ \\n\end{array}\begin{pmatrix}1&\cdots&0&&&\\ \vdots&\ddots&\vdots&&R&\\ 0&\cdots&1&&&\\ 0&\cdots&0&0&\cdots&0\\ \vdots&&\vdots&\vdots&\ddots&\vdots\\ 0&\cdots&0&0&\cdots&0\end{pmatrix} \tag{2.44a}
$$

(列番号: 1, r, n)

$$
P_sA=\begin{array}{c}1\\ \\s\\s+1\\ \\n\end{array}\begin{pmatrix}1&\cdots&0&&&\\ \vdots&\ddots&\vdots&&S&\\ 0&\cdots&1&&&\\ 0&\cdots&0&0&\cdots&0\\ \vdots&&\vdots&\vdots&\ddots&\vdots\\ 0&\cdots&0&0&\cdots&0\end{pmatrix} \tag{2.44b}
$$

(列番号: 1, s, n)

と書くことにする．R と S はそれぞれ $(r, n-r)$ 型，$(s, n-s)$ 型行列である．P_r, P_s は行に関する基本変形の組合せであるから正則行列である．(このことは

(2.34a～b)によって示された.) したがって P_r, P_s の逆行列を(2.44a, b)のおのおのに左から掛ければ

$$A = P_r^{-1}\begin{pmatrix} \overset{1}{1} & \cdots & \overset{r}{0} & & & \overset{n}{} \\ \vdots & \ddots & \vdots & & R & \\ 0 & \cdots & 1 & & & \\ 0 & \cdots & 0 & 0 & \cdots & 0 \\ \vdots & & \vdots & \vdots & \ddots & \vdots \\ 0 & \cdots & 0 & 0 & \cdots & 0 \end{pmatrix}$$

$$= P_s^{-1}\begin{pmatrix} \overset{1}{1} & \cdots & \overset{s}{0} & & & \overset{n}{} \\ \vdots & \ddots & \vdots & & S & \\ 0 & \cdots & 1 & & & \\ 0 & \cdots & 0 & 0 & \cdots & 0 \\ \vdots & & \vdots & \vdots & \ddots & \vdots \\ 0 & \cdots & 0 & 0 & \cdots & 0 \end{pmatrix} \qquad (2.44')$$

となる. さらに左から P_s を掛けると,

$$P_sP_r^{-1}\begin{pmatrix} \overset{1}{1} & \cdots & \overset{r}{0} & & & \overset{n}{} \\ \vdots & \ddots & \vdots & & R & \\ 0 & \cdots & 1 & & & \\ 0 & \cdots & 0 & 0 & \cdots & 0 \\ \vdots & & \vdots & \vdots & \ddots & \vdots \\ 0 & \cdots & 0 & 0 & \cdots & 0 \end{pmatrix}\begin{matrix} 1 \\ \\ r \\ r+1 \\ \\ n \end{matrix}$$

$$= \begin{matrix} 1 \\ \\ s \\ s+1 \\ \\ n \end{matrix}\begin{pmatrix} \overset{1}{1} & \cdots & \overset{s}{0} & & & \overset{n}{} \\ \vdots & \ddots & \vdots & & S & \\ 0 & \cdots & 1 & & & \\ 0 & \cdots & 0 & 0 & \cdots & 0 \\ \vdots & & \vdots & \vdots & \ddots & \vdots \\ 0 & \cdots & 0 & 0 & \cdots & 0 \end{pmatrix} \qquad (2.45)$$

となって, (2.44)の2つの行列 R, S は, 行に関する基本変形の組合せ

$$Q = P_sP_r^{-1} = \begin{pmatrix} Q_{11} & Q_{12} \\ Q_{21} & Q_{22} \end{pmatrix} \qquad (2.46)$$

によって結ばれていることになる. ここで $Q_{11}, Q_{12}, Q_{21}, Q_{22}$ はそれぞれ (r, r), $(r, n-r)$, $(n-r, r)$, $(n-r, n-r)$ 型行列である. (2.46)を(2.45)に代入すると

$$
\begin{pmatrix} Q_{11} & Q_{11}R \\ Q_{21} & Q_{21}R \end{pmatrix} =
\begin{array}{c} \\ 1 \\ \\ s \\ s+1 \\ \\ n \end{array}
\!\!\begin{array}{c}
\begin{array}{cccccc} 1 & & s & & & n \end{array} \\
\begin{pmatrix}
1 & \cdots & 0 & & & \\
\vdots & \ddots & \vdots & & S & \\
0 & \cdots & 1 & & & \\
0 & \cdots & 0 & 0 & \cdots & 0 \\
\vdots & & \vdots & \vdots & \ddots & \vdots \\
0 & \cdots & 0 & 0 & \cdots & 0
\end{pmatrix}
\end{array}
\tag{2.47}
$$

となる．最初 $r<s$ としたから Q_{11}, Q_{21} 行列は

$$
Q_{11} = \begin{array}{c} \\ 1 \\ \\ r \end{array}\!\!\begin{array}{c} \begin{array}{ccc} 1 & & r \end{array} \\ \begin{pmatrix} 1 & & \\ & \ddots & \\ & & 1 \end{pmatrix} \end{array} = (r, r) \text{ 型行列}
$$

$$
Q_{21} = 0 = (n-r, r) \text{ 型 } 0 \text{ 行列} \tag{2.48}
$$

となる．さらに(2.47)で $(Q_{21}, Q_{21}R)$ の部分と比べると，

$$
(Q_{21} \quad Q_{21}R) =
\begin{array}{c} \\ r+1 \\ \\ s \\ s+1 \\ \\ n \end{array}
\!\!\begin{array}{c}
\begin{array}{cccccccc} 1 & & r & r+1 & & s & & n \end{array} \\
\begin{pmatrix}
0 & \cdots & 0 & 1 & \cdots & 0 & & \\
\vdots & & \vdots & \vdots & \ddots & \vdots & & \\
0 & \cdots & 0 & 0 & \cdots & 1 & & \\
0 & \cdots & 0 & 0 & \cdots & 0 & \cdots & 0 \\
\vdots & & \vdots & \vdots & & \vdots & & \vdots \\
0 & \cdots & 0 & 0 & \cdots & 0 & \cdots & 0
\end{pmatrix}
\end{array}
$$

である．しかし(2.48)より左辺は $(n-r, n)$ 型 0 行列でなくてはならないからこれは矛盾である．このことは仮定 $r<s$ が間違いであったことを示している．$r>s$ としても同じようにして仮定が矛盾していることを示すことができる．よって $r=s$ でなければならないことになる．▌

(n, n) 行列 A を考えよう．A に対して行に関する変形 P をほどこし階数 n の行列 B になったとする．

$$
PA = B
$$

すでに述べたように，このとき B の逆行列が存在し，P は正則行列であるから A^{-1} も存在する．一方，B の階数が n より小さければ例題 2-12 で見たように逆行列は存在しない．以上より，「n 次正方行列 A に逆行列が存在するための必要十分条件は，A の階数が n に等しいことである」ことがいえる．

2-4　エルミート行列，ユニタリ行列，正規行列

行列 $A=(a_{ij})$ の複素共役行列を $\bar{A}=(\bar{a}_{ij})$ と書くことはすでに述べた．${}^t(\bar{A})$ を $A^\dagger$ と表すこともある．

$$(A^\dagger)_{ij}=\bar{a}_{ji}$$

$A^\dagger$ を A の**エルミート共役**(hermitian conjugate)といい，その行列を**随伴行列**という．

$$A=A^\dagger \tag{2.49}$$

であるときこれを**エルミート行列**(hermitian matrix，または**自己随伴行列**)という．(2.49)について，A の成分がすべて実数である場合には ${}^tA=A$ となる．すなわち $a_{ij}=a_{ji}$．これを(**実**)**対称行列**という．エルミート行列は振動現象，量子力学など物理学や工学の諸分野に頻繁に現れる．

例題 2-15　(3, 4) 型行列 $A=\begin{pmatrix} i & 0 & 1 & 3 \\ 1 & 2+i & 2 & 1+i \\ 2 & 1 & -2i & 2 \end{pmatrix}$ のエルミート共役は何か．

［解］　定義にしたがって計算すると $A^\dagger=\begin{pmatrix} -i & 1 & 2 \\ 0 & 2-i & 1 \\ 1 & 2 & 2i \\ 3 & 1-i & 2 \end{pmatrix}$ である．▌

実行列 $P=(p_{ij})$ が

$$P\,{}^tP=E \tag{2.50}$$

を満足するとき，これを**直交行列**(orthogonal matrix)という．(2.50)から ${}^tP$ がそれ自身 P の逆行列になっていることがわかる．このことからまた

$${}^tPP=E \tag{2.50$'$}$$

が成立する．(2.50)，(2.50′)の (i,j) 成分を見ると，

$$\begin{aligned} p_{i1}p_{j1}+p_{i2}p_{j2}+\cdots+p_{in}p_{jn}&=\delta_{ij} \\ p_{1i}p_{1j}+p_{2i}p_{2j}+\cdots+p_{ni}p_{nj}&=\delta_{ij} \end{aligned} \tag{2.51}$$

である．行列 P の各列をベクトルと見ると，それらが互いに直交している．

行列 $U=(u_{ij})$ が

$$UU^\dagger=E \tag{2.52}$$

を満足するとき，これを**ユニタリ行列**(unitary matrix)という．(2.52)から随伴行列 $U^\dagger$ がそれ自身 U の逆行列になっていることがわかる．このことからまた

$$U^\dagger U = E \tag{2.52'}$$

でもある．(2.52),(2.52')の (i,j) 成分を見ると，

$$\begin{aligned} u_{i1}\bar{u}_{j1}+u_{i2}\bar{u}_{j2}+\cdots+u_{in}\bar{u}_{jn} &= \delta_{ij} \\ \bar{u}_{1i}u_{1j}+\bar{u}_{2i}u_{2j}+\cdots+\bar{u}_{ni}u_{nj} &= \delta_{ij} \end{aligned} \tag{2.53}$$

である．(2.51)と(2.53)を比較して，ユニタリ行列の成分が実数であるものが直交行列であることがわかる．3次元実ベクトルの回転をあらわす行列には(1.29)のような性質があったから，それは直交行列である．

「n 次元複素ベクトル $\boldsymbol{x}, \boldsymbol{y}$ を，ユニタリ行列 U で変換したベクトルを $\boldsymbol{x}'=U\boldsymbol{x}$，$\boldsymbol{y}'=U\boldsymbol{y}$ と書く．一般に $\boldsymbol{x}'$ と $\boldsymbol{y}'$ との内積は $\boldsymbol{x}$ と $\boldsymbol{y}$ との内積に等しい．すなわちユニタリ変換によって内積は不変である」((1.32)参照)．

これを証明しよう．その前に，A を (n,m) 型行列として $\boldsymbol{u}$ が n 次元複素ベクトル，$\boldsymbol{v}$ が m 次元複素ベクトルとしたとき，

$$(A\boldsymbol{v}, \boldsymbol{u}) = (\boldsymbol{v}, A^\dagger \boldsymbol{u}) \tag{2.54}$$

が成立することと，ついでに

$$\text{任意の } \boldsymbol{u}, \boldsymbol{v} \text{ に対して } (A\boldsymbol{v}, \boldsymbol{u}) = (\boldsymbol{v}, B\boldsymbol{u}) \text{ ならば } A^\dagger = B \tag{2.55}$$

を示しておこう．$A^\dagger$ は (m,n) 型行列であることに注意すれば

$$(A\boldsymbol{v})_i = \sum_{j=1}^{m} a_{ij}v_j$$

$$(A^\dagger \boldsymbol{u})_j = \sum_{i=1}^{n} \bar{a}_{ij}u_i$$

であるから，

$$(A\boldsymbol{v}, \boldsymbol{u}) = \sum_{i=1}^{n}\left(\sum_{j=1}^{m} \bar{a}_{ij}\bar{v}_j\right)u_i$$

$$(\boldsymbol{v}, A^\dagger \boldsymbol{u}) = \sum_{j=1}^{m} \bar{v}_j\left(\sum_{i=1}^{n} \bar{a}_{ij}u_i\right)$$

となる．したがって(2.54)が成立する．また任意の $\boldsymbol{u}, \boldsymbol{v}$ に対して(2.55)第1

式が成立するなら

$$\bar{a}_{ij} = b_{ji}$$

である．これは $A^\dagger = B$ を示している．

準備ができたので，ここでユニタリ行列による変換によって内積は不変であることを示そう．実際(2.54)および(2.52)を用いれば

$$\begin{aligned}(\boldsymbol{x}', \boldsymbol{y}') &= (U\boldsymbol{x}, U\boldsymbol{y}) \\ &= (\boldsymbol{x}, U^\dagger U\boldsymbol{y}) = (\boldsymbol{x}, \boldsymbol{y})\end{aligned} \tag{2.56}$$

となる．▌

行列 A が

$$AA^\dagger = A^\dagger A \tag{2.57}$$

を満たすとき，A を**正規行列**(normal matrix)という．エルミート行列 $A = A^\dagger$，ユニタリ行列 $A^\dagger = A^{-1}$ はともに正規行列である．とくに n 次ユニタリ行列の集合には次の3つの性質がある．

(1)　A, B をそれぞれ n 次ユニタリ行列とすると，その積 AB, BA はやはり n 次ユニタリ行列である．これは

$$A^\dagger = A^{-1},\ B^\dagger = B^{-1} \to (AB)^\dagger = B^\dagger A^\dagger = B^{-1}A^{-1} = (AB)^{-1}$$

だからである．

(2)　n 次単位行列はユニタリ行列である．

(3)　A が n 次ユニタリ行列であれば，必ず逆行列 A^{-1} が存在し，それもユニタリ行列である．(なぜなら $(A^{-1})^\dagger = A$)

したがってユニタリ行列は群をなす．(n 次)ユニタリ行列のなす群を(n 次)**ユニタリ群**といい $U(n)$ と書く．

2-5　行列の関数

1階微分方程式

$$\frac{d}{dt}x(t) = 2x(t) \tag{2.58}$$

を考えよう．普通(2.58)式を解くときには

$$x(t) = ce^{\lambda t} \tag{2.59}$$

という解を仮定する．これを(2.58)に代入して，解として

$$\lambda = 2, \qquad x(t) = e^{2t}x(0) \tag{2.60}$$

を得る．

それでは次のような微分方程式の組を考えてみよう．このような微分方程式の組を連立微分方程式という．

$$\begin{cases} \dfrac{d}{dt}x_1(t) = 2x_1(t)+2x_2(t) \\ \dfrac{d}{dt}x_2(t) = x_1(t)+3x_2(t) \end{cases} \tag{2.61}$$

これを解くには $x_j(t)=c_je^{\lambda t}$ という解を仮定して，(2.61)に代入し λ および c_j を決定する：

$$\begin{cases} \lambda x_1(t) = 2x_1(t)+2x_2(t) \\ \lambda x_2(t) = x_1(t)+3x_2(t) \end{cases} \tag{2.61$'$}$$

整理すると

$$\begin{cases} (\lambda-2)c_1-2c_2 = 0 \\ -c_1+(\lambda-3)c_2 = 0 \end{cases} \tag{2.61$''$}$$

となる．これは今までやってきた連立1次方程式であるから

$$\begin{cases} \lambda = 4 : c_1/c_2 = 1 \\ \lambda = 1 : c_1/c_2 = -2 \end{cases} \tag{2.62}$$

と解くことができる．結局，解として

$$\begin{cases} x_1(t) = c_1e^{4t} \\ x_2(t) = c_1e^{4t} \end{cases} \quad \text{または} \quad \begin{cases} x_1(t) = c_1e^{t} \\ x_2(t) = -\dfrac{1}{2}c_1e^{t} \end{cases} \tag{2.63}$$

あるいはより一般的に書いて

$$\begin{cases} x_1(t) = ae^{4t}+be^{t} \\ x_2(t) = ae^{4t}-\dfrac{1}{2}be^{t} \end{cases} \tag{2.63$'$}$$

が得られる．(2.63′)はベクトル表記を用いれば

$$\begin{pmatrix} x_1(t) \\ x_2(t) \end{pmatrix} = ae^{4t}\begin{pmatrix} 1 \\ 1 \end{pmatrix}+be^{t}\begin{pmatrix} 1 \\ -1/2 \end{pmatrix} \tag{2.63$''$}$$

となる．

ところで，はじめからベクトルおよび行列を用いれば，

$$\boldsymbol{x}(t) = \begin{pmatrix} x_1(t) \\ x_2(t) \end{pmatrix}, \qquad A = \begin{pmatrix} 2 & 2 \\ 1 & 3 \end{pmatrix} \tag{2.64}$$

として(2.61)を

$$\frac{d}{dt}\boldsymbol{x}(t) = A\boldsymbol{x}(t) \tag{2.61'''}$$

と書くこともできる．(2.61''')を初期条件 $\boldsymbol{x}(t=0)=\boldsymbol{x}_0$ のもとで順次近似解を構成して解いてみよう(**逐次近似**という)．まず第ゼロ近似の解として $\boldsymbol{x}=\boldsymbol{x}_0$ をとり，右辺 $\boldsymbol{x}(t)$ を $\boldsymbol{x}_0$ で置きかえて積分すると

$$\boldsymbol{x}_1(t) = \boldsymbol{x}_0+At\boldsymbol{x}_0 \tag{2.65a}$$

である．これが第1近似の解である．それを再び(2.61''')の右辺に代入して第2近似の解

$$\boldsymbol{x}_2(t) = \boldsymbol{x}_0+At\boldsymbol{x}_0+\frac{1}{2}A^2t^2\boldsymbol{x}_0 \tag{2.65b}$$

が得られる．この手続きを続けると

$$\boldsymbol{x}(t) = \boldsymbol{x}_0+At\boldsymbol{x}_0+\frac{1}{2}A^2t^2\boldsymbol{x}_0+\cdots+\frac{1}{n!}A^nt^n\boldsymbol{x}_0+\cdots \tag{2.65c}$$

を得る．こうして逐次近似をくり返して最終的に得られる解は正確な解となっている．右辺は行列 A のベキ乗の和である．それぞれの項は $(2,2)$ 行列であるから，この級数の和もそれが意味をもつとすれば $(2,2)$ 行列になるはずである．

一般に A を m 次正方行列，E を m 次単位行列とすると，級数

$$E+At+\frac{1}{2!}A^2t^2+\cdots+\frac{1}{n!}A^nt^n+\cdots \tag{2.66}$$

はどのような A についても各要素が有限の値をもった行列に収束する．このことは，行列の固有値というものを学ぶことにより(第6,7章)明らかになるが，ここでは級数(2.66)が有限の確定値に収束しているとして議論を進めよう．(2.66)は A が単なる数であるならば，指数関数のテイラー(Taylor)級数展開

$$e^x = 1+x+\frac{1}{2!}x^2+\cdots+\frac{1}{n!}x^n+\cdots$$

になる．右辺は x が有限の値である限り有限の値を与える．(このことを，収束半径は無限大であるという.) これにならい，行列 A についても e の肩に乗せて

$$e^A = E+A+\frac{1}{2!}A^2+\frac{1}{3!}A^3+\cdots+\frac{1}{n!}A^n+\cdots \tag{2.66$'$}$$

と書くことにする．これを用いれば(2.61‴)の解(2.65c)を

$$\boldsymbol{x}(t) = e^{At}\boldsymbol{x}_0 \tag{2.67}$$

と書くことができる．行列 A を e の肩にのせた指数関数が現れたが，これは実際には(2.66′)の意味である．

(2.66)を計算するには少し準備が必要である．ここで天下り的に与える正規行列

$$P = \begin{pmatrix} 1 & -2 \\ 1 & 1 \end{pmatrix}, \qquad P^{-1} = \begin{pmatrix} 1/3 & 2/3 \\ -1/3 & 1/3 \end{pmatrix} \tag{2.68}$$

を用いれば

$$P^{-1}AP = \begin{pmatrix} 4 & 0 \\ 0 & 1 \end{pmatrix} \tag{2.69}$$

と対角要素以外はゼロになることだけに注意しよう．このような行列を**対角行列**といい，一般の行列を対角行列に変換することを**対角化**(diagonalization)という．行列 P を用いると A の n 乗も同じ行列 P, P^{-1} によって

$$P^{-1}A^nP = \underbrace{P^{-1}AP\cdot P^{-1}AP\cdots P^{-1}AP}_{n\text{ 個の }P^{-1}AP} = (P^{-1}AP)^n \tag{2.70}$$

となる．対角行列 $B=\begin{pmatrix} b_{11} & 0 \\ 0 & b_{22} \end{pmatrix}$ のベキ乗は，それぞれの対角要素をベキ乗した数を対角要素とする対角行列となる：$B^n=\begin{pmatrix} {b_{11}}^n & 0 \\ 0 & {b_{22}}^n \end{pmatrix}$．$P^{-1}AP$ は対角行列であるからその n 乗は

$$P^{-1}A^nP = (P^{-1}AP)^n = \begin{pmatrix} 4^n & 0 \\ 0 & 1^n \end{pmatrix} = \begin{pmatrix} 4^n & 0 \\ 0 & 1 \end{pmatrix} \tag{2.71}$$

である．これを(2.66)に代入すると

$$P^{-1}e^{At}P = E+P^{-1}AtP+\cdots+\frac{1}{n!}(P^{-1}AtP)^n+\cdots$$

$$= \begin{pmatrix} 1+4t+\cdots+(4t)^n/n!+\cdots & 0 \\ 0 & 1+1t+\cdots+(1t)^n/n!+\cdots \end{pmatrix}$$

$$= \begin{pmatrix} e^{4t} & 0 \\ 0 & e^t \end{pmatrix} \tag{2.72}$$

と求まる．したがって

$$e^{At} = P(P^{-1}e^{At}P)P^{-1}$$

$$= \begin{pmatrix} 1 & -2 \\ 1 & 1 \end{pmatrix}\begin{pmatrix} e^{4t} & 0 \\ 0 & e^t \end{pmatrix}\begin{pmatrix} 1/3 & 2/3 \\ -1/3 & 1/3 \end{pmatrix}$$

$$= \frac{1}{3}\begin{pmatrix} e^{4t}+2e^t & 2e^{4t}-2e^t \\ e^{4t}-e^t & 2e^{4t}+e^t \end{pmatrix} \tag{2.73}$$

$$e^{At}\begin{pmatrix} c_1 \\ c_2 \end{pmatrix} = \begin{pmatrix} e^{4t}(c_1+2c_2)/3+e^t(2c_1-2c_2)/3 \\ e^{4t}(c_1+2c_2)/3+e^t(-c_1+c_2)/3 \end{pmatrix}$$

$$= e^{4t}\frac{c_1+2c_2}{3}\begin{pmatrix} 1 \\ 1 \end{pmatrix}+e^t\frac{-c_1+c_2}{3}\begin{pmatrix} -2 \\ 1 \end{pmatrix} \tag{2.74}$$

と計算できる．これらを(2.67)に代入すると

$$\boldsymbol{x}_0 = \begin{pmatrix} x_1(0) \\ x_2(0) \end{pmatrix}$$

と書いて

$$\begin{pmatrix} x_1(t) \\ x_2(t) \end{pmatrix} = e^{4t}\frac{x_1(0)+2x_2(0)}{3}\begin{pmatrix} 1 \\ 1 \end{pmatrix}+e^t\frac{-x_1(0)+x_2(0)}{3}\begin{pmatrix} -2 \\ 1 \end{pmatrix} \tag{2.63''}$$

となり，(2.63′)と完全に一致する．

以上の例では**行列の関数**というものがどういうものか，またそれを使うと計算や意味がよりはっきりするということを見たのである．ここで用いた行列 P はどのようなものであってどのようにして求めるか，などについては後の6章で学ぶ．

2-6 行列の微分

行列 X が，k 個のパラメーター $\alpha_1, \alpha_2, \cdots, \alpha_k$ の関数であるとしよう．

$$X = X(\alpha_1, \alpha_2, \cdots, \alpha_k) \tag{2.75}$$

この行列中のパラメーター α_i を変化させて，$\alpha_i+\delta\alpha_i$ としたとき，その変化分に対する行列 X の変化分を

$$X(\cdots, \alpha_i+\delta\alpha_i, \cdots) = X(\cdots, \alpha_i, \cdots)+Z(\cdots, \alpha_i, \cdots)\delta\alpha_i+\cdots \tag{2.76}$$

とする．ここで $Z(\cdots, \alpha_i, \cdots)$ も X と同じ型の行列である．$Z(\cdots, \alpha_i, \cdots)$ が一意的に定まるとき，行列 $Z(\cdots, \alpha_i, \cdots)$ を $X(\cdots, \alpha_i, \cdots)$ の α_i に関する**微分行列**といい，偏微分の記号を用いて

$$\frac{\partial}{\partial \alpha_i} X(\cdots, \alpha_i, \cdots) \tag{2.77}$$

と書く．行列 $X(\cdots, \alpha_i, \cdots)$ が

$$X(\cdots, \alpha_i, \cdots) = (x_{kl}(\cdots, \alpha_i, \cdots)) \tag{2.78}$$

であるならば，(2.76)を書きなおして

$$\begin{aligned} X(\cdots, \alpha_i+\delta\alpha_i, \cdots)-X(\cdots, \alpha_i, \cdots) &= (x_{kl}(\cdots, \alpha_i+\delta\alpha_i, \cdots)-x_{kl}(\cdots, \alpha_i, \cdots)) \\ &= +Z(\cdots, \alpha_i, \cdots)\delta\alpha_i+\cdots \end{aligned}$$

であるから，その微分行列はもとの行列の各要素を α_i で微分した

$$\frac{\partial}{\partial \alpha_i} X(\cdots, \alpha_i, \cdots) = \left(\frac{\partial}{\partial \alpha_i} x_{kl}(\cdots, \alpha_i, \cdots)\right) \tag{2.79}$$

となる．上では複数のパラメーターを考えたが，パラメーターが1つなら微分は $\dfrac{d}{d\alpha}$ と書けばよい．

行列 X はパラメーター $\alpha_1 \sim \alpha_k$ について微分可能であるとする．さらにこのようなパラメーター領域の中に，行列 X が単位元 E となる場合も含まれているとする．(2.75)のような，あるパラメーター領域の中でそれらに関して微分可能な正則行列のつくる群を**リー(Lie)群**あるいは**連続群**という．座標回転に対応するユニタリ行列を考えたとき，その回転角についての微分行列と量子力学における角運動量演算子の間には深い関係がある．角運動量は座標回転に対

する不変量(保存量)として導入されるからである.

第2章 演習問題

[1] 次の行列の逆行列を求めよ.

(a) $\begin{pmatrix} 1 & 2 & -1 & 1 \\ 0 & 1 & -1 & 2 \\ -1 & 1 & -1 & 2 \\ 2 & 0 & 1 & -1 \end{pmatrix}$ (b) $\begin{pmatrix} 0 & 2 & -1 & 0 \\ 1 & -2 & 3 & 1 \\ -1 & -3 & 5 & 3 \\ -1 & 1 & 1 & 1 \end{pmatrix}$ (c) $\begin{pmatrix} 1 & 0 & 3 \\ 2 & 1 & 2 \\ 1 & 1 & 0 \end{pmatrix}$

[2] 以下の関係を示せ.

(a) $$\begin{pmatrix} a_1 & 0 & \cdots & \cdots & 0 \\ 0 & a_2 & 0 & \cdots & 0 \\ \cdot & 0 & \ddots & & \vdots \\ \vdots & \vdots & & \cdot & 0 \\ 0 & 0 & \cdots & 0 & a_n \end{pmatrix}^{-1} = \begin{pmatrix} {a_1}^{-1} & 0 & \cdots & \cdots & 0 \\ 0 & {a_2}^{-1} & 0 & \cdots & 0 \\ \cdot & 0 & \ddots & & \vdots \\ \vdots & \vdots & & \cdot & 0 \\ 0 & 0 & \cdots & 0 & {a_n}^{-1} \end{pmatrix}$$

(b) $$\begin{pmatrix} A & C \\ 0 & B \end{pmatrix}^{-1} = \begin{pmatrix} A^{-1} & -A^{-1}CB^{-1} \\ 0 & B^{-1} \end{pmatrix}$$

ただし, A, B, C はそれぞれ (n_1, n_1), (n_2, n_2), (n_1, n_2) 型行列で, 0 は (n_2, n_1) 型0行列である.

[3] (n, m) 型行列 A と (m, n) 型行列 B との積の対角和について

$$\mathrm{Tr}\, AB = \mathrm{Tr}\, BA$$

が成り立つこと, また (n, m) 型, (m, l) 型, (l, n) 型行列 A, B, C について順番を循環的に変更して

$$\mathrm{Tr}\, ABC = \mathrm{Tr}\, CAB = \mathrm{Tr}\, BCA$$

が成立することを示せ.

[4] 行列

$$A_0 = \begin{pmatrix} 1 & 0 \\ 0 & 1 \end{pmatrix}, \quad A_1 = \begin{pmatrix} -\dfrac{1}{2} & -\dfrac{\sqrt{3}}{2} \\ \dfrac{\sqrt{3}}{2} & -\dfrac{1}{2} \end{pmatrix}, \quad A_2 = \begin{pmatrix} -\dfrac{1}{2} & \dfrac{\sqrt{3}}{2} \\ -\dfrac{\sqrt{3}}{2} & -\dfrac{1}{2} \end{pmatrix}$$

$$A_3=\begin{pmatrix}1 & 0\\ 0 & -1\end{pmatrix},\quad A_4=\begin{pmatrix}-\dfrac{1}{2} & -\dfrac{\sqrt{3}}{2}\\ -\dfrac{\sqrt{3}}{2} & \dfrac{1}{2}\end{pmatrix},\quad A_5=\begin{pmatrix}-\dfrac{1}{2} & \dfrac{\sqrt{3}}{2}\\ \dfrac{\sqrt{3}}{2} & \dfrac{1}{2}\end{pmatrix}$$

が群をなすことを示せ．(x,y) 2 次元空間で上の 6 つの行列が表す変換はそれぞれどのようなものであるか述べよ．

[5]　次の行列の階数を求めよ．

(a)　$\begin{pmatrix}1 & 1\\ 1 & 1\end{pmatrix}$　(b)　$\begin{pmatrix}1 & 1\\ 0 & 1\end{pmatrix}$　(c)　$\begin{pmatrix}1 & 2 & 3\\ 4 & 5 & 6\\ 7 & 8 & 9\end{pmatrix}$　(d)　$\begin{pmatrix}1 & 0 & 2 & 0\\ 0 & 3 & 0 & 4\\ 5 & 6 & 7 & 8\\ 12 & 11 & 10 & 9\end{pmatrix}$

[6]　行列 $A=\begin{pmatrix}a & -b\\ b & a\end{pmatrix}$ について次の手順で考えよ．

(a)　$E=\begin{pmatrix}1 & 0\\ 0 & 1\end{pmatrix}$，$T=\begin{pmatrix}0 & -1\\ 1 & 0\end{pmatrix}$ とおいたとき

$$\exp A = \exp aE \exp bT$$

であることを示せ．

(b)　上で示したことを用いて

$$\exp A = e^a\begin{pmatrix}\cos b & -\sin b\\ \sin b & \cos b\end{pmatrix}$$

を示せ．

(c)　上の結果を用いて連立常微分方程式

$$\frac{d}{dt}x(t) = 2x(t)-y(t)$$

$$\frac{d}{dt}y(t) = x(t)+2y(t)$$

を初期条件 $x(0)=3$，$y(0)=-1$ の下で解け．

[7]　次の行列とベクトルの掛け算を行え．

(a)　$\begin{pmatrix}1 & -1 & 0\\ -2 & 0 & 1\\ 3 & 1 & 2\end{pmatrix}\begin{pmatrix}2\\ 1\\ 3\end{pmatrix}$　(b)　$\begin{pmatrix}2 & 1 & 3\end{pmatrix}\begin{pmatrix}1 & -1 & 0\\ -2 & 0 & 1\\ 3 & 1 & 2\end{pmatrix}$

(c)　$\begin{pmatrix}1 & 3 & 1\end{pmatrix}\begin{pmatrix}2\\ 1\\ 3\end{pmatrix}$

3 連立1次方程式と行列式

定数係数の線形微分方程式など，線形系の多くの問題は連立1次方程式に書き換えることができる．また物理学，工学あるいは社会科学の問題でも，たくさんの変数の連立1次方程式系を取り扱わねばならないことが多い．中学校で学ぶ連立方程式は，実際上も非常に有用でかつ一般的なものである．この章では，連立1次方程式の一般的な解法を通して行列式を導入し，その性質を学ぶ．

3-1 連立1次方程式とガウスの消去法

3つの変数 x_1, x_2, x_3 を含む1次方程式

$$a_1x_1+a_2x_2+a_3x_3 = b \tag{3.1}$$

を考えよう．簡単のために $\|\boldsymbol{a}\|=\sqrt{a_1{}^2+a_2{}^2+a_3{}^2}=1$ であるとする．式(3.1)は任意のベクトル $\boldsymbol{x}=\begin{pmatrix}x_1\\x_2\\x_3\end{pmatrix}$ の，ベクトル $\boldsymbol{a}=\begin{pmatrix}a_1\\a_2\\a_3\end{pmatrix}$ (ノルム1)の方向への射影の長さ $(\boldsymbol{a},\boldsymbol{x})=(a_1x_1+a_2x_2+a_3x_3)$ が符号を含めて b であることをあらわしている．そのような3次元空間上の点の集合は平面であり，したがって(3.1)は3次元空間における平面の方程式である．1次方程式を2つ連立させれば2つの平面に共通な点の集合，すなわち交線が決まる(図3-1)．1次方程式を3つ連立させれば3つの平面の交点を決めることができる．

今，3つの変数 x_1, x_2, x_3 を含む連立1次方程式

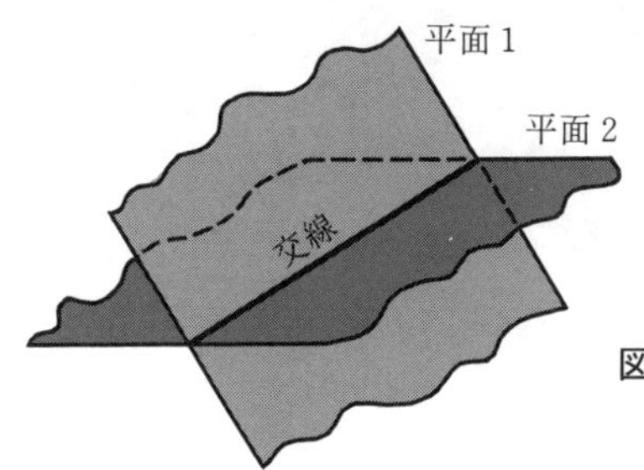

図3-1　2平面の交線により直線を定める．

$$\begin{cases} 2x_1+2x_2+3x_3 = 3 \\ x_1- x_2 \qquad\ = 2 \\ -x_1+2x_2+ x_3 = 1 \end{cases} \tag{3.2}$$

を解いて3平面の交点を求めよう．(3,3)型行列および3次元ベクトルを用いて書き直せば

$$\begin{pmatrix} 2 & 2 & 3 \\ 1 & -1 & 0 \\ -1 & 2 & 1 \end{pmatrix}\begin{pmatrix} x_1 \\ x_2 \\ x_3 \end{pmatrix} = \begin{pmatrix} 3 \\ 2 \\ 1 \end{pmatrix} \tag{3.2$'$}$$

となる．一般にn元連立1次方程式を

$$A\boldsymbol{x} = \boldsymbol{b} \tag{3.2$''$}$$

と書くことができる．

連立1次方程式(3.2)を解くシステマティックな操作は，第2章の逆行列の項で学んだ**ガウスの消去法**を用いることである．左辺の係数が作る(3,3)行列Aをまず書き，その右側にベクトル$\boldsymbol{b}$を並べる．この(3,4)行列に関して行に関する基本変形を施していき，左側の(3,3)行列部分を単位行列に変換する．

$$\begin{pmatrix} 2 & 2 & 3 & 3 \\ 1 & -1 & 0 & 2 \\ -1 & 2 & 1 & 1 \end{pmatrix} \xrightarrow{\begin{pmatrix}\text{第2行}-\text{第1行}\times 1/2 \\ \text{第3行}+\text{第1行}\times 1/2\end{pmatrix}}$$

$$\begin{pmatrix} 2 & 2 & 3 & 3 \\ 0 & -2 & -3/2 & 1/2 \\ 0 & 3 & 5/2 & 5/2 \end{pmatrix} \xrightarrow{(\text{第3行}+\text{第2行}\times 3/2)}$$

$$
\begin{pmatrix} 2 & 2 & 3 & 3 \\ 0 & -2 & -3/2 & 1/2 \\ 0 & 0 & 1/4 & 13/4 \end{pmatrix}
\xrightarrow{\begin{pmatrix}\text{第1行}-\text{第3行}\times 12 \\ \text{第2行}+\text{第3行}\times 6\end{pmatrix}}
\begin{pmatrix} 2 & 2 & 0 & -36 \\ 0 & -2 & 0 & 20 \\ 0 & 0 & 1/4 & 13/4 \end{pmatrix}
\xrightarrow{(\text{第1行}+\text{第2行})}
\begin{pmatrix} 2 & 0 & 0 & -16 \\ 0 & -2 & 0 & 20 \\ 0 & 0 & 1/4 & 13/4 \end{pmatrix}
\xrightarrow{\begin{pmatrix}\text{第1行}\times 1/2 \\ \text{第2行}\times(-1/2) \\ \text{第3行}\times 4\end{pmatrix}}
\begin{pmatrix} 1 & 0 & 0 & -8 \\ 0 & 1 & 0 & -10 \\ 0 & 0 & 1 & 13 \end{pmatrix}
\tag{3.3}
$$

最後に右1列に並んだものが答である.

$$
\boldsymbol{x} = \begin{pmatrix} x_1 \\ x_2 \\ x_3 \end{pmatrix} = \begin{pmatrix} -8 \\ -10 \\ 13 \end{pmatrix} \tag{3.3'}
$$

(3.3)で行ったことを考えてみよう. 行列 A と $\boldsymbol{b}$ をまとめて

$$
(A, \boldsymbol{b}) \tag{3.4}
$$

と書き, それに基本変形の組み合わせ P を作用させることにより

$$
P(A, \boldsymbol{b}) = (PA, P\boldsymbol{b}) = (E, P\boldsymbol{b}) = (E, A^{-1}\boldsymbol{b}) \tag{3.5}
$$

とした. (3.2″)に即していえば, $A\boldsymbol{x}=\boldsymbol{b}$ の解は, A が正則行列ならば左から A^{-1} を掛けて

$$
\boldsymbol{x} = A^{-1}\boldsymbol{b} \tag{3.5'}
$$

となるから, (3.3)の操作で解を求めることができる.

例題 3-1 連立1次方程式

$$
\begin{cases} 2x_1+2x_2+3x_3 = 3 \\ x_1+x_2 = 2 \\ -x_1+2x_2+x_3 = 1 \end{cases}
$$

をガウスの消去法により解け.

［解］

$$\begin{pmatrix} 2 & 2 & 3 & 3 \\ 1 & 1 & 0 & 2 \\ -1 & 2 & 1 & 1 \end{pmatrix} \longrightarrow \begin{pmatrix} 2 & 2 & 3 & 3 \\ 0 & 0 & -3/2 & 1/2 \\ 0 & 3 & 5/2 & 5/2 \end{pmatrix} \longrightarrow$$

$$\begin{pmatrix} 2 & 2 & 3 & 3 \\ 0 & 3 & 5/2 & 5/2 \\ 0 & 0 & -3/2 & 1/2 \end{pmatrix} \longrightarrow \begin{pmatrix} 2 & 2 & 0 & 4 \\ 0 & 3 & 0 & 10/3 \\ 0 & 0 & -3/2 & 1/2 \end{pmatrix} \longrightarrow$$

$$\begin{pmatrix} 2 & 0 & 0 & 16/9 \\ 0 & 3 & 0 & 10/3 \\ 0 & 0 & -3/2 & 1/2 \end{pmatrix} \longrightarrow \begin{pmatrix} 1 & 0 & 0 & 8/9 \\ 0 & 1 & 0 & 10/9 \\ 0 & 0 & 1 & -1/3 \end{pmatrix}$$

ゆえに

$$\boldsymbol{x} = \begin{pmatrix} x_1 \\ x_2 \\ x_3 \end{pmatrix} = \begin{pmatrix} 8/9 \\ 10/9 \\ -1/3 \end{pmatrix} \qquad \blacksquare$$

例題3-1では，係数を並べた(3,4)型行列についての行ごとに足したり引いたりする操作に加えて，行全部を入れ換える基本変形I_{ij}を行い，いつもm行目のx_mの係数は0にならないようにしている．行全部を入れ換えることは式をまるごと入れ換えることに対応していて，問題を変えてないから許されているのであって，列を入れ換えてはいけない．

この「ガウスの消去法」という解き方は，変数がたくさんある場合でも困難がないきわめて一般的な方法であり，紙の上で解く場合にもあるいは計算機を用いて解く場合にも有用である(第8章参照)．

3-2　連立1次方程式の解と行列式

連立方程式の解の形を一般的に見極めるため，もう少し形式的に考えてみよう．まず簡単な連立方程式

$$\begin{cases} a_{11}x_1+a_{12}x_2 = b_1 & \text{(a.1)} \\ a_{21}x_1+a_{22}x_2 = b_2 & \text{(a.2)} \end{cases} \tag{3.6}$$

を解いてみよう．(a.2)−(a.1)×a_{21}/a_{11}によって

$$(a_{22}-a_{12}\cdot a_{21}/a_{11})x_2 = b_2-b_1\cdot a_{21}/a_{11} \qquad \text{(a.3)}$$

となり，さらに x_2 の係数を1にそろえて

$$x_2 = \{a_{11}b_2-b_1a_{21}\}/\{a_{11}a_{22}-a_{12}a_{21}\} \qquad \text{(a.4)}$$

となる．また(a.1)−(a.4)×a_{12} によって

$$a_{11}x_1 = b_1-a_{12}\cdot\{b_2a_{11}-b_1a_{21}\}/\{a_{11}a_{22}-a_{12}a_{21}\} \qquad \text{(a.5)}$$

を得る．あるいはこれを少し整理して

$$x_1 = \{b_1a_{22}-a_{12}b_2\}/\{a_{11}a_{22}-a_{12}a_{21}\} \qquad \text{(a.6)}$$

となる．まとめると

$$\begin{aligned} x_1 &= \frac{b_1a_{22}-a_{12}b_2}{a_{11}a_{22}-a_{12}a_{21}} \\ x_2 &= \frac{a_{11}b_2-b_1a_{21}}{a_{11}a_{22}-a_{12}a_{21}} \end{aligned} \tag{3.7}$$

である．ここに現れた，例えば $a_{11}a_{22}-a_{12}a_{21}$ を (2,2) 型行列

$$\begin{pmatrix} a_{11} & a_{12} \\ a_{21} & a_{22} \end{pmatrix}$$

の**行列式**といい，

$$a_{11}a_{22}-a_{12}a_{21} = \begin{vmatrix} a_{11} & a_{12} \\ a_{21} & a_{22} \end{vmatrix} \tag{3.8}$$

と定義する．行列式を用いれば(3.7)は

$$x_1 = \frac{\begin{vmatrix} b_1 & a_{12} \\ b_2 & a_{22} \end{vmatrix}}{\begin{vmatrix} a_{11} & a_{12} \\ a_{21} & a_{22} \end{vmatrix}}, \qquad x_2 = \frac{\begin{vmatrix} a_{11} & b_1 \\ a_{21} & b_2 \end{vmatrix}}{\begin{vmatrix} a_{11} & a_{12} \\ a_{21} & a_{22} \end{vmatrix}} \tag{3.9}$$

と書くことができる．

次に3元連立方程式

$$\begin{cases} a_{11}x_1+a_{12}x_2+a_{13}x_3 = b_1 & \text{(b.1)} \\ a_{21}x_1+a_{22}x_2+a_{23}x_3 = b_2 & \text{(b.2)} \\ a_{31}x_1+a_{32}x_2+a_{33}x_3 = b_3 & \text{(b.3)} \end{cases} \tag{3.10}$$

を考えよう．手間をいとわず同じような操作を行う．(b.1)と(b.2)のそれぞ

れに $a_{23}, -a_{13}$ を掛けて加える，(b.3)と(b.1)に $a_{13}, -a_{33}$ を掛けて加える，(b.2)と(b.3)に $a_{33}, -a_{23}$ を掛けて加える，という3つの操作によって次の式が得られる．

$$(a_{11}a_{23}-a_{21}a_{13})x_1+(a_{12}a_{23}-a_{22}a_{13})x_2 = b_1a_{23}-b_2a_{13} \qquad \text{(b.4)}$$

$$(a_{31}a_{13}-a_{11}a_{33})x_1+(a_{32}a_{13}-a_{12}a_{33})x_2 = b_3a_{13}-b_1a_{33} \qquad \text{(b.5)}$$

$$(a_{21}a_{33}-a_{13}a_{23})x_1+(a_{22}a_{33}-a_{32}a_{23})x_2 = b_2a_{33}-b_3a_{23} \qquad \text{(b.6)}$$

(b.4),(b.5),(b.6)にそれぞれ a_{32}, a_{22}, a_{12} を掛けて加えると x_2 は消去されて

$$\begin{aligned} x_1\{a_{12}(a_{21}a_{33}-a_{31}a_{23})+a_{22}(a_{31}a_{13}-a_{11}a_{33})+a_{32}(a_{11}a_{23}-a_{21}a_{13})\} \\ = a_{12}(b_2a_{33}-b_3a_{23})+a_{22}(b_3a_{13}-b_1a_{33})+a_{32}(b_1a_{23}-b_2a_{13}) \end{aligned} \qquad (3.11)$$

となる．同じようにして

$$\begin{aligned} x_2\{a_{13}(a_{22}a_{31}-a_{32}a_{21})+a_{23}(a_{32}a_{11}-a_{12}a_{31})+a_{33}(a_{12}a_{21}-a_{22}a_{11})\} \\ = a_{13}(b_2a_{31}-b_3a_{21})+a_{23}(b_3a_{11}-b_1a_{31})+a_{33}(b_1a_{21}-b_2a_{11}) \end{aligned} \qquad (3.12)$$

$$\begin{aligned} x_3\{a_{11}(a_{23}a_{32}-a_{33}a_{22})+a_{21}(a_{33}a_{12}-a_{13}a_{32})+a_{31}(a_{13}a_{22}-a_{23}a_{12})\} \\ = a_{11}(b_2a_{32}-b_3a_{22})+a_{21}(b_3a_{12}-b_1a_{32})+a_{31}(b_1a_{22}-b_2a_{12}) \end{aligned} \qquad (3.13)$$

を得る．(3.11)～(3.13)において x_i の係数はすべて同じものであることに注意しよう．(3.8)で行ったように，ここに現れた係数を

$$\begin{aligned} &a_{11}(a_{22}a_{33}-a_{23}a_{32})-a_{21}(a_{12}a_{33}-a_{13}a_{32})+a_{31}(a_{12}a_{23}-a_{13}a_{22}) \\ &= \begin{vmatrix} a_{11} & a_{12} & a_{13} \\ a_{21} & a_{22} & a_{23} \\ a_{31} & a_{32} & a_{33} \end{vmatrix} \end{aligned} \qquad (3.14)$$

と書くことにする．これを(3,3)型行列の行列式という．行列式を用いれば(3.11)～(3.13)は

$$x_1 = \frac{\begin{vmatrix} b_1 & a_{12} & a_{13} \\ b_2 & a_{22} & a_{23} \\ b_3 & a_{32} & a_{33} \end{vmatrix}}{\begin{vmatrix} a_{11} & a_{12} & a_{13} \\ a_{21} & a_{22} & a_{23} \\ a_{31} & a_{32} & a_{33} \end{vmatrix}}, \quad x_2 = \frac{\begin{vmatrix} a_{11} & b_1 & a_{13} \\ a_{21} & b_2 & a_{23} \\ a_{31} & b_3 & a_{33} \end{vmatrix}}{\begin{vmatrix} a_{11} & a_{12} & a_{13} \\ a_{21} & a_{22} & a_{23} \\ a_{31} & a_{32} & a_{33} \end{vmatrix}}, \quad x_3 = \frac{\begin{vmatrix} a_{11} & a_{12} & b_1 \\ a_{21} & a_{22} & b_2 \\ a_{31} & a_{32} & b_3 \end{vmatrix}}{\begin{vmatrix} a_{11} & a_{12} & a_{13} \\ a_{21} & a_{22} & a_{23} \\ a_{31} & a_{32} & a_{33} \end{vmatrix}} \qquad (3.15)$$

と書き直すことができる．

(2,2) 型および (3,3) 型行列の行列式の計算に限っては，たすき掛けの方法と呼ばれる次のようなやり方がある．図 3-2 のように右さがりまたは左上がりの元素の積には係数 $+1$ をつけ，右上がりまたは左下がりの元素の積には係数 -1 をつけて，全体を加えるのである．

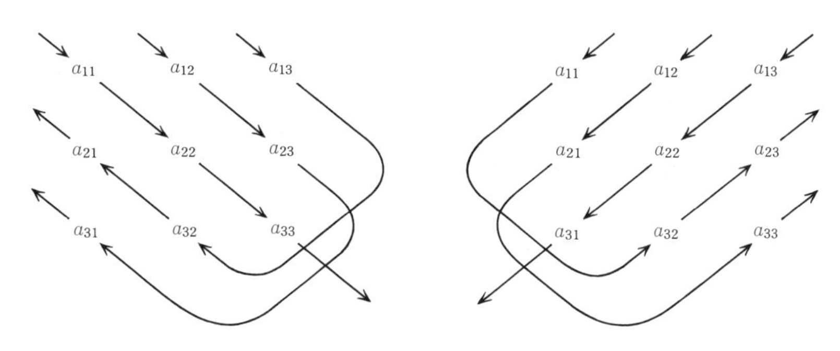

図 3-2　たすき掛けの方法．(3,3)型の場合．

3-3　順列，置換，互換

(3.8)に現れた $a_{11}a_{22}-a_{12}a_{21}$，あるいは(3.14)の

$$a_{11}(a_{22}a_{33}-a_{23}a_{32})-a_{21}(a_{12}a_{33}-a_{13}a_{32})+a_{31}(a_{12}a_{23}-a_{13}a_{22})$$

をながめてみよう．1 番目の添え字を 1,2 あるいは 1,2,3 の順番に並べると，それぞれ

$$a_{11}a_{22}-a_{12}a_{21},$$

$$a_{11}a_{22}a_{33}-a_{11}a_{23}a_{32}-a_{12}a_{21}a_{33}+a_{13}a_{21}a_{32}+a_{12}a_{23}a_{31}-a_{13}a_{22}a_{31}$$

となる．これらの式を今度は第 2 の添え字のみを残して，$a_{11}a_{22}$ を (12) という具合に書けば

$$\begin{gathered}(12)-(21)\\(123)-(132)-(213)+(312)+(231)-(321)\end{gathered} \tag{3.16}$$

である．(3.16)の第 1 式は 1 と 2 のすべての並べ換え $2!=2$ から，(3.16)の第 2 式は 1,2,3 のすべての並び換え $3!=6$ 項からなっている．

一般に n 個の数の組 $(1234\cdots n)$ を基準としてこれを任意に並べ換えたもの $(p_1p_2p_3\cdots p_n)$ を**順列**(permutation)という．n 個の数の順列は $n\cdot(n-1)\cdot(n-2)\cdots 2\cdot 1=n!$ 個ある．$1,2,3,4,\cdots,n$ のうちの任意の2個の数字だけを入れ換えることを**互換**(transposition)とよび，q_1 と q_2 を入れ換える互換を (q_1q_2) と表すことにする．任意の順列は $(1234\cdots n)$ から出発して互換を繰り返すことにより得ることができる．

例題3-2　(1234)からどのような互換により(3412)が得られるか．

［解］　互換(13)：(1234)→(3214)

互換(24)：(3214)→(3412)　▌

互換のほどこし方は一意的ではないが，順列 $(1234\cdots n)$ から出発して同じ順列を得るための互換の数が偶数であるかあるいは奇数であるかは常に決まっている．このことを示すには次のようにすればよい．

差積

$$
\begin{aligned}
F(x_1,x_2,x_3,\cdots,x_n) = (x_1-x_2)(x_1-x_3)(x_1-x_4)\cdots(x_1-x_n)&\\
\times(x_2-x_3)(x_2-x_4)\cdots(x_2-x_n)&\\
\times(x_3-x_4)\cdots(x_3-x_n)&\\
\cdots\cdots&\\
\times(x_{n-1}-x_n)& \qquad (3.17)
\end{aligned}
$$

を考えて，その添え字に注目する．この差積には $(x_1,x_2,\cdots,x_n)$ すべての組合せがあるから，どのような並べ換えを行っても，その符号を変えるかあるいは変えないかだけである．任意の1組の変数 x_p と x_q $(p>q)$ を入れ換えると

$$
\begin{aligned}
&(x_q-x_p)\\
&(x_q-x_i)(x_p-x_i) \qquad (i=1,2,\cdots,q-1 \quad \text{or} \quad i=p+1,\cdots,n) \qquad (3.18)\\
&(x_q-x_i)(x_i-x_p) \qquad (i=q+1,q+2,\cdots,p-1)
\end{aligned}
$$

が影響を受ける．x_p と x_q の入れ換えにより最初のものは符号を変え，2番目3番目のものは符号を変えない．全体としては差積 F は $-F$ に変わる．一般に添え字の列 $(123\cdots n)$ を $(p_1p_2p_3\cdots p_n)$ に換えるとき，どのような互換の手続き

を経ても結果は一意的にFか$-F$の一方である．互換1つで全体の符号が変わるのだから，最終的に求めたい添え字の列を得るのに要する互換の数が偶数であるか奇数であるかは決まっている．

(3.16)を見てみよう．順列(21)は順列(12)に互換(12)を施すことによって得られる．順列(123)から得られるすべての順列のうち(123),(312),(231)は互換をそれぞれ最低0,2,2回施して得られるし(たとえば(123)→(132)→(312)，(123)→(213)→(231))，(132),(213),(321)は互換を最低1回施して得られる．したがって(3.16)の符号は順列が偶数の互換で得られる場合はプラス，奇数の互換で得られる場合はマイナスと決まっている．

n個の数の列$(123\cdots n)$から得られる1つの順列$(p_1p_2p_3\cdots p_n)$を考える．あるいは$\{i\to p_i;\ i=1,2,\cdots,n\}$とする**置換**を$\sigma$と書こう．より具体的には置換$\sigma$とは

$$\sigma:\quad \begin{cases} 1 & \to \quad p_1=\sigma(1) \\ 2 & \to \quad p_2=\sigma(2) \\ 3 & \to \quad p_3=\sigma(3) \\ \quad\cdots\cdots\cdots\cdots\cdots & \\ n & \to \quad p_n=\sigma(n) \end{cases} \tag{3.19}$$

というものである．順列$(p_1,p_2,\cdots,p_n)$を置換で指定して

$$(\sigma(1)\sigma(2)\sigma(3)\cdots\sigma(n))$$

と書くこともできる．あるいは置換σを

$$\sigma=\begin{pmatrix} 1 & 2 & 3 & \cdots & n \\ \sigma(1) & \sigma(2) & \sigma(3) & \cdots & \sigma(n) \end{pmatrix} \tag{3.19$'$}$$

とあらわすこともできる．(3.19)の対応関係を簡便に書いただけである．さらに置換後の並びのみを用い，

$$\sigma=(\sigma(1)\sigma(2)\cdots\sigma(n))$$

と書くこともできる．

順列$(12\cdots n)$に置換σを行った後に置換

$$\begin{cases} \sigma(1) & \to & 1 \\ \sigma(2) & \to & 2 \\ \sigma(3) & \to & 3 \\ \cdots\cdots\cdots & & \\ \sigma(n) & \to & n \end{cases} \tag{3.20}$$

を行うと，元の順列$(1,2,\cdots,n)$に戻る．このことは，置換(3.20)を先に行い，ひき続きσを行っても同じである．その意味で置換(3.20)を置換σの逆操作といい，

$$\sigma^{-1} = \begin{pmatrix} \sigma(1) & \sigma(2) & \sigma(3) & \cdots & \sigma(n) \\ 1 & 2 & 3 & \cdots & n \end{pmatrix} \tag{3.20$'$}$$

と表すことができる．$\sigma(1),\sigma(2),\cdots,\sigma(n)$を$1,2,\cdots,n$の順番に書き換えると

$$\sigma^{-1} = \begin{pmatrix} 1 & 2 & 3 & \cdots & n \\ \sigma^{-1}(1) & \sigma^{-1}(2) & \sigma^{-1}(3) & \cdots & \sigma^{-1}(n) \end{pmatrix} \tag{3.20$''$}$$

とも書ける．σが$n!$個の置換を一通り動くとき，σ^{-1}も$n!$個の置換を一通り動く．これは，$\sigma^{-1}=\tau^{-1}$であるのは$\sigma=\tau$である場合に限られるからである．

例題 3-3　順列(1234)から順列(3241)への置換を(3.19′)の形で書け．またその逆を示せ．

［解］

$$\sigma = \begin{pmatrix} 1 & 2 & 3 & 4 \\ 3 & 2 & 4 & 1 \end{pmatrix}, \quad \sigma^{-1} = \begin{pmatrix} 3 & 2 & 4 & 1 \\ 1 & 2 & 3 & 4 \end{pmatrix} = \begin{pmatrix} 1 & 2 & 3 & 4 \\ 4 & 2 & 1 & 3 \end{pmatrix} \quad \blacksquare$$

例題 3-4　(1234)の置換すべてを書き，σ,σ^{-1}を調べよ．σがすべての置換を動くときσ^{-1}もすべての置換を一通り動くことを確かめよ．

［解］　4つの数字の順列は$4!=24$個ある．それらは$\sigma_1=(1234)$，$\sigma_2=(1243)$，$\sigma_3=(1324)$，$\sigma_4=(1342)$，$\sigma_5=(1423)$，$\sigma_6=(1432)$，$\sigma_7=(2134)$，$\sigma_8=(2143)$，$\sigma_9=(2314)$，$\sigma_{10}=(2341)$，$\sigma_{11}=(2413)$，$\sigma_{12}=(2431)$，$\sigma_{13}=(3124)$，$\sigma_{14}=(3142)$，$\sigma_{15}=(3214)$，$\sigma_{16}=(3241)$，$\sigma_{17}=(3412)$，$\sigma_{18}=(3421)$，$\sigma_{19}=(4123)$，

$\sigma_{20}=(4132)$, $\sigma_{21}=(4213)$, $\sigma_{22}=(4231)$, $\sigma_{23}=(4312)$, $\sigma_{24}=(4321)$ である．またそれらの逆は $\sigma_1{}^{-1}=\sigma_1$, $\sigma_2{}^{-1}=\sigma_2$, $\sigma_3{}^{-1}=\sigma_3$, $\sigma_4{}^{-1}=\sigma_5$, $\sigma_5{}^{-1}=\sigma_4$, $\sigma_6{}^{-1}=\sigma_6$, $\sigma_7{}^{-1}=\sigma_7$, $\sigma_8{}^{-1}=\sigma_8$, $\sigma_9{}^{-1}=\sigma_{13}$, $\sigma_{10}{}^{-1}=\sigma_{19}$, $\sigma_{11}{}^{-1}=\sigma_{14}$, $\sigma_{12}{}^{-1}=\sigma_{20}$, $\sigma_{13}{}^{-1}=\sigma_9$, $\sigma_{14}{}^{-1}=\sigma_{11}$, $\sigma_{15}{}^{-1}=\sigma_{15}$, $\sigma_{16}{}^{-1}=\sigma_{21}$, $\sigma_{17}{}^{-1}=\sigma_{17}$, $\sigma_{18}{}^{-1}=\sigma_{23}$, $\sigma_{19}{}^{-1}=\sigma_{10}$, $\sigma_{20}{}^{-1}=\sigma_{12}$, $\sigma_{21}{}^{-1}=\sigma_{16}$, $\sigma_{22}{}^{-1}=\sigma_{22}$, $\sigma_{23}{}^{-1}=\sigma_{18}$, $\sigma_{24}{}^{-1}=\sigma_{24}$ である．▌

置換が偶数個の互換で得られる場合を**偶置換**，奇数個の互換で得られる場合を**奇置換**という．σ が偶(奇)置換ならば，σ^{-1} も偶(奇)置換である．P_σ を順列 $(\sigma(1)\sigma(2)\sigma(3)\cdots\sigma(n))$ の偶奇性，すなわち

$$P_\sigma=\begin{cases}1 & (\text{置換}\ \sigma\ \text{が奇置換})\\ 2 & (\text{置換}\ \sigma\ \text{が偶置換})\end{cases} \tag{3.21}$$

と定義する．偶置換と奇置換の数は等しい．n 個の数字の置換は群を作る．これを**置換群**という．

例題 3-5 (1234) の 24 個の置換の偶奇性を分類せよ．

［解］ $4!=24$ 個の順列は 12 個ずつの偶置換，奇置換に分けられる．偶置換は $\sigma_1, \sigma_4, \sigma_5, \sigma_8, \sigma_9, \sigma_{12}, \sigma_{13}, \sigma_{16}, \sigma_{17}, \sigma_{20}, \sigma_{21}, \sigma_{24}$ で，残りは奇置換である．σ_{17} が偶置換であることは，すでに例題 3-2 で見たとおりである．▌

3-4 行列式

3-3 節で定義した置換を用いると，(3.8), (3.14)は

$$a_{11}a_{22}-a_{12}a_{21}=\begin{vmatrix}a_{11} & a_{12}\\ a_{21} & a_{22}\end{vmatrix}=\sum_\sigma(-1)^{P_\sigma}a_{1\sigma(1)}a_{2\sigma(2)}$$

$$\begin{aligned}&a_{11}(a_{22}a_{33}-a_{23}a_{32})-a_{21}(a_{12}a_{33}-a_{13}a_{32})+a_{31}(a_{12}a_{23}-a_{13}a_{22})\\ &\quad=\begin{vmatrix}a_{11} & a_{12} & a_{13}\\ a_{21} & a_{22} & a_{23}\\ a_{31} & a_{32} & a_{33}\end{vmatrix}=\sum_\sigma(-1)^{P_\sigma}a_{1\sigma(1)}a_{2\sigma(2)}a_{3\sigma(3)}\end{aligned} \tag{3.22}$$

と書かれる．第 1 式では σ は

$$\sigma = \begin{pmatrix} 1 & 2 \\ 1 & 2 \end{pmatrix}, \quad \begin{pmatrix} 1 & 2 \\ 2 & 1 \end{pmatrix}$$

の 2! 個の，第2式では

$$\sigma = \begin{pmatrix} 1 & 2 & 3 \\ 1 & 2 & 3 \end{pmatrix}, \quad \begin{pmatrix} 1 & 2 & 3 \\ 1 & 3 & 2 \end{pmatrix}, \quad \begin{pmatrix} 1 & 2 & 3 \\ 2 & 1 & 3 \end{pmatrix},$$
$$\begin{pmatrix} 1 & 2 & 3 \\ 3 & 1 & 2 \end{pmatrix}, \quad \begin{pmatrix} 1 & 2 & 3 \\ 2 & 3 & 1 \end{pmatrix}, \quad \begin{pmatrix} 1 & 2 & 3 \\ 3 & 2 & 1 \end{pmatrix}$$

の 3! 個の置換をとる．それぞれの置換の偶奇性については(3.16)の符号のとおりである．

これらをより一般的に書いて，(n, n) 型行列

$$A = \begin{pmatrix} a_{11} & a_{12} & \cdots & a_{1n} \\ a_{21} & a_{22} & \cdots & a_{2n} \\ a_{31} & a_{32} & \cdots & a_{3n} \\ \vdots & \vdots & \ddots & \vdots \\ a_{n1} & a_{n2} & \cdots & a_{nn} \end{pmatrix} \tag{3.23}$$

に対応する**行列式**(determinant)を

$$\begin{aligned} \det(A) = |A| &= \begin{vmatrix} a_{11} & a_{12} & \cdots & a_{1n} \\ a_{21} & a_{22} & \cdots & a_{2n} \\ a_{31} & a_{32} & \cdots & a_{3n} \\ \vdots & \vdots & \ddots & \vdots \\ a_{n1} & a_{n2} & \cdots & a_{nn} \end{vmatrix} \\ &= \sum_{\sigma} (-1)^{P_\sigma} a_{1\sigma(1)} a_{2\sigma(2)} a_{3\sigma(3)} \cdots a_{n\sigma(n)} \end{aligned} \tag{3.24}$$

と定義する．第1行目は行列式のいろいろな書き方を示した．第2行目の σ についての和は順列 $(123\cdots n)$ に関する $n!$ 個のすべての置換についての和である．列ベクトル $\boldsymbol{a}_j$ を

$$\boldsymbol{a}_j = \begin{pmatrix} a_{1j} \\ a_{2j} \\ a_{3j} \\ \vdots \\ a_{nj} \end{pmatrix} \tag{3.25}$$

と定義して

$$\det(A) = \det(\boldsymbol{a}_1, \boldsymbol{a}_2, \cdots, \boldsymbol{a}_n) \tag{3.26}$$

と表すこともあるが，この書き方はスペースもとらないし便利である．$\sigma(1)$ ～$\sigma(n)$ を1から n までの順序に並べ直せば，$1 \sim n$ は $\sigma^{-1}(1) \sim \sigma^{-1}(n)$ の順序に並べ換えられるので，(3.24)は次のように書き換えることができる．

$$\begin{aligned} D &= \sum_{\sigma} (-1)^{P_\sigma} a_{1\sigma(1)} a_{2\sigma(2)} a_{3\sigma(3)} \cdots a_{n\sigma(n)} \\ &= \sum_{\sigma} (-1)^{P_\sigma} a_{\sigma^{-1}(1)1} a_{\sigma^{-1}(2)2} a_{\sigma^{-1}(3)3} \cdots a_{\sigma^{-1}(n)n} \\ &= \sum_{\sigma} (-1)^{P_\sigma} a_{\sigma(1)1} a_{\sigma(2)2} a_{\sigma(3)3} \cdots a_{\sigma(n)n} \end{aligned} \tag{3.24$'$}$$

ここで最後の式では σ^{-1} を改めて σ と書き換え，また $P_{\sigma^{-1}} = P_\sigma$ を用いた．

3-5 行列式の性質

上の定義(3.24)，(3.24′)から，すぐにいくつかの行列式の性質が導かれる．まずその性質の基本的なものを書き下してみよう．

性質1 行列 A の第 j 列の成分 a_{ij}，$(i=1 \sim n)$ を k 倍した行列の行列式は，元の行列式の値の k 倍になる．第 j 行を k 倍した場合も，行列式の値は k 倍になる．

$$\det(\boldsymbol{a}_1, \boldsymbol{a}_2, \cdots, k\boldsymbol{a}_j, \cdots, \boldsymbol{a}_n) = k \det(\boldsymbol{a}_1, \boldsymbol{a}_2, \cdots, \boldsymbol{a}_j, \cdots, \boldsymbol{a}_n) \tag{3.27}$$

例題3-6 2つの行列式 $\begin{vmatrix} 2 & 2 & 3 \\ 1 & -1 & 0 \\ -1 & 2 & 1 \end{vmatrix}$ と $\begin{vmatrix} 2 & 4 & 3 \\ 1 & -2 & 0 \\ -1 & 4 & 1 \end{vmatrix}$ の値を比べ，性質1を確かめよ．

［解］　定義にしたがって計算すると(実際には，たとえばたすき掛けの方法にしたがって)

$$\begin{vmatrix} 2 & 2 & 3 \\ 1 & -1 & 0 \\ -1 & 2 & 1 \end{vmatrix}$$
$$= 2\cdot(-1)\cdot 1+2\cdot 0\cdot(-1)+3\cdot 2\cdot 1-3\cdot(-1)\cdot(-1)-2\cdot 1\cdot 1-2\cdot 2\cdot 0 = -1$$

$$\begin{vmatrix} 2 & 4 & 3 \\ 1 & -2 & 0 \\ -1 & 4 & 1 \end{vmatrix}$$
$$= 2\cdot(-2)\cdot 1+4\cdot 0\cdot(-1)+3\cdot 4\cdot 1-3\cdot(-2)\cdot(-1)-4\cdot 1\cdot 1-2\cdot 4\cdot 0 = -2$$

を得る．▌

性質2　行列 A の第 j 列が $a_{ij} = b_{ij}+c_{ij}$ のように2つの成分の和で表される場合，行列式は第 j 列が b_{ij} だけの行列式と c_{ij} だけの行列式の和に等しい．

$$\det(\boldsymbol{a}_1, \boldsymbol{a}_2, \cdots, \boldsymbol{b}_j+\boldsymbol{c}_j, \cdots, \boldsymbol{a}_n) = \det(\boldsymbol{a}_1, \boldsymbol{a}_2, \cdots, \boldsymbol{b}_j, \cdots, \boldsymbol{a}_n) + \det(\boldsymbol{a}_1, \boldsymbol{a}_2, \cdots, \boldsymbol{c}_j, \cdots, \boldsymbol{a}_n) \qquad (3.28)$$

この性質は第 j 行が $a_{ji}=b_{ji}+c_{ji}$ のような2つの成分の和である場合にも成り立ち，行列式の値は第 j 行が b_{ji} だけの行列式と c_{ji} だけの行列式の和に等しい．

例題3-7　行列式 $\begin{vmatrix} 2 & 2+1 & 3 \\ 1 & -1+0 & 0 \\ -1 & 2+2 & 1 \end{vmatrix}$ について性質2を確かめよ．

［解］　定義にしたがって計算し

$$\begin{vmatrix} 2 & 2 & 3 \\ 1 & -1 & 0 \\ -1 & 2 & 1 \end{vmatrix} = -1 \quad と \quad \begin{vmatrix} 2 & 1 & 3 \\ 1 & 0 & 0 \\ -1 & 2 & 1 \end{vmatrix} = 5$$

を得る．また

$$\begin{vmatrix} 2 & 2+1 & 3 \\ 1 & -1+0 & 0 \\ -1 & 2+2 & 1 \end{vmatrix} = \begin{vmatrix} 2 & 3 & 3 \\ 1 & -1 & 0 \\ -1 & 4 & 1 \end{vmatrix} = 4$$ ▌

性質1,2を合わせて**行列式の線形性**という.

性質3 行列式は行についても，列についても交代的である．すなわち行列の2つの行または2つの列を入れ換えた行列の行列式は，もとの行列式と絶対値は等しく符号は変わる．これを行列式の**交代性**という．式で書けば次のようになる.

$$\det(\boldsymbol{a}_1, \cdots, \boldsymbol{a}_i, \cdots, \boldsymbol{a}_j, \cdots, \boldsymbol{a}_n) = -\det(\boldsymbol{a}_1, \cdots, \boldsymbol{a}_j, \cdots, \boldsymbol{a}_i, \cdots, \boldsymbol{a}_n) \quad (3.29)$$

例題3-8 2つの行列式 $\begin{vmatrix} 2 & 2 & 3 \\ 1 & -1 & 0 \\ -1 & 2 & 1 \end{vmatrix}$ と $\begin{vmatrix} 2 & 3 & 2 \\ 1 & 0 & -1 \\ -1 & 1 & 2 \end{vmatrix}$ について性質3を確かめよ.

［解］ 定義にしたがって計算し

$$\begin{vmatrix} 2 & 2 & 3 \\ 1 & -1 & 0 \\ -1 & 2 & 1 \end{vmatrix} = -1 \quad と \quad \begin{vmatrix} 2 & 3 & 2 \\ 1 & 0 & -1 \\ -1 & 1 & 2 \end{vmatrix} = 1$$

を得る. ▌

性質1,2は定義(3.24),(3.24′)よりすぐに導かれる．ここでは性質3(3.29)のみを示そう．$(i<j)$ として i と j の互換を $\tau=(ij)$ と書くことにすると，i 列と j 列を入れ換えた行列の行列式

$$\det(\boldsymbol{a}_1, \boldsymbol{a}_2, \cdots, \boldsymbol{a}_j, \cdots, \boldsymbol{a}_i, \cdots, \boldsymbol{a}_n)$$

は

$$\begin{aligned} &\det(\boldsymbol{a}_1, \boldsymbol{a}_2, \cdots, \boldsymbol{a}_{\tau(i)}, \cdots, \boldsymbol{a}_{\tau(j)}, \cdots, \boldsymbol{a}_n) \\ &\quad = \sum_{\sigma} (-1)^{P_\sigma} a_{1\tau\sigma(1)} a_{2\tau\sigma(2)} \cdots a_{n\tau\sigma(n)} \end{aligned} \quad (3.30)$$

と書き直される．置換 $\tau\sigma$ は置換 σ の後に置換(互換) τ を行うもので，ある l について $\sigma(l)$ が i または j のときに，それぞれ j, i に置き換える．また定義から

$$(-1)^{P_{\tau\sigma}} = (-1)^{P_\tau}(-1)^{P_\sigma} = -(-1)^{P_\sigma} \quad (3.31)$$

が成り立つ．ところで置換 σ がお互いに異なった $n!$ 個のすべての置換を順番

にとるとき，置換 $\tau\sigma$ もお互いに異なった $n!$ 個の置換を一通り動き回るので，(3.30)の右辺の和は $\tau\sigma$ について一通りにとればよい．この $\tau\sigma$ を改めて σ と書けば

$$\begin{aligned}\det(\boldsymbol{a}_1, \boldsymbol{a}_2, \cdots, \boldsymbol{a}_j, \cdots, \boldsymbol{a}_i, \cdots, \boldsymbol{a}_n) \\ &= -\sum_{\sigma}(-1)^{P_{\tau\sigma}} a_{1\tau\sigma(1)} a_{2\tau\sigma(2)} \cdots a_{n\tau\sigma(n)} \\ &= -\sum_{\sigma}(-1)^{P_{\sigma}} a_{1\sigma(1)} a_{2\sigma(2)} \cdots a_{n\sigma(n)}\end{aligned} \tag{3.32}$$

となる．これは性質3である．より一般的な置換 τ に対しても，列を置換 τ で入れ換えた行列の行列式について

$$\det(\boldsymbol{a}_{\tau(1)}, \boldsymbol{a}_{\tau(2)}, \cdots, \boldsymbol{a}_{\tau(n)}) = (-1)^{P_\tau} \det(\boldsymbol{a}_1, \boldsymbol{a}_2, \cdots, \boldsymbol{a}_n) \tag{3.33}$$

が成り立つ．これを示すには，上とまったく同様に行えばよい．

さらに，上で示した結果から，次のような行列式の性質も導かれる．

性質4　行列の2つの列または2つの行が一致していればその行列式の値は0である．

2つの一致している列を入れ換えても行列(式)は変わらないが，一方で1つの互換が加わるので(3.29)のように符号が変化するからである．

例題3-9　2つの行の一致している行列式 $\begin{vmatrix} 2 & 1 & 0 \\ 2 & 1 & 0 \\ 1 & 3 & 1 \end{vmatrix}$ を計算し，性質4を確かめよ．

［解］　定義にしたがって計算し，$\begin{vmatrix} 2 & 1 & 0 \\ 2 & 1 & 0 \\ 1 & 3 & 1 \end{vmatrix}=0$ を得る．▌

性質5　もとの行列の行(または列)に他の行(または列)の1次結合を加えても行列式の値は変化しない．

性質5は性質2,4を用いれば示すことができる．この性質は行列式の値を実際に計算するときにはたいへん便利である．3-8節ではこの性質を用いて行列式の値を計算する．

例題3-10　行列式 $\begin{vmatrix} 2 & 2 & 3 \\ 1+2\cdot 2 & -1+2\cdot 2 & 0+2\cdot 3 \\ -1 & 2 & 1 \end{vmatrix}$ を計算し，性質5を確かめよ．

［解］　定義にしたがって計算し，$\begin{vmatrix} 2 & 2 & 3 \\ 5 & 3 & 6 \\ -1 & 2 & 1 \end{vmatrix} = -1$ を得る．▌

これまでは行列式をまず定義し，その性質である線形性と交代性を見てきた．実際にはこのような線形性と交代性を示す関数は定数倍を別として行列式に限られる．このことも示しておこう．

性質 6（**行列式の特有性質**）　n 個の n 次元ベクトル

$$\boldsymbol{x}_1, \boldsymbol{x}_2, \cdots, \boldsymbol{x}_n \quad : \quad \boldsymbol{x}_j = \begin{pmatrix} x_{1j} \\ x_{2j} \\ \vdots \\ x_{nj} \end{pmatrix}$$

によって定まる関数 $F(\boldsymbol{x}_1, \boldsymbol{x}_2, \cdots, \boldsymbol{x}_n)$ が

(1)　線形性

$$F(\boldsymbol{x}_1, \boldsymbol{x}_2, \cdots, \boldsymbol{x}_k + \boldsymbol{y}_k, \cdots, \boldsymbol{x}_n) = F(\boldsymbol{x}_1, \boldsymbol{x}_2, \cdots, \boldsymbol{x}_k, \cdots, \boldsymbol{x}_n) + F(\boldsymbol{x}_1, \boldsymbol{x}_2, \cdots, \boldsymbol{y}_k, \cdots, \boldsymbol{x}_n) \tag{3.34}$$

$$F(\boldsymbol{x}_1, \boldsymbol{x}_2, \cdots, c\boldsymbol{x}_k, \cdots, \boldsymbol{x}_n) = cF(\boldsymbol{x}_1, \boldsymbol{x}_2, \cdots, \boldsymbol{x}_k, \cdots, \boldsymbol{x}_n) \tag{3.35}$$

および

(2)　交代性

$$F(\boldsymbol{x}_1, \boldsymbol{x}_2, \cdots, \boldsymbol{x}_i, \cdots, \boldsymbol{x}_j, \cdots, \boldsymbol{x}_n) = -F(\boldsymbol{x}_1, \boldsymbol{x}_2, \cdots, \boldsymbol{x}_j, \cdots, \boldsymbol{x}_i, \cdots, \boldsymbol{x}_n) \tag{3.36}$$

を満足し，$F(\boldsymbol{e}_1, \cdots, \boldsymbol{e}_n)=1$ であるならば

$$F(\boldsymbol{x}_1, \boldsymbol{x}_2, \cdots, \boldsymbol{x}_n) = \det(\boldsymbol{x}_1, \boldsymbol{x}_2, \cdots, \boldsymbol{x}_n) \tag{3.37}$$

である．

性質 6 を証明しよう．第 j 成分が 1 であとの成分はすべて 0 である単位ベクトルを $\boldsymbol{e}_j$ とすると

$$\boldsymbol{x}_k = \sum_{j=1}^{n} x_{jk} \boldsymbol{e}_j \tag{3.38}$$

と書ける．すると(3.34)と(3.35)を繰り返し用いれば

$$\begin{aligned} F(\boldsymbol{x}_1, \boldsymbol{x}_2, \cdots, \boldsymbol{x}_n) &= F\left(\sum_{j_1} x_{j_1 1} \boldsymbol{e}_{j_1}, \sum_{j_2} x_{j_2 2} \boldsymbol{e}_{j_2}, \cdots, \sum_{j_n} x_{j_n n} \boldsymbol{e}_{j_n}\right) \\ &= \sum_{j_1} \sum_{j_2} \cdots \sum_{j_n} x_{j_1 1} x_{j_2 2} \cdots x_{j_n n} F(\boldsymbol{e}_{j_1}, \boldsymbol{e}_{j_2}, \cdots, \boldsymbol{e}_{j_n}) \end{aligned}$$

であり，さらに交代性(3.36)を用いれば

$$F(\boldsymbol{e}_{j_1}, \boldsymbol{e}_{j_2}, \cdots, \boldsymbol{e}_{j_n}) = (-1)^{P_\tau} F(\boldsymbol{e}_1, \boldsymbol{e}_2, \cdots, \boldsymbol{e}_n)$$

となる．ここで置換τは

$$\tau = \begin{pmatrix} 1 & 2 & 3 & \cdots & n \\ j_1 & j_2 & j_3 & \cdots & j_n \end{pmatrix}$$

とした．$F(\boldsymbol{e}_1, \boldsymbol{e}_2, \cdots, \boldsymbol{e}_n)=1$であるから

$$F(\boldsymbol{x}_1, \boldsymbol{x}_2, \cdots, \boldsymbol{x}_n) = \sum_\tau (-1)^{P_\tau} x_{\tau(1)1} x_{\tau(2)2} \cdots x_{\tau(n)n}$$

となり(3.37)が示された．▌

性質7　2つのn次行列A, Bの積の行列式はそれぞれの行列式の積に等しい．

$$|AB| = |A| \cdot |B| \tag{3.39}$$

$\boldsymbol{a}_j = \begin{pmatrix} a_{1j} \\ a_{2j} \\ \vdots \\ a_{nj} \end{pmatrix}$と書くと

$$|AB| = \det\left(\sum_{\sigma_1} \boldsymbol{a}_{\sigma_1} b_{\sigma_1 1}, \sum_{\sigma_2} \boldsymbol{a}_{\sigma_2} b_{\sigma_2 2}, \cdots, \sum_{\sigma_n} \boldsymbol{a}_{\sigma_n} b_{\sigma_n n} \right)$$

である．性質1,2を用いればこれらは書きなおされて

$$|AB| = \sum_{\sigma_1 \cdots \sigma_n} b_{\sigma_1 1} b_{\sigma_2 2} \cdots b_{\sigma_n n} \det(\boldsymbol{a}_{\sigma_1}, \boldsymbol{a}_{\sigma_2}, \cdots, \boldsymbol{a}_{\sigma_n})$$

となる．性質4によって，$\sigma_1, \sigma_2, \cdots, \sigma_n$のどの2つが等しくても上の式はゼロになるから，$\sigma_1, \cdots, \sigma_n$は$(1, 2, \cdots, n)$の順列の1つでなくてはならない．これを置換$\sigma$によって$\sigma=(\sigma(1)\sigma(2)\cdots\sigma(n))$, $\sigma(i)=\sigma_i$と書く．さらに性質3を用いて，$\boldsymbol{a}_{\sigma(1)}, \cdots, \boldsymbol{a}_{\sigma(n)}$を並べかえると

$$|AB| = \sum_\sigma b_{\sigma(1)1} b_{\sigma(2)2} \cdots b_{\sigma(n)n} (-1)^{P_\sigma} \det(\boldsymbol{a}_1, \boldsymbol{a}_2, \cdots, \boldsymbol{a}_n) = |A| \cdot |B|$$

である．▌

例題3-11　行列式$\begin{vmatrix} 2 & 2 & 3 \\ 1 & -1 & 0 \\ -1 & 2 & 1 \end{vmatrix}$と$\begin{vmatrix} 1 & 0 & 3 \\ 2 & 1 & 2 \\ 1 & 1 & 0 \end{vmatrix}$を計算し，性質7を確かめよ．

［解］　定義にしたがって計算し

$$\begin{vmatrix} 2 & 2 & 3 \\ 1 & -1 & 0 \\ -1 & 2 & 1 \end{vmatrix} = -1, \qquad \begin{vmatrix} 1 & 0 & 3 \\ 2 & 1 & 2 \\ 1 & 1 & 0 \end{vmatrix} = 1$$

と

$$\left| \begin{pmatrix} 2 & 2 & 3 \\ 1 & -1 & 0 \\ -1 & 2 & 1 \end{pmatrix} \begin{pmatrix} 1 & 0 & 3 \\ 2 & 1 & 2 \\ 1 & 1 & 0 \end{pmatrix} \right| = \begin{vmatrix} 9 & 5 & 10 \\ -1 & -1 & 1 \\ 4 & 3 & 1 \end{vmatrix} = -1$$

を得る．▌

3-6　行列式の展開と連立１次方程式の解に関するクラメールの公式

(3.24)，(3.24′)で行列式を定義した．ここではそれを出発点にして行列式をいろいろな形に展開する公式を導こう．さらに一般的な展開については次の 3-7 節で考える．

(3.24)で第１行要素 $a_{1\sigma(1)}$ の係数に注目しよう．$\sigma(1)$ は σ が $n!$ 個の置換を動くとき１から n までの数字を動く．これをあからさまに書けば

$$\begin{aligned} \det(A) = D &= \sum_{\sigma} (-1)^{P_\sigma} a_{1\sigma(1)} a_{2\sigma(2)} a_{3\sigma(3)} \cdots a_{n\sigma(n)} \\ &= a_{11}A_{11} + a_{12}A_{12} + a_{13}A_{13} + \cdots + a_{1n}A_{1n} \end{aligned}$$

となる．あるいはもっと一般的には任意の i 行要素に注目すれば

$$\begin{aligned} \det(A) = D &= \sum_{\sigma} (-1)^{P_\sigma} a_{1\sigma(1)} a_{2\sigma(2)} a_{3\sigma(3)} \cdots a_{n\sigma(n)} \\ &= a_{i1}A_{i1} + a_{i2}A_{i2} + a_{i3}A_{i3} + \cdots + a_{in}A_{in} \end{aligned} \tag{3.40}$$

と書かれる．ここで

$$A_{11} = \sum_{\delta} (-1)^{P_\delta} a_{2\delta(2)} a_{3\delta(3)} \cdots a_{n\delta(n)}$$

と書けば，置換 δ は順列 $(2, 3, \cdots, n)$ を並べ換えるすべての置換（$(n-1)!$ 個）をとり

$$\delta = \begin{pmatrix} 1 & 2 & 3 & \cdots & n \\ 1 & \delta(2) & \delta(3) & \cdots & \delta(n) \end{pmatrix}$$

である．したがって，A_{11} は行列 A から第1行および第1列の成分を除いた $(n-1, n-1)$ 行列の行列式である．一般に行列 A の第 i 行，第 j 列の成分を除いた行列式を，行列式 D の**小行列式**(minor determinant)という．これを

$$D\binom{i}{j} \tag{3.41}$$

と表せば，

$$A_{11} = D\binom{1}{1} \tag{3.42}$$

である．

A_{1j} についても同じような関係を示すことができる．

$$A_{1j} = \sum_{\delta} (-1)^{P_\delta} a_{2\delta(2)} a_{3\delta(3)} \cdots a_{n\delta(n)}$$

と書けば，置換 δ は定義により

$$\delta = \begin{pmatrix} 1 & 2 & 3 & \cdots & n \\ j & \delta(2) & \delta(3) & \cdots & \delta(n) \end{pmatrix}$$

であり，順列 $(1, 2, \cdots, j-1, j+1, \cdots, n)$ を並べ換える $(n-1)!$ 個の置換のすべてをとる．これは順列 $(1, 2, 3, \cdots, n)$ からはじめ，まず j を1番目に $1, 2, 3, \cdots, j-1$ をそれぞれ $2, 3, 4, \cdots, j$ 番目に動かし，その後 $(1, 2, \cdots, j-1, j+1, \cdots, n)$ に対する置換を考えればよい．はじめの操作には $(j-1)$ 回のとなり合った数の互換が必要である．したがって A_{1j} は A から第1行，および第 j 列成分を除いた小行列式と絶対値は同じで符号が $(-1)^{j-1} = (-1)^{j+1}$ だけ違い

$$A_{1j} = (-1)^{1+j} D\binom{1}{j} \tag{3.43}$$

となる．同じように一般的に A_{ij} を考えることができる．

$$A_{ij} = \sum_{\delta} (-1)^{P_\delta} a_{1\delta(1)} a_{2\delta(2)} \cdots a_{i-1\delta(i-1)} a_{i+1\delta(i+1)} \cdots a_{n\delta(n)}$$

と書けば，置換 δ は

$$\delta = \begin{pmatrix} 1 & 2 & \cdots & i & \cdots & n \\ \delta(1) & \delta(2) & \cdots & j & \cdots & \delta(n) \end{pmatrix}$$

である．これも行の番号である $(1, 2, 3, \cdots, i, \cdots, n)$ を $(i, 1, 2, \cdots, i-1, i+1, \cdots, n)$ に変換し，また列の番号である $(1, 2, 3, \cdots, j, \cdots, n)$ を $(j, 1, 2, \cdots, j-1, j+1, \cdots, n)$ に変換して，それから出発すればよい．そうすれば行の移し換えに対して符号 $(-1)^{i-1}$ が，列の移し換えに対して符号 $(-1)^{j-1}$ が付け加わるから

$$A_{ij} = (-1)^{i+j-2} D\begin{pmatrix} i \\ j \end{pmatrix} = (-1)^{i+j} D\begin{pmatrix} i \\ j \end{pmatrix} \tag{3.44}$$

となる．一般に小行列式 $D\begin{pmatrix} i \\ j \end{pmatrix}$ に符号 $(-1)^{i+j}$ を付け加えた行列式 A_{ij} を**余因子**(cofactor)という．こうして行列式の余因子による展開(3.40)を得る．あるいは小行列式を用いて書き直せば

$$D = a_{i1}(-1)^{i+1} D\begin{pmatrix} i \\ 1 \end{pmatrix} + a_{i2}(-1)^{i+2} D\begin{pmatrix} i \\ 2 \end{pmatrix} + \cdots + a_{in}(-1)^{i+n} D\begin{pmatrix} i \\ n \end{pmatrix} \tag{3.45}$$

となる．定義(3.24′)を用いれば，列による展開

$$D = D\begin{pmatrix} 1 \\ i \end{pmatrix} a_{1i}(-1)^{i+1} + D\begin{pmatrix} 2 \\ i \end{pmatrix} a_{2i}(-1)^{i+2} + \cdots + D\begin{pmatrix} n \\ i \end{pmatrix} a_{ni}(-1)^{i+n} \tag{3.45′}$$

も同様に得られる．

行列式の第 i 行(列)と第 k 行(列)(ただし $i \neq k$)の要素を等しく $a_{ij} = a_{kj}$ $(a_{ji} = a_{jk})$ とすると，性質4によって行列式の値は0である．一方，今求めた展開を第 i 行(列)に対して行えば，

$$\begin{aligned} 0 &= a_{k1}(-1)^{i+1} D\begin{pmatrix} i \\ 1 \end{pmatrix} + a_{k2}(-1)^{i+2} D\begin{pmatrix} i \\ 2 \end{pmatrix} + \cdots + a_{kn}(-1)^{i+n} D\begin{pmatrix} i \\ n \end{pmatrix} \\ 0 &= D\begin{pmatrix} 1 \\ i \end{pmatrix} a_{1k}(-1)^{i+1} + D\begin{pmatrix} 2 \\ i \end{pmatrix} a_{2k}(-1)^{i+2} + \cdots + D\begin{pmatrix} n \\ i \end{pmatrix} a_{nk}(-1)^{i+n} \\ &(i \neq k) \end{aligned} \tag{3.46}$$

が導かれる．

展開(3.45),(3.46)によって，連立1次方程式の解を係数の作る行列式および余因子を用いて表すことができる．実際(3.9),(3.15)がそうであるように，$\det(A)\neq 0$ であるなら，連立1次方程式(3.2″)の解は一般に

$$x_k = D_k/D, \qquad D = \det(A)$$

$$D_k = b_1A_{1k}+b_2A_{2k}+\cdots+b_nA_{nk} = \begin{vmatrix} a_{11} & \cdots & b_1 & \cdots & a_{1n} \\ a_{21} & \cdots & b_2 & \cdots & a_{2n} \\ \vdots & & \vdots & & \vdots \\ a_{n1} & \cdots & b_n & \cdots & a_{nn} \end{vmatrix} \quad (3.47)$$

（列番号 $1, \ldots, k, \ldots, n$）

となる．これを**クラメール(Cramer)の公式**という．クラメールの公式は次のようにして示すことができる．

(3.2″)は書き直すと

$$a_{i1}x_1+a_{i2}x_2+\cdots+a_{in}x_n = b_i \qquad (i=1,\cdots,n)$$

である．これに余因子 A_{ik} を掛けて i について加えると

$$\begin{aligned} &A_{1k}\{a_{11}x_1+a_{12}x_2+\cdots+a_{1n}x_n\}+A_{2k}\{a_{21}x_1+a_{22}x_2+\cdots+a_{2n}x_n\} \\ &\quad +\cdots+A_{nk}\{a_{n1}x_1+a_{n2}x_2+\cdots+a_{nn}x_n\} \\ &= A_{1k}b_1+A_{2k}b_2+\cdots+A_{nk}b_n \end{aligned}$$

である．左辺で x_j の係数は(3.24′)により

$$A_{1k}a_{1j}+A_{2k}a_{2j}+\cdots+A_{nk}a_{nj} = \begin{vmatrix} a_{11} & \cdots & a_{1j} & \cdots & a_{1n} \\ a_{21} & \cdots & a_{2j} & \cdots & a_{2n} \\ \vdots & & \vdots & & \vdots \\ a_{n1} & \cdots & a_{nj} & \cdots & a_{nn} \end{vmatrix}$$

（列番号 $1, \ldots, k, \ldots, n$）

であり，(3.45),(3.46)によりこれは $j=k$ のときに行列式 D，それ以外のときには0となる．まとめれば

$$Dx_k = A_{1k}b_1+A_{2k}b_2+\cdots+A_{nk}b_n = \begin{vmatrix} a_{11} & \cdots & b_1 & \cdots & a_{1n} \\ a_{21} & \cdots & b_2 & \cdots & a_{2n} \\ \vdots & & \vdots & & \vdots \\ a_{n1} & \cdots & b_n & \cdots & a_{nn} \end{vmatrix}$$

（列番号 $1, \ldots, k, \ldots, n$）

となり，(3.47)が示される．クラメールの公式は連立1次方程式の解を論ずる際には有用な式であるが，4次以上の次数の大きな連立方程式の解の値を計算

するときにこれに頼って計算しようとすると実用に耐えない式である．連立方程式を解くには，はじめに述べたガウスの消去法の方がはるかに能率が良い(演算回数が少ない)ことは記憶しておかなくてはならない．

ここで，第2章で考えた逆行列の存在する条件について触れておこう．A を (n,n) 型行列としてその右逆行列 X，左逆行列 Y

$$AX = E, \qquad YA = E \tag{3.48}$$

が存在するとき，(3.48)を書き直すと

$$\begin{aligned} a_{i1}x_{1j}+a_{i2}x_{2j}+a_{i3}x_{3j}+\cdots+a_{in}x_{nj} &= \delta_{ij} \\ y_{i1}a_{1j}+y_{i2}a_{2j}+y_{i3}a_{3j}+\cdots+y_{in}a_{nj} &= \delta_{ij} \end{aligned} \tag{3.48$'$}$$

となる．ここで行列 A, X, Y をそれぞれ $A=(a_{ij})$，$X=(x_{ij})$，$Y=(y_{ij})$ と書いた．(3.47)によればこの解は

$$D = |A| \neq 0 \tag{3.49}$$

のとき存在し，

$$x_{ij} = \frac{A_{ji}}{D}, \qquad y_{ij} = \frac{A_{ji}}{D} \tag{3.50}$$

である．(3.48′)式は x_{ij} については(3.2′)そのものである．y_{ij} については ${}^{t}A$ の要素がそれぞれの係数になっている(${}^{t}A{}^{t}Y=E$)．${}^{t}A$ の j 行 i 列余因子は A の i 行 j 列余因子に等しいからである．

上の議論から，$|A|\neq 0$ の場合には，A の逆行列の (i,j) 成分が行列 A の (j,i) 余因子 A_{ji} の D^{-1} 倍として与えられる．また(3.50)の形から直接に $X=Y$ であることがわかる．$|A|=0$ の場合には，性質7より導かれる $|A||X|=|Y||A|=1$ と矛盾するので，逆行列は存在しない．$|A|\neq 0$ が，行列 A の逆行列 A^{-1} が存在するための必要十分条件である(2-2節の議論参照)．

3-7　ラプラスの展開

3-6節では小行列式 $D\begin{pmatrix} i \\ j \end{pmatrix}$ を導入し，また余因子 A_{ij} を定義した．これにより，行列式を行または列について展開することができた．

これからは，小行列式を拡張して行列 A の第 $i_1, i_2, \cdots, i_r$ 行と第 $k_1, k_2, \cdots, k_r$

列とを除いた$n-r$次の小行列式を考える．これを

$$D\begin{pmatrix} i_1, i_2, \cdots, i_r \\ k_1, k_2, \cdots, k_r \end{pmatrix} \tag{3.51}$$

と書く．さらに行列Aの第$i_1, i_2, \cdots, i_r$行と第$k_1, k_2, \cdots, k_r$列とから作られるr次の小行列式を考え，これを

$$\varDelta\begin{pmatrix} i_1, i_2, \cdots, i_r \\ k_1, k_2, \cdots, k_r \end{pmatrix} \tag{3.52}$$

とする．

(3.45)の行列式の展開

$$D = a_{i1}(-1)^{i+1}D\begin{pmatrix} i \\ 1 \end{pmatrix} + a_{i2}(-1)^{i+2}D\begin{pmatrix} i \\ 2 \end{pmatrix} + \cdots + a_{in}(-1)^{i+n}D\begin{pmatrix} i \\ n \end{pmatrix}$$

の中で，小行列式$D\begin{pmatrix} i \\ 1 \end{pmatrix}$をさらに$a_{jl}$ $(l=2, \cdots, n)$とその余因子で展開しよう．$D\begin{pmatrix} i \\ 1 \end{pmatrix}$を$a_{jl}$で展開すると，$i<j$と仮定すれば

$$\begin{aligned} D\begin{pmatrix} i \\ 1 \end{pmatrix} &= a_{j2}(-1)^{(j-1)+(2-1)}D\begin{pmatrix} i & j \\ 1 & 2 \end{pmatrix} \\ &\quad + a_{j3}(-1)^{(j-1)+(3-1)}D\begin{pmatrix} i & j \\ 1 & 3 \end{pmatrix} \\ &\quad + \cdots + a_{jn}(-1)^{(j-1)+(n-1)}D\begin{pmatrix} i & j \\ 1 & n \end{pmatrix} \end{aligned} \tag{3.53}$$

と書ける．(-1)のベキ乗は$i<j$，$1<2, 3, \cdots, n$のために，小行列式$D\begin{pmatrix} i \\ 1 \end{pmatrix}$の行番号$j$，列番号$2, 3, \cdots$がそれぞれ1つずつずれていることによる．同じようにして$D\begin{pmatrix} i \\ 2 \end{pmatrix}$も

$$\begin{aligned} D\begin{pmatrix} i \\ 2 \end{pmatrix} &= a_{j1}(-1)^{(j-1)+1}D\begin{pmatrix} i & j \\ 2 & 1 \end{pmatrix} \\ &\quad + a_{j3}(-1)^{(j-1)+(3-1)}D\begin{pmatrix} i & j \\ 2 & 3 \end{pmatrix} \\ &\quad + \cdots + a_{jn}(-1)^{(j-1)+(n-1)}D\begin{pmatrix} i & j \\ 2 & n \end{pmatrix} \end{aligned} \tag{3.54}$$

等である．(3.53), (3.54)等を(3.45)に代入すると

$$D = (-1)^{i+j+1+2}(a_{i1}a_{j2} - a_{i2}a_{j1})D\begin{pmatrix} i & j \\ 1 & 2 \end{pmatrix}$$

$$+(-1)^{i+j+1+3}(a_{i1}a_{j3}-a_{i3}a_{j1})D\begin{pmatrix} i & j \\ 1 & 3 \end{pmatrix}$$
$$+\cdots$$
$$=\sum_{p<q}(-1)^{i+j+p+q}(a_{ip}a_{jq}-a_{iq}a_{jp})D\begin{pmatrix} i & j \\ p & q \end{pmatrix}$$

となる．ここで現れた$(a_{ip}a_{jq}-a_{iq}a_{jp})$は$2\times2$行列式で$\Delta\begin{pmatrix} i & j \\ p & q \end{pmatrix}$と書ける．以上をまとめると

$$D=\sum_{p<q}(-1)^{i+j+p+q}D\begin{pmatrix} i & j \\ p & q \end{pmatrix}\Delta\begin{pmatrix} i & j \\ p & q \end{pmatrix} \tag{3.55}$$

となる．(3.45)の代わりに(3.45′)を出発にすると，行に関する展開

$$D=\sum_{i<j}(-1)^{i+j+p+q}D\begin{pmatrix} i & j \\ p & q \end{pmatrix}\Delta\begin{pmatrix} i & j \\ p & q \end{pmatrix} \tag{3.55′}$$

が得られる．

r個の行または列の余因子についてこれらの展開を行えば，一般に

$$\sum_{i_1<i_2<\cdots<i_r}(-1)^{(i_1+i_2+\cdots+i_r)+(j_1+j_2+\cdots+j_r)}D\begin{pmatrix} i_1 i_2\cdots i_r \\ j_1 j_2\cdots j_r \end{pmatrix}\Delta\begin{pmatrix} i_1 i_2\cdots i_r \\ k_1 k_2\cdots k_r \end{pmatrix}$$
$$=\begin{cases} D & [(j_1j_2\cdots j_r)=(k_1k_2\cdots k_r)] \\ 0 & [(j_1j_2\cdots j_r)\neq(k_1k_2\cdots k_r)] \end{cases} \tag{3.56}$$

$$\sum_{k_1<k_2<\cdots<k_r}(-1)^{(i_1+i_2+\cdots+i_r)+(k_1+k_2+\cdots+k_r)}D\begin{pmatrix} i_1 i_2\cdots i_r \\ k_1 k_2\cdots k_r \end{pmatrix}\Delta\begin{pmatrix} j_1 j_2\cdots j_r \\ k_1 k_2\cdots k_r \end{pmatrix}$$
$$=\begin{cases} D & [(i_1i_2\cdots i_r)=(j_1j_2\cdots j_r)] \\ 0 & [(i_1i_2\cdots i_r)\neq(j_1j_2\cdots j_r)] \end{cases} \tag{3.56′}$$

が成り立つ．ここで(3.56)では$\{j_l\}$, $\{k_l\}$の組は固定され，それらが完全に一致していれば行列式Dに，1つでも違えばゼロになる．(3.56)で$\{j_l\}=\{k_l\}$の場合，(3.56′)では$\{i_l\}=\{j_l\}$の場合に，この展開を**ラプラスの展開**という．

また

$$(-1)^{(i_1+i_2+\cdots+i_r)+(k_1+k_2+\cdots+k_r)}D\begin{pmatrix} i_1 i_2\cdots i_r \\ k_1 k_2\cdots k_r \end{pmatrix} \tag{3.57}$$

をDにおける小行列式$\Delta\begin{pmatrix} i_1 i_2\cdots i_r \\ k_1 k_2\cdots k_r \end{pmatrix}$の余因子という．

3-8　行列式の計算

いろいろな一般的議論をしてきたが，行列式の値を計算するにはどのようにするのがよいだろう．具体的にやってみよう．

$$D = \begin{vmatrix} 2 & 2 & 3 & 3 \\ 1 & -1 & 0 & 2 \\ -1 & 2 & 1 & 1 \\ 1 & 2 & 3 & 2 \end{vmatrix} \tag{3.58}$$

を計算するのに，もはやたすき掛けの方法を使うことはできない．最も当たり前に展開(3.45)を用いてみよう．第１列に関して展開し，以下それを続けると

$$\begin{vmatrix} 2 & 2 & 3 & 3 \\ 1 & -1 & 0 & 2 \\ -1 & 2 & 1 & 1 \\ 1 & 2 & 3 & 2 \end{vmatrix}$$

$$= +(+2)\begin{vmatrix} -1 & 0 & 2 \\ 2 & 1 & 1 \\ 2 & 3 & 2 \end{vmatrix} - (+1)\begin{vmatrix} 2 & 3 & 3 \\ 2 & 1 & 1 \\ 2 & 3 & 2 \end{vmatrix}$$

$$+(-1)\begin{vmatrix} 2 & 3 & 3 \\ -1 & 0 & 2 \\ 2 & 3 & 2 \end{vmatrix} - (+1)\begin{vmatrix} 2 & 3 & 3 \\ -1 & 0 & 2 \\ 2 & 1 & 1 \end{vmatrix}$$

$$= +2\left\{+(-1)\begin{vmatrix} 1 & 1 \\ 3 & 2 \end{vmatrix} - (+2)\begin{vmatrix} 0 & 2 \\ 3 & 2 \end{vmatrix} + (+2)\begin{vmatrix} 0 & 2 \\ 1 & 1 \end{vmatrix}\right\}$$

$$-1\left\{+(+2)\begin{vmatrix} 1 & 1 \\ 3 & 2 \end{vmatrix} - (+2)\begin{vmatrix} 3 & 3 \\ 3 & 2 \end{vmatrix} + (+2)\begin{vmatrix} 3 & 3 \\ 1 & 1 \end{vmatrix}\right\}$$

$$-1\left\{+(+2)\begin{vmatrix} 0 & 2 \\ 3 & 2 \end{vmatrix} - (-1)\begin{vmatrix} 3 & 3 \\ 3 & 2 \end{vmatrix} + (+2)\begin{vmatrix} 3 & 3 \\ 0 & 2 \end{vmatrix}\right\}$$

$$-1\left\{+(+2)\begin{vmatrix} 0 & 2 \\ 1 & 1 \end{vmatrix} - (-1)\begin{vmatrix} 3 & 3 \\ 1 & 1 \end{vmatrix} + (+2)\begin{vmatrix} 3 & 3 \\ 0 & 2 \end{vmatrix}\right\}$$

$$
\begin{aligned}
&= +2\{-1(2-3)-2(0-6)+2(0-2)\}\\
&\quad -1\{+2(2-3)-2(6-9)+2(3-3)\}\\
&\quad -1\{+2(0-6)+1(6-9)+2(6-0)\}\\
&\quad -1\{+2(0-2)+1(3-3)+2(6-0)\}\\
&= 18-4+3-8 = 9
\end{aligned}
\tag{3.59}
$$

となる．しかし，こんなことをいつもやっていては計算間違えもするし，あまり能率の良いことではない．

3-5 節で説明したように，2 つの行あるいは 2 つの列が等しい場合には行列式の値は 0 になる．また 1 つの行または 1 つの列のすべての要素を定数倍した行列式の値は元の行列式の値の定数倍である．したがって行列式の行あるいは列に関する操作を繰り返すことで，より簡単に値を計算できる行列式に変形することができる．たとえば，まず第 1 列について 1 つの成分以外を 0 にしてしまい，以下同じような操作を続ける．

$$
\begin{vmatrix} 2 & 2 & 3 & 3 \\ 1 & -1 & 0 & 2 \\ -1 & 2 & 1 & 1 \\ 1 & 2 & 3 & 2 \end{vmatrix} \quad (\text{第 2 行の } -2, 1, -1 \text{ 倍を } 1, 3, 4 \text{ 行に足す})
$$

$$
= \begin{vmatrix} 0 & 4 & 3 & -1 \\ 1 & -1 & 0 & 2 \\ 0 & 1 & 1 & 3 \\ 0 & 3 & 3 & 0 \end{vmatrix} \quad (\text{第 1 列成分で展開})
$$

$$
= (-1)\begin{vmatrix} 4 & 3 & -1 \\ 1 & 1 & 3 \\ 3 & 3 & 0 \end{vmatrix} \quad (\text{第 2 行の } -4, -3 \text{ 倍を } 1, 3 \text{ 行に足す})
$$

$$
= (-1)\begin{vmatrix} 0 & -1 & -13 \\ 1 & 1 & 3 \\ 0 & 0 & -9 \end{vmatrix} \quad (\text{第 1 列成分で展開})
$$

$$
= (-1)(-1)\begin{vmatrix} -1 & -13 \\ 0 & -9 \end{vmatrix} = 9 \tag{3.59$'$}
$$

これはガウスの消去法を行列式の計算にも用いたことになる．読者は，このようにいくつかの方法を状況に応じて使い分けることで行列式の計算が正確に行えるようにしなくてはならない．

3-9 連立1次方程式の線形独立性

もう一度，連立1次方程式に戻って，連立1次方程式にはいつでも一意的に定まる解があるのかどうかを考えてみよう．

次の連立方程式を解いてみよう．

$$\begin{cases} 2x_1+2x_2+3x_3 = 3 & \text{(c.1)} \\ x_1-\ x_2 \qquad\quad = 2 & \text{(c.2)} \\ 5x_1+3x_2+6x_3 = 8 & \text{(c.3)} \end{cases} \tag{3.60}$$

(c.1)を1/2倍して(c.2)から引く，あるいは(c.1)を5/2倍して(c.3)から引き，それぞれから x_1 を消去する．

$$\begin{aligned} 2x_1+2x_2+\ 3x_3 &= 3 \qquad \text{(c.1)} \\ -2x_2-3/2x_3 &= 1/2 \qquad \text{(c.4)} \\ -2x_2-3/2x_3 &= 1/2 \qquad \text{(c.5)} \end{aligned} \tag{3.61}$$

ここで(c.4)と(c.5)はまったく同じ式になってしまった．未知数の数は3つであるのに条件式の数は2つしかないので，解を一意的に定めることはできない．係数の作る行列の行に関する変形で同じ行が現れるのだから，その行列式の値が0だということになる．上の係数の変形を係数の作る行列式の変形として忠実にたどれば，例題3-12の解答のようになる．

例題3-12 行列式 $\begin{vmatrix} 2 & 2 & 3 \\ 1 & -1 & 0 \\ 5 & 3 & 6 \end{vmatrix}$ を変形し，この行列式の値が0であることを確かめよ．

［解］ 定義にしたがって計算し

$$\begin{vmatrix} 2 & 2 & 3 \\ 1 & -1 & 0 \\ 5 & 3 & 6 \end{vmatrix} \quad \text{（第1行×(−1/2)を第2行に加える）}$$

$$= \begin{vmatrix} 2 & 2 & 3 \\ 0 & -2 & -3/2 \\ 5 & 3 & 6 \end{vmatrix} \quad \text{（第1行×(−5/2)を第3行に加える）}$$

$$= \begin{vmatrix} 2 & 2 & 3 \\ 0 & -2 & -3/2 \\ 0 & -2 & -3/2 \end{vmatrix} = 2\begin{vmatrix} -2 & -3/2 \\ -2 & -3/2 \end{vmatrix} = 0$$

となる．▌

これらのことから，クラメールの公式(3.47)の分母が0となる．しかしそのときにも(c.1),(c.4)における x_1, x_2 の係数が作る行列式は

$$\begin{vmatrix} 2 & 2 \\ 0 & -2 \end{vmatrix} = 2\times(-2) = -4$$

であり，0ではない．

(3.61)の変形をさらに続けて((c.5)から(c.4)を引く，また(c.1)に(c.4)を足して)，さらに x_1 と x_2 の係数を $+1$ に揃えれば

$$\begin{aligned} x_1 \quad +3/4x_3 &= \quad 7/4 \qquad &\text{(c.7)} \\ x_2+3/4x_3 &= -1/4 \qquad &\text{(c.4)} \\ 0x_2+\ \ 0x_3 &= \quad 0 \qquad &\text{(c.6)} \end{aligned}$$

を得る．(c.7),(c.4)で x_3 を右辺に移し任意定数 c_3 を導入すれば

$$\begin{aligned} x_1 &= \quad 7/4-3/4c_3 \qquad &\text{(c.8)} \\ x_2 &= -1/4-3/4c_3 \qquad &\text{(c.9)} \\ x_3 &= \quad 0 \ + \quad c_3 \qquad &\text{(c.10)} \end{aligned} \qquad (3.62)$$

と解を構成することができる．

(3.62)は3次元空間内の直線を与えている．(3.60)で決まる3つの平面が1つの共通交線で交わっている．その直線の方程式は c_3 というパラメーターを1つ含んでいるのである(図3-3)．

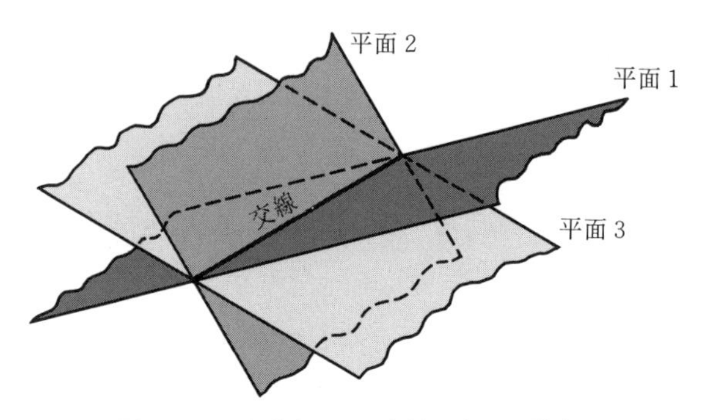

図 3-3　3平面が1つの交線で交わる場合.

以上のことを一般的に述べると次のようになる．n 元連立1次方程式の作る係数の行列式について行に関する変形を行っていって，m 個($m \leqq n$)の行の係数がすべて0になってしまうとき(このとき，残りの $n-m$ 個の変数の係数が作る行列式は0でない)には一意的に定まる解はない．しかし，m 個の任意定数を用いれば解を定めることができる．このとき，$n-m$ を **n 元連立1次方程式の階数**(rank)，あるいは連立1次方程式の係数が作る行列式の階数という．言い換えると，行列の階数とは，対応する連立1次方程式の独立な式の数に等しい．

最後に次の連立方程式を考えてみよう．

例題 3-13　連立1次方程式

$$\begin{cases} 2x_1+2x_2+3x_3 = 3 & \text{(d.1)} \\ x_1-\ x_2 \qquad\quad = 2 & \text{(d.2)} \\ 5x_1+3x_2+6x_3 = 9 & \text{(d.3)} \end{cases} \tag{3.63}$$

は解をもつか．

［解］　これに対して，行の変形を行うと

$$\begin{aligned} 2x_1+2x_2+\ 3x_3 &= 3 & \text{(d.1)} \\ -2x_2-3/2x_3 &= 1/2 & \text{(d.4)} \\ -2x_2-3/2x_3 &= 3/2 & \text{(d.5)} \end{aligned}$$

となり，さらに(d.5)から(d.4)を引く，(d.1)に(d.4)を足す，(d.4)を (-1)

> 普通，行列や行列式を連立1次方程式から導入するので，ごく限られた用途に用いられる数学のような錯覚に陥ることがあるかもしれない．しかし，線形の微・積分方程式を解くときにも，変数を離散化して連立1次方程式として取り扱うことができる．このようなことから，連立1次方程式は線形系を考える際の基本であり，極めて一般的な問題なのである．

倍する，などを行うと

$$2x_1 \quad +3/2x_3 = 7/2 \qquad (\mathrm{d}.6)$$

$$2x_2+3/2x_3 = -1/2 \qquad (\mathrm{d}.7)$$

$$0x_2+\ 0x_3 = 1 \qquad (\mathrm{d}.8)$$

となる．したがってこの連立1次方程式に解はない．▌

上の連立1次方程式(3.63)が解をもたないのは，平面(d.1)と平面(d.2)の交線が平面(d.3)を貫かず，平面(d.3)と平行なのである．

第3章　演習問題

[1]　次の関係式を示せ．

(a)
$$\begin{vmatrix} a_{11} & a_{12} & \cdots & a_{1n} \\ a_{21} & a_{22} & \cdots & a_{2n} \\ a_{31} & a_{32} & \cdots & a_{3n} \\ \vdots & \vdots & \ddots & \vdots \\ a_{n1} & a_{n2} & \cdots & a_{nn} \end{vmatrix} = \begin{vmatrix} a_{11} & a_{21} & \cdots & a_{n1} \\ a_{12} & a_{22} & \cdots & a_{n2} \\ a_{13} & a_{23} & \cdots & a_{n3} \\ \vdots & \vdots & \ddots & \vdots \\ a_{1n} & a_{2n} & \cdots & a_{nn} \end{vmatrix}$$

(b)
$$\begin{vmatrix} a_{11} & a_{12} & a_{13} & \cdots & a_{1n} \\ 0 & a_{22} & a_{23} & \cdots & a_{2n} \\ 0 & 0 & a_{33} & \cdots & a_{3n} \\ \vdots & \vdots & \vdots & \ddots & \vdots \\ 0 & 0 & 0 & \cdots & a_{nn} \end{vmatrix} = a_{11}a_{22}a_{33}\cdots a_{nn}$$

(c)
$$\begin{vmatrix} 1 & 1 & 1 & \cdots & 1 \\ x_1 & x_2 & x_3 & \cdots & x_n \\ {x_1}^2 & {x_2}^2 & {x_3}^2 & \cdots & {x_n}^2 \\ \vdots & \vdots & \vdots & \ddots & \vdots \\ {x_1}^{n-1} & {x_2}^{n-1} & {x_3}^{n-1} & \cdots & {x_n}^{n-1} \end{vmatrix} = (-1)^{n(n-1)/2}F(x_1, x_2, \cdots, x_n)$$

ただし $F(x_1, x_2, \cdots, x_n)$ は(3.17)の差積(この行列式をファンデアモンド(Vandermonde)の行列式という)．

[2] 次の関係を示せ.

(a) $1/\det A = \det(A^{-1})$

(b) n 次正方行列 A, B について $A = cB$ のとき，$\det A = c^n \det B$

[3] 行列 A の逆行列が行列式 $|A|$ および余因子 A_{ij} を用いて次のように書けることを，行列式の展開公式を用いて示せ.

$$A^{-1} = \frac{1}{|A|}\begin{pmatrix} A_{11} & A_{21} & \cdots & A_{n1} \\ A_{12} & A_{22} & \cdots & A_{n2} \\ \vdots & \vdots & \ddots & \vdots \\ A_{1n} & A_{2n} & \cdots & A_{nn} \end{pmatrix}$$

[4] 2つの n 次正方行列 A, B について，$|A|$ 行列式の特有性質を使うことにより

$$|AB| = |A|\cdot|B|$$

を示せ.

[5] 次の連立方程式を解け.

(a)
$$\begin{cases} 2x_1 + x_2 + 4x_3 = 8 \\ x_1 + 2x_2 + 3x_3 = 3 \\ -2x_1 + x_2 + 2x_3 = 0 \end{cases}$$

(b)
$$\begin{cases} x_1 + 2x_2 + 5x_3 + x_4 = 4 \\ -2x_1 - x_2 + x_3 + x_4 = -3 \\ 3x_1 + 2x_2 + x_3 = 6 \\ 2x_1 + x_2 + \quad - 2x_4 = 4 \end{cases}$$

(c)
$$\begin{cases} x_1 + 2x_2 + 5x_3 + x_4 = 4 \\ 3x_2 + 11x_3 + 3x_4 = 5 \\ -2x_1 - x_2 + x_3 + x_4 = -3 \\ -x_1 + 4x_2 + 17x_3 + 5x_4 = 6 \end{cases}$$

[6] 第2章の演習問題4で考えた群と，$\{1, 2, 3\}$ の並べ換えの操作

$$\begin{pmatrix} 1 & 2 & 3 \\ \sigma(1) & \sigma(2) & \sigma(3) \end{pmatrix}$$

がなす群が等価であることを示せ.

[7] A は $n_1 \times n_1$ 正方行列，B は $n_2 \times n_2$ 正方行列で，C は $n_1 \times n_2$ 行列で 0 は $n_2 \times n_1$ 行列である．行列 X がこれらの行列で

$$X = \begin{pmatrix} A & C \\ 0 & B \end{pmatrix}$$

という形をしているとする(これをブロック化という)．このとき

$$\det X = \det A \det B$$

であることを示せ．

[8]　正方行列 X がブロック化されて

$$X = \begin{pmatrix} A & B \\ C & D \end{pmatrix}$$

と書かれるとする．ただし A は $n_1 \times n_1$ 正方行列，D は $n_2 \times n_2$ 正方行列で，それぞれ正則行列であるとする．このとき

$$\det X = \det A \cdot \det(D - CA^{-1}B) = \det(A - BD^{-1}C) \cdot \det D$$

が成り立つことを示せ．

[9]　n 次正方行列 X が，交代行列 $X = -{}^{t}X$，すなわち

$$X = \begin{pmatrix} 0 & x_{12} & x_{13} & \cdots & x_{1n} \\ -x_{12} & 0 & x_{23} & \cdots & x_{2n} \\ -x_{13} & -x_{23} & 0 & \cdots & x_{3n} \\ \vdots & \vdots & \vdots & \ddots & \vdots \\ -x_{1n} & -x_{2n} & -x_{3n} & \cdots & 0 \end{pmatrix}$$

であるとき，次の事項を示せ．

(a)　n が奇数なら，$\det X = 0$.

(b)　n が偶数なら，x_{ij} の適当な多項式 $P(\cdots, x_{ij}, \cdots)$ を用いて，

$$\det X = \{P(\cdots, x_{ij}, \cdots)\}^2$$

となる．この多項式 $P(\cdots, x_{ij}, \cdots)$ をパフィアン(Pfaffian)という．

[10]　パラメーター t の関数である n 次正方行列 $A(t)$ を考える．$A(t)$ のすべての要素をその微分で置き換えた行列を行列の微分といい，$\dfrac{d}{dt}A(t)$ と書く．

(a)　このとき，$|A(t)| \neq 0$ であるならば

$$\frac{1}{|A(t)|}\frac{d}{dt}|A(t)| = \mathrm{Tr}\left\{A(t)^{-1}\frac{d}{dt}A(t)\right\}$$

が成立することを示せ．

(b)　$A(t) = \exp tB$ とすると

$$\frac{1}{|\exp tB|}\frac{d}{dt}|\exp tB| = \mathrm{Tr}\, B$$

が成立することを示せ．またこれから

$$|\exp B| = \exp(\mathrm{Tr}\, B)$$

を示せ($C = \exp B$ を $B = \ln C$ と書けば，$\ln|C| = \mathrm{Tr} \ln C$ とも書ける)．

4 線形空間

第1章においてベクトルを学び，第2章では m 次元ベクトルの集合から n 次元ベクトルの集合への線形写像として行列を定義した．n 次元ベクトルの集合を n 次元ベクトル空間という．ベクトル空間(線形空間)と線形写像についてさらに理解を深めよう．

4-1 線形空間と写像

これまではベクトルを「複素数を縦に並べた組」として定義した．しかし今までに議論した性質を満たすためには，ベクトルを複素数の組と定義する必要はない．より一般的あるいは抽象的に定義することができる．

定義 集合 $\boldsymbol{V}$ の元 $\boldsymbol{x}, \boldsymbol{y}, \boldsymbol{z}, \cdots$ が次の性質を満たすとき，$\boldsymbol{V}$ を**ベクトル空間**あるいは**線形空間**(linear space)といい，$\boldsymbol{V}$ の元 $\boldsymbol{x}, \boldsymbol{y}, \boldsymbol{z}, \cdots$ を**ベクトル**という．

(1-1) $\boldsymbol{x}$ と $\boldsymbol{y}$ の和を定義することができ，それも $\boldsymbol{V}$ の元である．これを $\boldsymbol{x}+\boldsymbol{y}$ と書く．

(1-2) $\boldsymbol{x}+\boldsymbol{y}=\boldsymbol{y}+\boldsymbol{x}$ (交換法則)

(1-3) $(\boldsymbol{x}+\boldsymbol{y})+\boldsymbol{z}=\boldsymbol{x}+(\boldsymbol{y}+\boldsymbol{z})$ (結合法則)

(1-4) 任意の元 $\boldsymbol{x}$ について $\boldsymbol{0}+\boldsymbol{x}=\boldsymbol{x}$ が成立する元 $\boldsymbol{0}$ が唯一存在する．これをゼロ・ベクトルという．またそれぞれの元 $\boldsymbol{x}$ に対して $\boldsymbol{x}+\boldsymbol{x}'=\boldsymbol{0}$ とな

る元 $\boldsymbol{x}'$ が唯一存在する．これを $-\boldsymbol{x}$ と書く．$\boldsymbol{x}+(-\boldsymbol{x})=\boldsymbol{0}$

(2-1)　任意の複素数 c について，ベクトルの定数倍(スカラー倍) $c\boldsymbol{x}$ を定義することができ，それは $\boldsymbol{V}$ の元である．また $1\boldsymbol{x}=\boldsymbol{x}$ である．

(2-2)　$c(\boldsymbol{x}+\boldsymbol{y})=c\boldsymbol{x}+c\boldsymbol{y}$

(2-3)　$(a+b)\boldsymbol{x}=a\boldsymbol{x}+b\boldsymbol{x}$

(2-4)　$(ab)\boldsymbol{x}=a(b\boldsymbol{x})$

ここではベクトル $\boldsymbol{x}, \boldsymbol{y}, \boldsymbol{z}, \cdots$ の形をとくに決めていないことに注意せねばならない．第1章で定義されている複素数を n 個縦にならべたものはこれらの性質を満たしている．しかし線形空間はそれだけではない．後の章で詳しく説明するように，たとえば2階同次線形微分方程式

$$\frac{d^2}{dt^2}y(t)-5\frac{d}{dt}y(t)+4y(t)=0$$

の解もベクトルとしての性質を満たし，それら全体は線形空間を作る(5-1節参照)．また x の n 次多項式全体 $\{a_0+a_1x+a_2x^2+\cdots+a_nx^n\}$ も同様に線形空間を形成している．

例題 4-1　x の n 次多項式がベクトルの性質(1-1)〜(2-4)を満足することを示せ．

[解]　x^n を $\boldsymbol{x}_n$ に対応させて考えてみよう．(1-1)から(2-1)は次のようにすべて満足している．

(1-1)　$\boldsymbol{x}_n+\boldsymbol{x}_m$ は x^n+x^m と定義することができ，それも x の多項式である．

(1-2)　$\boldsymbol{x}_n+\boldsymbol{x}_m=\boldsymbol{x}_m+\boldsymbol{x}_n \rightarrow x^n+x^m=x^m+x^n$

(1-3)　$(\boldsymbol{x}_n+\boldsymbol{x}_m)+\boldsymbol{x}_l=\boldsymbol{x}_n+(\boldsymbol{x}_m+\boldsymbol{x}_l) \rightarrow (x^n+x^m)+x^l=x^n+(x^m+x^l)$

(1-4)　$\boldsymbol{0} \rightarrow 0, \qquad -\boldsymbol{x}_n \rightarrow -x^n$

(2-1)　$c\boldsymbol{x}_n \rightarrow cx^n$

(2-2)　$c(\boldsymbol{x}_n+\boldsymbol{x}_m)=c\boldsymbol{x}_n+c\boldsymbol{x}_m \rightarrow c(x^n+x^m)=cx^n+cx^m$

(2-3)　$(a+b)\boldsymbol{x}_n=a\boldsymbol{x}_n+b\boldsymbol{x}_n \rightarrow (a+b)x^n=ax^n+bx^n$

(2-4)　$(ab)\boldsymbol{x}_n=a(b\boldsymbol{x}_n) \rightarrow (ab)x^n=a(bx^n)$

一般の項 $\boldsymbol{x} \to \sum_{k=0}^{n} a_k x^k$ についても同様である．▌

線形空間 $\boldsymbol{V}$ から線形空間 $\boldsymbol{V}'$ への写像 T が

$$T(\boldsymbol{x}+\boldsymbol{y}) = T\boldsymbol{x}+T\boldsymbol{y}$$
$$T(c\boldsymbol{x}) = cT\boldsymbol{x} \tag{4.1}$$

を満たすとき，T を($\boldsymbol{V}$ から $\boldsymbol{V}'$ への)**線形写像**という．$c=0$ と選べばわかるように，線形写像はゼロ・ベクトル $\boldsymbol{0}$ をゼロ・ベクトル $\boldsymbol{0}$ に写像する．定義(4.1)によって (n,m) 行列 A は m 次元ベクトル空間から n 次元ベクトル空間への線形写像であることがわかる．

$\boldsymbol{V}$ の相異なる 2 つの元 $\boldsymbol{x}, \boldsymbol{y}$ $(\boldsymbol{x} \neq \boldsymbol{y})$ の写像 $T\boldsymbol{x}$ と $T\boldsymbol{y}$ がどのような $\boldsymbol{x}, \boldsymbol{y}$ についても常に異なる($T\boldsymbol{x} \neq T\boldsymbol{y}$)とき，$T$ を **1 対 1 写像**(**単写**ともいう)という．$\boldsymbol{V}$ の元の T による写像全体を「$\boldsymbol{V}$ の T による像」といい，$T(\boldsymbol{V})$ と書く．一般に $T(\boldsymbol{V})$ は $\boldsymbol{V}'$ の**部分空間**(subspace)である．$\boldsymbol{V}'=T(\boldsymbol{V})$ であるとき，T を $\boldsymbol{V}$ から $\boldsymbol{V}'$ の**上への写像**(**全写**ともいう)という．

$\boldsymbol{V}'$ の元 $\boldsymbol{a}$ が，$\boldsymbol{V}$ の元 $\boldsymbol{x}$ の T による写像($\boldsymbol{a}=T\boldsymbol{x}$)であるとき，$\boldsymbol{x}$ を $\boldsymbol{a}$ の T による**逆像**という．$\boldsymbol{V}'$ から $\boldsymbol{V}$ への写像 S が存在し，ST および TS がそれぞれ $\boldsymbol{V}$ の元 $\boldsymbol{x}$ を $\boldsymbol{x}$ 自身に，および $\boldsymbol{V}'$ の元 $\boldsymbol{a}$ を $\boldsymbol{a}$ 自身に対応させる写像であるとき

$$S = T^{-1} \tag{4.2}$$

と書いて，S を T の**逆写像**という．T が逆写像をもつための必要十分条件は，T が $\boldsymbol{V}$ から $\boldsymbol{V}'$ の**上への 1 対 1 写像**(**全単写**ともいう)であることである(2-2 節参照)．

例題 4-2　(3,3)行列 $\begin{pmatrix} 1 & 0 & 1 \\ 2 & 1 & 3 \\ 3 & 1 & 0 \end{pmatrix}$ が 3 次元ベクトル空間から 3 次元ベクトル空間への全単写写像であることを示せ．

［解］　$A=\begin{pmatrix} 1 & 0 & 1 \\ 2 & 1 & 3 \\ 3 & 1 & 0 \end{pmatrix}$ の逆行列は $A^{-1}=\begin{pmatrix} 3/4 & -1/4 & 1/4 \\ -9/4 & 3/4 & 1/4 \\ 1/4 & 1/4 & -1/4 \end{pmatrix}$ と書ける．したがって A は全単写である．▌

$\boldsymbol{V}$ から $\boldsymbol{V}'$ への線形写像 T が，「上への 1 対 1 写像」であるとき，T を $\boldsymbol{V}$ か

ら $\boldsymbol{V}'$ への**同型写像**という．またこのとき $\boldsymbol{V}$ と $\boldsymbol{V}'$ は**同型**であるといい，

$$\boldsymbol{V} \simeq \boldsymbol{V}' \tag{4.3}$$

とあらわす．同型とは，ひらたく言えば，線形空間としてまったく同じ性質をもっている，あるいは区別する必要はない，ということである．同型性については，次の性質がある．

(1)　$\boldsymbol{V} \simeq \boldsymbol{V}$，すなわち $\boldsymbol{V}$ は自分自身と同型である　（反射律）

(2)　$\boldsymbol{V} \simeq \boldsymbol{V}' \Rightarrow \boldsymbol{V}' \simeq \boldsymbol{V}$　（対称律）　(4.4)

(3)　$\boldsymbol{V} \simeq \boldsymbol{V}',\quad \boldsymbol{V} \simeq \boldsymbol{V}'' \Rightarrow \boldsymbol{V}' \simeq \boldsymbol{V}''$　（推移律）

4-2　線形独立，基底および次元

線形空間 $\boldsymbol{V}$ のベクトル $\boldsymbol{a}_1, \boldsymbol{a}_2, \boldsymbol{a}_3, \cdots, \boldsymbol{a}_l$ について，$c_1, c_2, \cdots, c_l$ を複素数として

$$c_1\boldsymbol{a}_1 + c_2\boldsymbol{a}_2 + \cdots + c_l\boldsymbol{a}_l \tag{4.5}$$

をベクトル $\boldsymbol{a}_1, \boldsymbol{a}_2, \cdots$ の**線形結合**(linear combination)という．ベクトル $\boldsymbol{a}_1, \boldsymbol{a}_2, \cdots, \boldsymbol{a}_l$ について

$$c_1\boldsymbol{a}_1 + c_2\boldsymbol{a}_2 + \cdots + c_l\boldsymbol{a}_l = \boldsymbol{0} \tag{4.6}$$

が成立するのが $c_1 = c_2 = \cdots = c_l = 0$ の組に限られる場合には，$\boldsymbol{a}_1, \boldsymbol{a}_2, \cdots, \boldsymbol{a}_l$ は「**線形独立**である」という．$\boldsymbol{a}_1, \boldsymbol{a}_2, \cdots, \boldsymbol{a}_l$ が線形独立でないとき，すなわちすべてがゼロではない $c_1 \sim c_l$ について(4.6)が成立するとき，$\boldsymbol{a}_1, \boldsymbol{a}_2, \cdots, \boldsymbol{a}_l$ は「**線形従属**である」という．$\boldsymbol{a}_1, \boldsymbol{a}_2, \cdots, \boldsymbol{a}_l$ が線形従属であるなら，$\boldsymbol{a}_1 \sim \boldsymbol{a}_l$ のうち少なくとも1つの $\boldsymbol{a}_i$ は他の $\boldsymbol{a}_1, \cdots, \boldsymbol{a}_{i-1}, \boldsymbol{a}_{i+1}, \cdots, \boldsymbol{a}_l$ の線形結合よってあらわされる．

例えば，n 個の複素数の組を1つの要素とした n 次元ベクトル空間(これを $\boldsymbol{K}^n$ と書く)において単位ベクトル

$$\boldsymbol{e}_1 = \begin{pmatrix} 1 \\ 0 \\ \vdots \\ 0 \end{pmatrix}, \quad \boldsymbol{e}_2 = \begin{pmatrix} 0 \\ 1 \\ 0 \\ \vdots \\ 0 \end{pmatrix}, \quad \cdots, \quad \boldsymbol{e}_n = \begin{pmatrix} 0 \\ \vdots \\ 0 \\ 1 \end{pmatrix} \tag{4.7}$$

は線形独立である．

例題 4-3 ベクトル $\begin{pmatrix}1\\2\\0\end{pmatrix}, \begin{pmatrix}0\\2\\0\end{pmatrix}, \begin{pmatrix}2\\-1\\1\end{pmatrix}$ は線形独立か，線形従属か．

［解］

$$a_1\begin{pmatrix}1\\2\\0\end{pmatrix}+a_2\begin{pmatrix}0\\2\\0\end{pmatrix}+a_3\begin{pmatrix}2\\-1\\1\end{pmatrix}=0$$

の解は $a_1=a_2=a_3=0$ 以外ないから線形独立である．▌

ベクトル空間 $\boldsymbol{V}$ の任意のベクトルが $\boldsymbol{V}$ に属する定まった有限個（n とする）のベクトルの線形結合であらわされる場合，$\boldsymbol{V}$ を**有限次元ベクトル空間**（n 次元ベクトル空間）という．有限次元でないとき $\boldsymbol{V}$ は**無限次元**であるという．たとえば x の多項式全体がつくるベクトル空間は無限次元である．有限次元の場合に成立することが無限次元の場合にはそのまま成立しないこともある．無限次元の場合には収束性も大きな問題となる．とくにことわらない限り $\boldsymbol{V}$ は有限次元であるとする．

$\boldsymbol{V}$ の任意のベクトルが定まった線形独立な n 個のベクトルの線形結合であらわされるとき，n を $\boldsymbol{V}$ の**次元**（dimension）といい

$$\dim \boldsymbol{V} = n \tag{4.8}$$

とあらわす．この n 個の線形独立なベクトルを**基底**（basis）という．基底の選び方は一通りではないが，異なる基底の組についてもその数は等しい．とくに(4.7)のような基底を自然（な）基底ということがある．

n 次元実ベクトルの集合，および n 次元複素ベクトルの集合をあわせて $\boldsymbol{K}^n$ と書く．

例題 4-4 3次元ベクトル空間 $\boldsymbol{K}^3$ では，$\begin{pmatrix}1\\0\\0\end{pmatrix}, \begin{pmatrix}0\\1\\0\end{pmatrix}, \begin{pmatrix}0\\0\\1\end{pmatrix}$ が1つの基底の組（自然な基底）である．他の基底の例を作れ．

［解］ 例えば

$$\begin{pmatrix} 1/\sqrt{2} \\ 1/\sqrt{2} \\ 0 \end{pmatrix}, \quad \begin{pmatrix} 0 \\ 1/\sqrt{2} \\ 1/\sqrt{2} \end{pmatrix}, \quad \begin{pmatrix} 1/\sqrt{2} \\ 0 \\ 1/\sqrt{2} \end{pmatrix}$$

あるいは

$$\begin{pmatrix} 1 \\ 0 \\ 0 \end{pmatrix}, \quad \begin{pmatrix} 0 \\ 1/\sqrt{2} \\ 1/\sqrt{2} \end{pmatrix}, \quad \begin{pmatrix} 0 \\ 1/\sqrt{2} \\ -1/\sqrt{2} \end{pmatrix}$$

などはそれぞれ1つの基底の組である．▌

一般に次のことが成り立つ．

性質1　$\boldsymbol{V}$ と $\boldsymbol{V}'$ が同型($\boldsymbol{V} \simeq \boldsymbol{V}'$)で，$T$ を $\boldsymbol{V}$ から $\boldsymbol{V}'$ への同型写像とする．$\boldsymbol{V}$ のベクトル $\boldsymbol{a}_1, \boldsymbol{a}_2, \cdots, \boldsymbol{a}_k$ が線形独立(従属)なら，$\boldsymbol{V}'$ のベクトル $T(\boldsymbol{a}_1), T(\boldsymbol{a}_2), \cdots, T(\boldsymbol{a}_k)$ も線形独立(従属)である．$\boldsymbol{V}$ のゼロ・ベクトル $\boldsymbol{0}$ は $\boldsymbol{V}'$ のゼロ・ベクトル $\boldsymbol{0} = T(\boldsymbol{0})$ へ写像される．

これは

$$c_1\boldsymbol{a}_1 + c_2\boldsymbol{a}_2 + \cdots + c_k\boldsymbol{a}_k = \boldsymbol{0}$$

ならば

$$\begin{aligned} T(c_1\boldsymbol{a}_1 + c_2\boldsymbol{a}_2 + \cdots + c_k\boldsymbol{a}_k) &= T(\boldsymbol{0}) \\ &= c_1T(\boldsymbol{a}_1) + c_2T(\boldsymbol{a}_2) + \cdots + c_kT(\boldsymbol{a}_k) = \boldsymbol{0} \end{aligned}$$

であり，また T^{-1} についても同様に成立するからである．

性質2　$\dim \boldsymbol{V} = n$ ならば $\boldsymbol{V} \simeq \boldsymbol{K}^n$($n$ 次元ベクトル空間)である．

性質2を証明しよう．$\boldsymbol{V}$ の基底を $\boldsymbol{e}_1, \boldsymbol{e}_2, \cdots, \boldsymbol{e}_n$ とし，$\boldsymbol{K}^n$ の基底を

$$\begin{pmatrix} 1 \\ 0 \\ \vdots \\ 0 \end{pmatrix}, \quad \begin{pmatrix} 0 \\ 1 \\ 0 \\ \vdots \\ 0 \end{pmatrix}, \quad \cdots, \quad \begin{pmatrix} 0 \\ \vdots \\ 0 \\ 1 \end{pmatrix} \tag{4.9}$$

と書く．$\boldsymbol{V}$ から $\boldsymbol{K}^n$ への同型写像 T を

$$T(\boldsymbol{e}_i) = \begin{matrix} 1 \\ \\ \\ i \\ \\ \\ n \end{matrix}\begin{pmatrix} 0 \\ \vdots \\ 0 \\ 1 \\ 0 \\ \vdots \\ 0 \end{pmatrix} \tag{4.10}$$

と定めればよい．これにより，一般に $\boldsymbol{V}$ のベクトル $\boldsymbol{x}$ が $x_1, x_2, \cdots$ を複素数として

$$\boldsymbol{x} = x_1\boldsymbol{e}_1 + x_2\boldsymbol{e}_2 + \cdots + x_n\boldsymbol{e}_n \tag{4.11}$$

と書けるとき

$$T(\boldsymbol{x}) = \begin{pmatrix} x_1 \\ x_2 \\ \vdots \\ x_n \end{pmatrix} \tag{4.12}$$

である．

性質 3 $\boldsymbol{K}^n$ と $\boldsymbol{K}^m$ は $n=m$ のときに同型であり，それ以外の場合には同型でない．$n \neq m$ の場合には，基底の個数が違うので $\boldsymbol{K}^n$ の基底と $\boldsymbol{K}^m$ の基底の間に 1 対 1 対応を与えることができないからである．

性質 2 と性質 3 により $\dim \boldsymbol{V} = n$ のベクトル空間はすべて同型である．

例題 4-5 x の多項式のうち 3 次式以下の作る部分空間は，$\{1, x, x^2, x^3\}$ を基底に選ぶことができる．3 次の多項式はこれらの線形結合で書けるからである．3 次以下の多項式全体が 4 次元ベクトル空間と同型であることを示せ．

［解］ $1, x, x^2, x^3$ をそれぞれ

$$\begin{pmatrix} 1 \\ 0 \\ 0 \\ 0 \end{pmatrix}, \quad \begin{pmatrix} 0 \\ 1 \\ 0 \\ 0 \end{pmatrix}, \quad \begin{pmatrix} 0 \\ 0 \\ 1 \\ 0 \end{pmatrix}, \quad \begin{pmatrix} 0 \\ 0 \\ 0 \\ 1 \end{pmatrix}$$

に対応させることができるから，$\dim\{1, x, x^2, x^3\}=4$ である．したがって3次以下の x の多項式のなす線形空間は $\boldsymbol{K}^4$ と同型である．▌

ベクトル空間 $\boldsymbol{V}$ より $\boldsymbol{V}'$ への写像 T を考える．$\boldsymbol{V}$ の元すべてについて，その T による写像全体がつくる集合を $T(\boldsymbol{V})$ と書いて，$\boldsymbol{V}$ の T による**像**という．これを

$$\mathrm{Im}\, T = T(\boldsymbol{V}) \tag{4.13}$$

と書く．Imはイメージ(image)のImである．また $\boldsymbol{V}'$ の空間で T の写像が $\boldsymbol{0}$ ベクトルを与える $\boldsymbol{V}$ のすべて

$$\{\boldsymbol{v}|\boldsymbol{v} \in \boldsymbol{V},\ \ T(\boldsymbol{v}) = \boldsymbol{0}\} \tag{4.14}$$

を

$$T^{-1}(\boldsymbol{0}) = \mathrm{Ker}\, T \tag{4.14'}$$

と書いて T の**核**という．Kerは核，カーネル(kernel)のKerである．ここで $T^{-1}(\boldsymbol{0})$ と書いたが，これは写像 T の逆写像が存在するということではなく，(4.14)が定義する $\boldsymbol{V}$ の元の集合を表す．$\mathrm{Im}\, T$ および $\mathrm{Ker}\, T$ はそれぞれ $\boldsymbol{V}', \boldsymbol{V}$ の部分空間である．

T が $\boldsymbol{V}$ から $\boldsymbol{V}'$ の上への写像(全写)であるための必要十分条件は，定義によって，

$$\mathrm{Im}\, T = \boldsymbol{V}' \tag{4.15}$$

である．1対1写像であるための必要十分条件を考えよう．$\mathrm{Ker}\, T=\boldsymbol{0}$ であるとする．このとき，$\boldsymbol{V}$ の元 $\boldsymbol{x}, \boldsymbol{y}$ について

$$T(\boldsymbol{x}) = T(\boldsymbol{y}) \quad \text{すなわち} \quad T(\boldsymbol{x}-\boldsymbol{y}) = \boldsymbol{0}$$

であるならば，

$$\boldsymbol{x}-\boldsymbol{y} = 0 \quad \text{すなわち} \quad \boldsymbol{x} = \boldsymbol{y}$$

である．逆もまた成り立つ．このことから T が $\boldsymbol{V}$ から $\boldsymbol{V}'$ への1対1写像(単写)であるための必要十分条件は

$$\mathrm{Ker}\, T = \boldsymbol{0} \tag{4.16}$$

すなわち T によってゼロ・ベクトルとゼロ・ベクトルが1対1対応していることである．

$\boldsymbol{V}$ と $\boldsymbol{V}'$ が有限次元のときは，$\dim(\mathrm{Im}\, T)$ および $\dim(\mathrm{Ker}\, T)$ はともに有

限である．像空間の次元 dim(Im T) を写像 T の**階数**あるいはランク(rank)といい，核の次元 dim(Ker T) を T の**退化次数**という．

$$\dim \boldsymbol{V} = n, \qquad \dim \boldsymbol{V}' = m \tag{4.17}$$

とすると，Im T, Ker T はそれぞれ $\boldsymbol{V}', \boldsymbol{V}$ の部分空間だから

$$\begin{aligned} 0 \leqq \dim(\mathrm{Im}\ T) \leqq m \\ 0 \leqq \dim(\mathrm{Ker}\ T) \leqq n \end{aligned} \tag{4.18}$$

である．(4.15),(4.16)で述べたことを次元を用いて書けば次のようになる．

性質 4

$$\begin{aligned} T \text{が全写} &\iff \dim(\mathrm{Im}\ T) = m \\ T \text{が単写} &\iff \dim(\mathrm{Ker}\ T) = 0 \end{aligned} \tag{4.19}$$

例題 4-6 3次元空間 $\boldsymbol{V} = \boldsymbol{K}^3$ より $\boldsymbol{V}' = \boldsymbol{K}^3$ への写像として(3,3)行列 $T = \begin{pmatrix} 1 & 0 & 0 \\ 0 & 1 & 0 \\ 0 & 0 & 0 \end{pmatrix}$ を考える．Im T, Ker T を定めよ．

［解］ 3次元空間 $\boldsymbol{V} = \boldsymbol{K}^3$ の任意の点がどのような点に写像されるか調べてみる．

$$\boldsymbol{u} = \begin{pmatrix} x \\ y \\ z \end{pmatrix} \in \boldsymbol{V}, \qquad \boldsymbol{u}' = \begin{pmatrix} x' \\ y' \\ z' \end{pmatrix} \in \boldsymbol{V}'$$

として，写像 T を考えると

$$\boldsymbol{u}' = \begin{pmatrix} x' \\ y' \\ z' \end{pmatrix} = T\boldsymbol{u} = \begin{pmatrix} 1 & 0 & 0 \\ 0 & 1 & 0 \\ 0 & 0 & 0 \end{pmatrix} \begin{pmatrix} x \\ y \\ z \end{pmatrix} = \begin{pmatrix} x \\ y \\ 0 \end{pmatrix}$$

となる．すなわち写像 T は3次元空間内の任意の点 $\boldsymbol{u} = \begin{pmatrix} x \\ y \\ z \end{pmatrix}$ を，x-y 平面上に射影して $\begin{pmatrix} x \\ y \\ 0 \end{pmatrix}$ に対応させる写像である(図 4-1)．点 $\boldsymbol{u}$ が $\boldsymbol{V} = \boldsymbol{K}^3$ 内を動きまわれば，写像される点は x-y 平面上を動きまわるから Im T は x-y 平面，すなわち式で書けば

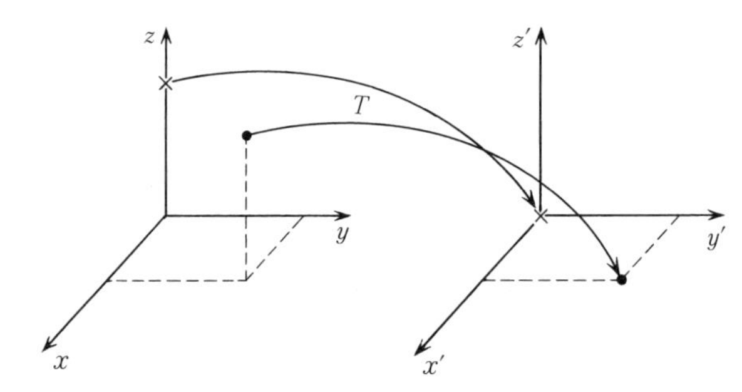

図 4-1　3次元空間から3次元空間への写像が2次元の像空間と1次元の核に分解される例.

$$\mathrm{Im}\ T = \left\{\boldsymbol{u} = \begin{pmatrix} x \\ y \\ 0 \end{pmatrix} \middle| -\infty < x, y < \infty \right\}$$

である．したがって $\dim(\mathrm{Im}\ T)=2$，すなわち写像 A の階数は2である．また $\boldsymbol{V}'=\boldsymbol{K}^3$ 内で原点 $\boldsymbol{0}$ に写像される $\boldsymbol{V}$ 内の点は z 軸である．

$$\mathrm{Ker}\ T = \left\{\boldsymbol{u} = \begin{pmatrix} 0 \\ 0 \\ z \end{pmatrix} \middle| -\infty < z < \infty \right\}$$

したがって $\dim(\mathrm{Ker}\ T)=1$ である．空間 $\boldsymbol{V}$ の次元3は $\mathrm{Im}\ T$ の次元と $\mathrm{Ker}\ T$ の次元の和に等しい．▌

例題4-6にあらわれた行列 T については,「行列の階数」が2であることは明らかであり，これは $\dim(\mathrm{Im}\ T)$ と等しい．この例から2つのことが想像できる．

性質5

$$\dim(\boldsymbol{V}) = \dim(\mathrm{Im}\ T)+\dim(\mathrm{Ker}\ T) \qquad (4.20)$$

性質6

$$\text{線形写像の階数}\ \dim(\mathrm{Im}\ T) = \text{対応する行列の階数} \qquad (4.21)$$

性質6については次の4-3節で考える．

性質5を示すには，$\dim \boldsymbol{V}=n$，$\dim(\mathrm{Im}\ T)=r$，$\dim(\mathrm{Ker}\ T)=k$ とし，$n-k=r'$ としたときに $r=r'$ であることを示せばよい．$\mathrm{Ker}\ T=T^{-1}(\boldsymbol{0})$ の基

底を $\boldsymbol{a}_1, \boldsymbol{a}_2, \cdots, \boldsymbol{a}_k$ とする．

$$
\begin{aligned}
T(\boldsymbol{a}_i) &= \boldsymbol{0} \\
\mathrm{Ker}\, T &= \{\boldsymbol{a}_1, \boldsymbol{a}_2, \cdots, \boldsymbol{a}_k\}
\end{aligned}
\tag{4.22}
$$

これにさらに $\boldsymbol{r}'=\boldsymbol{n}-k$ 個の適当な基底を加えて全部で $\boldsymbol{n}$ 個とし，$\boldsymbol{V}$ の基底とすることができる．

$$
\boldsymbol{V} = \{\boldsymbol{a}_1, \cdots, \boldsymbol{a}_k, \boldsymbol{b}_1, \boldsymbol{b}_2, \cdots, \boldsymbol{b}_{r'}\} \tag{4.23}
$$

この $\boldsymbol{r}'$ 個の基底の写像 $T(\boldsymbol{b}_1), T(\boldsymbol{b}_2), \cdots, T(\boldsymbol{b}_{r'})$ が像空間 $\boldsymbol{V}'=\mathrm{Im}\, T$ の基底であることをいえばよい．そうすれば $\boldsymbol{r}'=\boldsymbol{r}$ ということになる．$\boldsymbol{V}$ の任意の元 $\boldsymbol{x}$ は

$$
\boldsymbol{x} = c_1\boldsymbol{a}_1+c_2\boldsymbol{a}_2+\cdots+c_k\boldsymbol{a}_k+d_1\boldsymbol{b}_1+d_2\boldsymbol{b}_2+\cdots+d_{r'}\boldsymbol{b}_{r'} \tag{4.24}
$$

であり，一方 $\boldsymbol{V}'$ の任意の元 $\boldsymbol{x}'=T(\boldsymbol{x})$ は $T(\boldsymbol{a}_i)=\boldsymbol{0}$ 等を考慮すれば

$$
\boldsymbol{x}' = T(\boldsymbol{x}) = d_1T(\boldsymbol{b}_1)+d_2T(\boldsymbol{b}_2)+\cdots+d_{r'}T(\boldsymbol{b}_{r'}) \tag{4.25}
$$

というように $\{T(\boldsymbol{b}_1), \cdots, T(\boldsymbol{b}_{r'})\}$ の線形結合で書ける．ここで $T(\boldsymbol{b}_1)\sim T(\boldsymbol{b}_{r'})$ が線形従属で，$v_1\sim v_{r'}$ はすべては 0 ではなく，

$$
v_1T(\boldsymbol{b}_1)+v_2T(\boldsymbol{b}_2)+\cdots+v_{r'}T(\boldsymbol{b}_{r'}) = \boldsymbol{0} \tag{4.26}
$$

であるとしよう．(4.26)が正しければ $\{\boldsymbol{b}_1, \cdots, \boldsymbol{b}_{r'}\}$ は $\boldsymbol{V}$ の基底ではないことを言えばよい．(4.26)が成立するなら

$$
T(v_1\boldsymbol{b}_1+v_2\boldsymbol{b}_2+\cdots+v_{r'}\boldsymbol{b}_{r'}) = \boldsymbol{0}
$$

であるから，(4.22)より，

$$
v_1\boldsymbol{b}_1+v_2\boldsymbol{b}_2+\cdots+v_{r'}\boldsymbol{b}_{r'} \in \mathrm{Ker}\, T \tag{4.27}
$$

である．したがって(4.22)を用いて

$$
v_1\boldsymbol{b}_1+v_2\boldsymbol{b}_2+\cdots+v_{r'}\boldsymbol{b}_{r'} = w_1\boldsymbol{a}_1+w_2\boldsymbol{a}_2+\cdots+w_k\boldsymbol{a}_k \tag{4.28}
$$

と書ける．これから $\boldsymbol{a}_1\sim\boldsymbol{a}_k, \boldsymbol{b}_1\sim\boldsymbol{b}_{r'}$ は線形従属であり，(4.23)における仮定：$\boldsymbol{a}_1\sim\boldsymbol{a}_k, \boldsymbol{b}_1\sim\boldsymbol{b}_{r'}$ が $\boldsymbol{V}$ の基底である，に反する．よって(4.26)は $v_1=v_2=\cdots=v_{r'}=0$ のとき以外には成立せず，$\{T(\boldsymbol{b}_1), T(\boldsymbol{b}_2), \cdots, T(\boldsymbol{b}_{r'})\}$ が $\mathrm{Im}\, T=T(\boldsymbol{V})$ の基底であるということが結論される．これで $\boldsymbol{r}'=\boldsymbol{r}$ が示された．▌

4-3　線形写像の階数と行列の階数

n 次元ベクトル空間 $\boldsymbol{V}^{(n)}$ は n 個の複素数の組(または n 個の実数の組)で指定されるベクトルの集合 $\boldsymbol{K}^n$ と同型であることは，すでに何度もくり返して述べてきた．n 次元ベクトル空間 $\boldsymbol{V}^{(n)}$ から，m 次元ベクトル空間への線形写像 T を考えよう：

$$\boldsymbol{a} \in \boldsymbol{V}^{(n)}, \quad \boldsymbol{b} \in \boldsymbol{V}^{(m)} \quad ; \quad \boldsymbol{b} = T(\boldsymbol{a}) \tag{4.29}$$

$\boldsymbol{V}^{(n)} \simeq \boldsymbol{K}^{(n)}$，$\boldsymbol{V}^{(m)} \simeq \boldsymbol{K}^{(m)}$ であるから，写像 T に対応して $\boldsymbol{K}^{(n)}$ より $\boldsymbol{K}^{(m)}$ への線形写像 A_T を考えることができる．ここで A_T は (m, n) 行列である．この行列 A_T を写像 T の**行列(による)表現**という．$\boldsymbol{V}^{(n)}$ の基底を $\boldsymbol{a}_1, \boldsymbol{a}_2, \cdots, \boldsymbol{a}_n$，$\boldsymbol{V}^{(m)}$ の基底を $\boldsymbol{b}_1, \boldsymbol{b}_2, \cdots, \boldsymbol{b}_m$ として，$\boldsymbol{a} \in \boldsymbol{V}^{(n)}$，$\boldsymbol{b} \in \boldsymbol{V}^{(m)}$ を

$$\begin{aligned} \boldsymbol{a} &= x_1 \boldsymbol{a}_1 + x_2 \boldsymbol{a}_2 + \cdots + x_n \boldsymbol{a}_n \\ \boldsymbol{b} &= y_1 \boldsymbol{b}_1 + y_2 \boldsymbol{b}_2 + \cdots + y_m \boldsymbol{b}_m \end{aligned} \tag{4.30}$$

と書いたとき，$\boldsymbol{K}^{(n)}, \boldsymbol{K}^{(m)}$ において対応するベクトルを $\boldsymbol{x}, \boldsymbol{y}$ とすると

$$\boldsymbol{x} = \begin{pmatrix} x_1 \\ x_2 \\ \vdots \\ x_n \end{pmatrix}, \qquad \boldsymbol{y} = \begin{pmatrix} y_1 \\ y_2 \\ \vdots \\ y_m \end{pmatrix} \tag{4.31}$$

$$A_T = (a_{ij}), \qquad \boldsymbol{y} = A_T \boldsymbol{x} \tag{4.32}$$

である．

第2章および第3章において学んだことは，行列 A_T の階数とは，連立方程式(4.32)の独立な式の数に等しいということであった．一方，4-2 節においては写像 T の階数 $r = \dim(\mathrm{Im}\, T)$ を定義した．以下では，写像 T の階数 r がその行列による表現 A_T の階数と等しいことを一般的に説明しよう．

今，行に関する基本操作の組 P を A_T に施すことにより

$$PA_T = \begin{array}{c} \\ 1 \\ \\ \\ \\ r' \\ \\ \\ m \end{array} \!\!\begin{array}{c} \begin{array}{ccccccccc} 1 & & & & r' & & & & n \end{array} \\ \left(\begin{array}{ccccccccc} 1 & 0 & \cdots & \cdot & 0 & & & & \\ 0 & 1 & & & 0 & & & & \\ \vdots & & \ddots & & \vdots & & & & \\ \cdot & & & 1 & 0 & & & & \\ 0 & \cdot & \cdots & 0 & 1 & & & & \\ \cdot & & & & 0 & 0 & \cdot & \cdots & \cdot & 0 \\ \vdots & & & & \vdots & \vdots & & & & \vdots \\ 0 & \cdot & \cdots & \cdot & 0 & 0 & \cdot & \cdots & \cdot & 0 \end{array}\right) \end{array} \tag{4.33}$$

となったとする．（これは (m, n) 行列である．）すなわち行列 A_T の階数を r' とする．このままでは(4.33)の右側 $r'+1$ 列〜n 列，1 行〜r' 行の部分は一般にゼロではない．行列 P は基本操作の組み合わせであるから正則行列であり，逆行列が存在する．すなわち P は $\boldsymbol{K}^m$ から $\boldsymbol{K}^m$ への上への 1 対 1 写像（全写）である．よって

$$\begin{aligned} \dim(\mathrm{Im}\, A_T) &= \dim(\mathrm{Im}\, PA_T) \\ \dim(\mathrm{Ker}\, A_T) &= \dim(\mathrm{Ker}\, PA_T) \end{aligned} \tag{4.34}$$

である．

さて(4.33)で与えられた行列 PA_T について，列に関する基本変形を行えば（列の基本変形であるから，基本変形をあらわす行列 Q が右から掛けられる），

$$PA_TQ = \begin{array}{c} 1 \\ \\ r' \\ \\ \\ \end{array}\!\! \begin{array}{c} \begin{array}{ccc} & r' & \end{array} \\ \left(\begin{array}{cccc} 1 & & & \\ & \ddots & & \mathbf{0} \\ & & 1 & \\ & & & 0 \\ \mathbf{0} & & & & \ddots \end{array}\right) \end{array} \tag{4.35}$$

（(11) 成分から $(r'r')$ 成分までの対角成分が 1 で，他は対角成分，非対角成分もすべて 0 である行列）へと変形できる．すなわち(4.35)で具体的に書いたように $\dim(\mathrm{Im}\, PA_TQ) = r'$，$\dim(\mathrm{Ker}\, PA_TQ) = n - r'$ である．これはたとえば(4.33)式において，(jj) 成分を用いて j 行目の成分をすべてゼロにするような基本操作をすればよい．Q は再び基本変形の行列であるから正則行列であり，逆行列 Q^{-1} が存在する．以上の操作を(4.32)について見ると

$$\boldsymbol{y}' = P\boldsymbol{y} = PA_TQ \cdot Q^{-1}\boldsymbol{x} = PA_TQ\boldsymbol{x}' \tag{4.36}$$

としたと考えてもよい．$\boldsymbol{y}$ に P を掛ける，あるいは $\boldsymbol{x}$ に Q^{-1} を掛けるということは，ベクトル空間の基底を変換していることである(4-4 節参照)．Q(あるいは Q^{-1})も P と同様に全単写写像であるから，この基底の変換では基底の数は変わらない．したがって(4.34)と同様に

$$\begin{aligned} \dim(\mathrm{Im}\,A_T) &= \dim(\mathrm{Im}\,PA_TQ) = r' \\ \dim(\mathrm{Ker}\,A_T) &= \dim(\mathrm{Ker}\,PA_TQ) = n-r' \end{aligned} \tag{4.37}$$

である．PA_TQ は 1 つの基底の組に対する写像 T の行列表現であるからその像または核の空間と T のそれらは同型であり，

$$\begin{aligned} \dim(\mathrm{Im}\,PA_TQ) &= \dim T = r \\ \dim(\mathrm{Ker}\,PA_TQ) &= \dim(\mathrm{Ker}\,T) = n-r \end{aligned} \tag{4.38}$$

となる．(4.37),(4.38)より

$$\dim(\mathrm{Im}\,A_T) = r, \qquad \dim(\mathrm{Ker}\,A_T) = n-r \tag{4.39}$$

であり，性質 6 すなわち線形写像の階数と対応する行列の階数は同じものであることが示された．▌

上の説明で，行についての基本変形だけでなく列についての基本変形についても，(それが正則行列，すなわち全単写写像であるから)行列の階数を変えないということを見た．このことからさらに次のことがいえる．

性質 7　行列 A の階数と転置行列 ${}^tA$ の階数は等しい．A の行(列)に関する基本変形に対応する列(行)に関する基本変形を ${}^tA$ に施せば，A と ${}^tA$ がともに同じ(4.35)の形に変形される．

行列 $A=(a_{ij})$ はベクトル

$$\boldsymbol{a}_j = \begin{pmatrix} a_{1j} \\ a_{2j} \\ \vdots \\ a_{mj} \end{pmatrix}$$

を並べたものとして $A=(\boldsymbol{a}_1, \boldsymbol{a}_2, \cdots, \boldsymbol{a}_n)$ と定義することもできた．すると n 次元ベクトル空間 $\boldsymbol{K}^n$ の単位ベクトル

$$\boldsymbol{e}_j = \begin{matrix} 1 \\ \\ \\ j \\ \\ \\ n \end{matrix}\begin{pmatrix} 0 \\ \vdots \\ 0 \\ 1 \\ 0 \\ \vdots \\ 0 \end{pmatrix} \qquad (j=1,2,\cdots,n) \tag{4.40}$$

から $\boldsymbol{a}_j$ への写像として A を考えることができる.

$$\boldsymbol{a}_j = A\boldsymbol{e}_j \tag{4.41}$$

したがって，A の階数を $\boldsymbol{r}$ とすれば $\boldsymbol{r}$ は A の像空間の次元であるから，$\boldsymbol{a}_1$, $\boldsymbol{a}_2, \cdots, \boldsymbol{a}_n$ のうち線形独立なものは $\boldsymbol{r}$ 個であるということになる.

性質 8 行列 A の階数とは，$A=(\boldsymbol{a}_1, \boldsymbol{a}_2, \cdots, \boldsymbol{a}_n)$ の線形独立な(列)ベクトルの数と等しい.

m 個の複素数を縦に書いたベクトルを**列ベクトル**といい，今まで考えてこなかったが，それに対応して m 個の複素数を横に並べて

$$\boldsymbol{b} = (b_1, b_2, b_3, \cdots, b_m) \tag{4.42}$$

を**行ベクトル**という．こうすると (m, n) 行列 $A=(a_{ij})$ は行ベクトル

$$\boldsymbol{b}_i = (a_{i1}, a_{i2}, \cdots, a_{in}) \qquad (i=1,2,\cdots,m) \tag{4.43}$$

を各行として

$$A = \begin{pmatrix} \boldsymbol{b}_1 \\ \boldsymbol{b}_2 \\ \vdots \\ \boldsymbol{b}_m \end{pmatrix} \tag{4.44}$$

と与えることもできる．性質 8 は，行についてもまったく同じに次のように述べることができる.

性質 9 行列の階数は，その行列の線形独立な行ベクトルの個数に等しい.

行列の階数についてもう 1 つ重要な性質を述べておこう．これはたびたび階数の定義として用いられる.

性質 10 (m, n) 型行列 A ($m \leqq n$ とする)の階数が $\boldsymbol{r}$ であるとすると，行列 A の小行列式のうち値が 0 でないものの次数の最大値は $\boldsymbol{r}$ である($\boldsymbol{r} \leqq m$

$\leqq n$).

性質10は性質8,9を用いれば次のように言い換えることができる．r 個の m 次元(列)ベクトル

$$\boldsymbol{a}_j = \begin{pmatrix} a_{1j} \\ a_{2j} \\ \vdots \\ a_{mj} \end{pmatrix} \qquad (j=1,2,\cdots,r)$$

が線形独立であるための必要十分条件は，$r \leqq m$ かつ (m,n) 型行列 $A=(a_{ij})$ の n 個の行から r 個の行を選び出して作った r 次小行列のうちに0でないものが少なくとも1つ存在することである．

ゼロでない小行列式を与える行(列)を選んで並べ直して1行(列)目から r 行(列)目にもってくる．その上でゼロでない小行列式を与える (r,r) 型行列の部分を B とする．

こうすれば行列 B は次のように書くことができる．

$$B = \begin{pmatrix} a_{11} & \cdots & a_{1r} \\ a_{21} & \cdots & a_{2r} \\ \vdots & & \vdots \\ a_{r1} & \cdots & a_{rr} \end{pmatrix} \tag{4.45}$$

このとき，r 次元列ベクトル $\boldsymbol{x}$ について

$$B\boldsymbol{x} = \boldsymbol{0} \tag{4.46}$$

は，自明な解 $\boldsymbol{x}=\boldsymbol{0}$ 以外をもたない．なぜなら $|B| \neq 0$ であるので B の逆行列が存在する．(4.46)の左側より B^{-1} を掛ければ

$$\boldsymbol{x} = \boldsymbol{0} \tag{4.46$'$}$$

となるからである．これで十分条件であることが示された．必要であることは次のようにすればわかる．

独立な r 個の m 次元(列)ベクトル $\boldsymbol{a}_j$ があれば，さらに $m-r$ 個の単位ベクトルを付け加えて，全部で m 個の線形独立な m 次元ベクトルを作ることができる．付け加えた $m-r$ 個の単位ベクトルを簡単のために

$$
\boldsymbol{e}_{r+1} = \begin{matrix} 1 \\ \\ r \\ r+1 \\ \\ \\ m \end{matrix}\begin{pmatrix} 0 \\ \vdots \\ 0 \\ 1 \\ 0 \\ \vdots \\ 0 \end{pmatrix}, \quad \boldsymbol{e}_{r+2} \cdots, \quad \boldsymbol{e}_m = \begin{matrix} 1 \\ \\ \\ m \end{matrix}\begin{pmatrix} 0 \\ \vdots \\ 0 \\ 1 \end{pmatrix} \tag{4.47}
$$

であるとしよう．一般には，$m-r$ 個の単位ベクトルを付け加えたあと，行の並べかえを行ない(4.47)のようにすればよい．このとき，m 個の列ベクトル $\boldsymbol{a}_1, \boldsymbol{a}_2, \cdots, \boldsymbol{a}_r, \boldsymbol{e}_{r+1}, \cdots, \boldsymbol{e}_m$ は線形独立であるから，それから作った行列

$$
C = (\boldsymbol{a}_1, \boldsymbol{a}_2, \cdots, \boldsymbol{a}_r, \boldsymbol{e}_{r+1}, \cdots, \boldsymbol{e}_m) \tag{4.48}
$$

は正則であり，その行列式 $|C|$ はゼロでない．行列式 $|C|$ は

$$
|C| = \begin{vmatrix} a_{11} & a_{12} & \cdots & a_{1r} & 0 & \cdots & 0 \\ a_{21} & a_{22} & \cdots & a_{2r} & \cdot & & \cdot \\ \vdots & \vdots & & \vdots & \vdots & & \vdots \\ a_{r1} & a_{r2} & \cdots & a_{rr} & 0 & \cdots & 0 \\ a_{r+11} & a_{r+12} & \cdots & a_{r+1r} & 1 & \cdots & \cdot \\ \vdots & \vdots & & \vdots & \vdots & \ddots & \vdots \\ a_{m1} & a_{m2} & \cdots & a_{mr} & 0 & \cdots & 1 \end{vmatrix} = \begin{vmatrix} a_{11} & \cdots & a_{1r} \\ \vdots & \ddots & \vdots \\ a_{r1} & \cdots & a_{rr} \end{vmatrix} \neq 0 \tag{4.49}
$$

と計算できる．最後の計算では行列式を第 m 列，第 $m-1$ 列，… 第 $r+1$ 列で順次展開した．したがって(4.49)の最後に与えた (r,r) 型行列の小行列式はゼロではない．これで必要条件も示された．▌

4-4 基底の変換

n 次元ベクトル空間 $\boldsymbol{V}$ の基底を $\boldsymbol{e}_1, \boldsymbol{e}_2, \cdots, \boldsymbol{e}_n$ としよう．今，とくに $\boldsymbol{V}$ から $\boldsymbol{V}$ 自身への線形写像 T を考える．これを $\boldsymbol{V}$ の線形変換という．$\boldsymbol{V}$ の元 $\boldsymbol{x}$

$$
\boldsymbol{x} = \sum_{i=1}^{n} x_i \boldsymbol{e}_i = (\boldsymbol{e}_1, \boldsymbol{e}_2, \cdots, \boldsymbol{e}_n)\begin{pmatrix} x_1 \\ x_2 \\ \vdots \\ x_n \end{pmatrix} \tag{4.50}
$$

が，線形変換 T により

$$\boldsymbol{x}' = \sum_{i=1}^{n} x_i' \boldsymbol{e}_i = (\boldsymbol{e}_1, \boldsymbol{e}_2, \cdots, \boldsymbol{e}_n) \begin{pmatrix} x_1' \\ x_2' \\ \vdots \\ x_n' \end{pmatrix} \tag{4.51}$$

に変換されるとする．

(4.50)，(4.51)と書かずに

$$(x_1, x_2, \cdots, x_n) \begin{pmatrix} \boldsymbol{e}_1 \\ \boldsymbol{e}_2 \\ \vdots \\ \boldsymbol{e}_n \end{pmatrix}$$

と書いてはいけないことに注意してほしい．$\boldsymbol{e}_1, \boldsymbol{e}_2, \cdots, \boldsymbol{e}_n$ は列ベクトルであるので $(\boldsymbol{e}_1, \boldsymbol{e}_2, \cdots, \boldsymbol{e}_n)$ は n 次正方行列であるが，

$$\begin{pmatrix} \boldsymbol{e}_1 \\ \boldsymbol{e}_2 \\ \vdots \\ \boldsymbol{e}_n \end{pmatrix}$$

は定義されないからである．

さて，この線形変換 T を (n, n) 型行列 A_T

$$A_T = (a_{ij}) \tag{4.52a}$$

$$T(\boldsymbol{e}_j) = \sum_i \boldsymbol{e}_i a_{ij} \qquad (j=1, 2, \cdots, n) \tag{4.52b}$$

であらわすことにする．あるいは(4.52b)は記号として次のようにまとめて書くこともできる．

$$T(\boldsymbol{e}_1, \boldsymbol{e}_2, \cdots, \boldsymbol{e}_n) = (\boldsymbol{e}_1, \boldsymbol{e}_2, \cdots, \boldsymbol{e}_n) \begin{pmatrix} a_{11} & a_{12} & \cdots & a_{1n} \\ a_{21} & a_{22} & \cdots & a_{2n} \\ \vdots & \vdots & \ddots & \vdots \\ a_{n1} & a_{n2} & \cdots & a_{nn} \end{pmatrix} \tag{4.53}$$

すると，(4.50)，(4.51)の関係を用いると $\boldsymbol{x}' = T(\boldsymbol{x})$ は

$$\boldsymbol{x}' = (\boldsymbol{e}_1, \boldsymbol{e}_2, \cdots, \boldsymbol{e}_n)\begin{pmatrix} x_1' \\ x_2' \\ \vdots \\ x_n' \end{pmatrix}$$

$$= T(\boldsymbol{x}) = T\left(\sum_{j=1}^{n} x_j \boldsymbol{e}_j\right) = \sum_{j=1}^{n} T(\boldsymbol{e}_j) x_j \tag{4.54}$$

$$= \sum_{i=1}^{n}\sum_{j=1}^{n} \boldsymbol{e}_i a_{ij} x_j = (\boldsymbol{e}_1, \cdots, \boldsymbol{e}_n)\begin{pmatrix} a_{11} & \cdots & a_{1n} \\ \vdots & \ddots & \vdots \\ a_{n1} & \cdots & a_{nn} \end{pmatrix}\begin{pmatrix} x_1 \\ \vdots \\ x_n \end{pmatrix}$$

と計算される. (4.54)を成分についてながめれば

$$\begin{pmatrix} x_1' \\ x_2' \\ \vdots \\ x_n' \end{pmatrix} = \begin{pmatrix} a_{11} & a_{12} & \cdots & a_{1n} \\ a_{21} & a_{22} & \cdots & a_{2n} \\ \vdots & \vdots & \ddots & \vdots \\ a_{n1} & a_{n2} & \cdots & a_{nn} \end{pmatrix}\begin{pmatrix} x_1 \\ x_2 \\ \vdots \\ x_n \end{pmatrix} \tag{4.55}$$

を得る. (4.55)は今までわれわれが考えてきた $\boldsymbol{V} \to \boldsymbol{V}$ の線形変換(写像)の形そのものである. (4.54)を見れば明らかであるが, 変換前後で同じ基底 $\{\boldsymbol{e}_j\}$ を用いていること, すなわち基底は変えずに各ベクトルを変換していることに注意しなくてはならない.

次にベクトル空間 $\boldsymbol{V}$ の基底を $\boldsymbol{e}_1, \boldsymbol{e}_2, \cdots, \boldsymbol{e}_n$ から $\boldsymbol{e}_1', \boldsymbol{e}_2', \cdots, \boldsymbol{e}_n'$ に変換することを考えよう. このとき $\boldsymbol{V}$ 中のベクトル $\boldsymbol{x}$ は次のように2通りに表される.

$$\begin{aligned} \boldsymbol{x} &= \sum_{i=1}^{n} x_i \boldsymbol{e}_i = (\boldsymbol{e}_1, \boldsymbol{e}_2, \cdots, \boldsymbol{e}_n)\begin{pmatrix} x_1 \\ x_2 \\ \vdots \\ x_n \end{pmatrix} \\ &= \sum_{i=1}^{n} x_i' \boldsymbol{e}_i' = (\boldsymbol{e}_1', \boldsymbol{e}_2', \cdots, \boldsymbol{e}_n')\begin{pmatrix} x_1' \\ x_2' \\ \vdots \\ x_n' \end{pmatrix} \end{aligned} \tag{4.56}$$

ここで基底 $(\boldsymbol{e}_1', \boldsymbol{e}_2', \cdots, \boldsymbol{e}_n')$ を $(\boldsymbol{e}_1, \boldsymbol{e}_2, \cdots, \boldsymbol{e}_n)$ で表すと

$$e'_j = \sum_{i=1}^{n} e_i p_{ij} \qquad (j=1,2,\cdots,n)$$

$$(e'_1, e'_2, \cdots, e'_n) = (e_1, e_2, \cdots, e_n)\begin{pmatrix} p_{11} & p_{12} & \cdots & p_{1n} \\ p_{21} & p_{22} & \cdots & p_{2n} \\ \vdots & \vdots & \ddots & \vdots \\ p_{n1} & p_{n2} & \cdots & p_{nn} \end{pmatrix} \tag{4.57}$$

となるとしよう．(4.56)および(4.57)により

$$\begin{pmatrix} x_1 \\ x_2 \\ \vdots \\ x_n \end{pmatrix} = \begin{pmatrix} p_{11} & p_{12} & \cdots & p_{1n} \\ p_{21} & p_{22} & \cdots & p_{2n} \\ \vdots & \vdots & \ddots & \vdots \\ p_{n1} & p_{n2} & \cdots & p_{nn} \end{pmatrix}\begin{pmatrix} x'_1 \\ x'_2 \\ \vdots \\ x'_n \end{pmatrix} \tag{4.58}$$

となる．ここで与えられた行列

$$P = (p_{ij}) \tag{4.59}$$

を基底の変換行列という．基底を固定した線形変換(4.55)とベクトルを固定した基底の変換(4.58)とでは式の形式が逆になっていることに注意せよ．

例題 4-7　3次元実ベクトル空間の回転を考えるとき，座標軸を固定したベクトルの回転およびベクトルを固定した座標軸回転を考え，(4.55)と(4.58)を検証せよ．

［解］ z 軸を回転軸としてベクトルを角度 θ だけ回転させるとき，(1.24)で

$$\begin{pmatrix} x' \\ y' \\ z' \end{pmatrix} = \begin{pmatrix} \cos\theta & -\sin\theta & 0 \\ \sin\theta & \cos\theta & 0 \\ 0 & 0 & 1 \end{pmatrix}\begin{pmatrix} x \\ y \\ z \end{pmatrix} \tag{4.60}$$

と与えられた(図 4-2(a))．一方，ベクトルを固定し，z 軸を固定して x, y 軸を θ だけ回転すると，新しい座標系 (x', y', z') における座標は

$$\begin{pmatrix} x' \\ y' \\ z' \end{pmatrix} = \begin{pmatrix} \cos\theta & \sin\theta & 0 \\ -\sin\theta & \cos\theta & 0 \\ 0 & 0 & 1 \end{pmatrix}\begin{pmatrix} x \\ y \\ z \end{pmatrix} \tag{4.61}$$

である(図 4-2(b))．(4.61)は書きなおせば

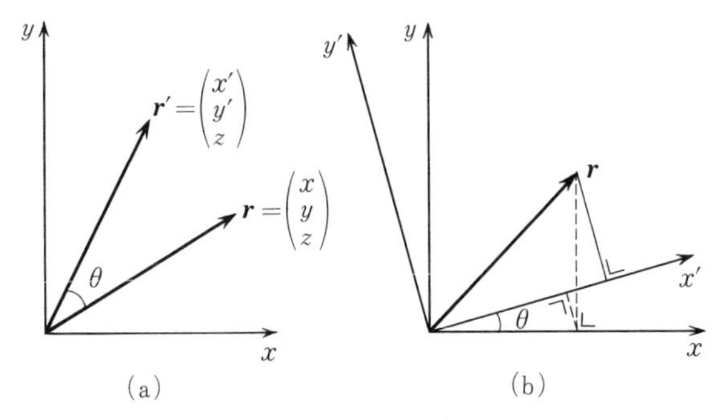

図 4-2　座標軸を固定したベクトルの回転(a)とベクトルを固定した座標軸の回転(b).

$$\begin{pmatrix}x\\y\\z\end{pmatrix}=\begin{pmatrix}\cos\theta & -\sin\theta & 0\\ \sin\theta & \cos\theta & 0\\ 0 & 0 & 1\end{pmatrix}\begin{pmatrix}x'\\y'\\z'\end{pmatrix} \tag{4.61'}$$

となる．(4.60)が(4.55)に，(4.61′)が(4.58)に対応している．座標系の回転を座標系にのったままで見ていると，ベクトルを逆の方向に回転しているように見える．そのため(4.61)の変換行列は，(4.60)の変換行列で $\theta\to-\theta$ としたものになっている．▌

基底の変換が(4.59)で与えられるとき，線形変換 T がどのように変換されるか調べよう．ベクトル $\boldsymbol{x},\boldsymbol{y}$ は共に基底 $\boldsymbol{e}_1,\boldsymbol{e}_2,\cdots,\boldsymbol{e}_n$ を用いて

$$\begin{aligned}\boldsymbol{y}&=\sum_{i=1}^{n}y_i\boldsymbol{e}_i=(\boldsymbol{e}_1,\boldsymbol{e}_2,\cdots,\boldsymbol{e}_n)\begin{pmatrix}y_1\\y_2\\\vdots\\y_n\end{pmatrix}\\ \boldsymbol{x}&=\sum_{i=1}^{n}x_i\boldsymbol{e}_i=(\boldsymbol{e}_1,\boldsymbol{e}_2,\cdots,\boldsymbol{e}_n)\begin{pmatrix}x_1\\x_2\\\vdots\\x_n\end{pmatrix}\end{aligned} \tag{4.62}$$

また，基底 $\boldsymbol{e}_1',\boldsymbol{e}_2',\cdots,\boldsymbol{e}_n'$ を用いると

$$\boldsymbol{y} = \sum_{i=1}^{n} y'_i \boldsymbol{e}'_i = (\boldsymbol{e}'_1, \boldsymbol{e}'_2, \cdots, \boldsymbol{e}'_n)\begin{pmatrix} y'_1 \\ y'_2 \\ \vdots \\ y'_n \end{pmatrix}$$

$$\boldsymbol{x} = \sum_{i=1}^{n} x'_i \boldsymbol{e}'_i = (\boldsymbol{e}'_1, \boldsymbol{e}'_2, \cdots, \boldsymbol{e}'_n)\begin{pmatrix} x'_1 \\ x'_2 \\ \vdots \\ x'_n \end{pmatrix} \tag{4.63}$$

とあらわされるとしよう．一方，この基底のとり替え(4.58)で，線形変換 T をあらわす行列が

$$A_T = (a_{ij}) \longrightarrow A'_T = (a'_{ij}) \tag{4.64}$$

と変わるとする．これは

$$\begin{pmatrix} y_1 \\ y_2 \\ \vdots \\ y_n \end{pmatrix} = \begin{pmatrix} a_{11} & a_{12} & \cdots & a_{1n} \\ \cdot & \cdot & & \cdot \\ \vdots & \vdots & & \vdots \\ a_{n1} & a_{n2} & \cdots & a_{nn} \end{pmatrix}\begin{pmatrix} x_1 \\ x_2 \\ \vdots \\ x_n \end{pmatrix} \tag{4.65a}$$

$$\longrightarrow \begin{pmatrix} y'_1 \\ y'_2 \\ \vdots \\ y'_n \end{pmatrix} = \begin{pmatrix} a'_{11} & a'_{12} & \cdots & a'_{1n} \\ \cdot & \cdot & & \cdot \\ \vdots & \vdots & & \vdots \\ a'_{n1} & a'_{n2} & \cdots & a'_{nn} \end{pmatrix}\begin{pmatrix} x'_1 \\ x'_2 \\ \vdots \\ x'_n \end{pmatrix} \tag{4.65b}$$

ということである．(4.65a)右辺に(4.58)を代入し，(4.65a)左辺に(4.58)で $(x_i \to y_i, x'_i \to y'_i)$ としたものを用いれば

$$(p_{ij})\begin{pmatrix} y'_1 \\ y'_2 \\ \vdots \\ y'_n \end{pmatrix} = (a_{ij})(p_{ij})\begin{pmatrix} x'_1 \\ x'_2 \\ \vdots \\ x'_n \end{pmatrix}$$

である．これを(4.65b)と比較して

$$(a'_{ij}) = (p_{ij})^{-1}(a_{ij})(p_{ij})$$

すなわち

$$A'_T = P^{-1} A_T P \tag{4.66}$$

が導かれる．基底の変換(4.57),(4.58),(4.59)と，線形変換行列の変換(4.66)の関係はとくに重要である．

第4章　演習問題

[1]　写像 A の行列表現が

(a)　$A=\begin{pmatrix} 3 & 6 \\ 1 & 2 \end{pmatrix}$　　(b)　$A=\begin{pmatrix} 1 & 2 & 5 \\ 0 & 1 & 2 \\ -1 & 3 & 5 \end{pmatrix}$

と与えられる2つの場合について，この写像の階数を求めよ．像の次元と核の次元はどうか．また核はどのようなベクトルの集合か．

[2]　次の性質を示せ．

(a)　$\mathrm{rank}\,A=\mathrm{rank}\,{}^{\mathrm{t}}\!A=\mathrm{rank}\,\bar{A}=\mathrm{rank}\,A^{\dagger}$

(b)　S, T が正則なら $\mathrm{rank}\,A=\mathrm{rank}\,SA=\mathrm{rank}\,AT=\mathrm{rank}\,SAT$

(c)　$\mathrm{rank}\,AB=\min\{\mathrm{rank}\,A, \mathrm{rank}\,B\}$

(d)　$\mathrm{rank}(A+B)\leqq\mathrm{rank}\,A+\mathrm{rank}\,B$

[3]

(a)　基底の組 $\begin{pmatrix} 1 \\ 0 \\ 0 \end{pmatrix}, \begin{pmatrix} 0 \\ 1 \\ 0 \end{pmatrix}, \begin{pmatrix} 0 \\ 0 \\ 1 \end{pmatrix}$ から，新しい基底の組 $\begin{pmatrix} 2 \\ 1 \\ 0 \end{pmatrix}, \begin{pmatrix} 1 \\ 0 \\ 1 \end{pmatrix}, \begin{pmatrix} -1 \\ 2 \\ 3 \end{pmatrix}$ への変換行列を求めよ．

(b)　基底の組 $\begin{pmatrix} 2 \\ 1 \\ 0 \end{pmatrix}, \begin{pmatrix} 1 \\ 0 \\ 1 \end{pmatrix}, \begin{pmatrix} -1 \\ 2 \\ 3 \end{pmatrix}$ から，新しい基底の組 $\begin{pmatrix} 2 \\ 0 \\ 1 \end{pmatrix}, \begin{pmatrix} 1 \\ 1 \\ 2 \end{pmatrix}, \begin{pmatrix} 2 \\ -3 \\ 6 \end{pmatrix}$ への変換行列を求めよ．

[4]　基底を $\begin{pmatrix} 1 \\ 0 \\ 0 \end{pmatrix}, \begin{pmatrix} 0 \\ 1 \\ 0 \end{pmatrix}, \begin{pmatrix} 0 \\ 0 \\ 1 \end{pmatrix}$ から $\begin{pmatrix} 1/\sqrt{2} \\ -i/\sqrt{2} \\ 0 \end{pmatrix}, \begin{pmatrix} -i/\sqrt{2} \\ 1/\sqrt{2} \\ 0 \end{pmatrix}, \begin{pmatrix} 0 \\ 0 \\ 1 \end{pmatrix}$ へ変換したとき，第1の基底の下で与えられた線形写像 $A=\begin{pmatrix} a_1 & b & 0 \\ b & a_2 & c \\ 0 & c & a_3 \end{pmatrix}$ はどのように変換されるか．

5 計量線形空間とフーリエ式展開

線形空間の考え方は線形微分方程式の解を通して物理学・工学の諸分野に現れることが多い．たとえば線形微分方程式の初期値・境界値問題を整理することにより，解全体の構造を線形空間として理解することができる．ある種の関数の集合を線形空間の基底と考えれば，任意の関数をその関数によって展開することができるのである．

5-1 簡単な線形定係数微分方程式

4-1 節で現れた常微分方程式

$$\frac{d^2}{dt^2}y(t)-5\frac{d}{dt}y(t)+4y(t) = 0 \qquad (t\geqq 0) \tag{5.1}$$

を考えよう．この 2 階微分方程式は(2.61)の 1 階連立微分方程式

$$\begin{cases} \dfrac{d}{dt}x_1(t) = 2x_1(t)+2x_2(t) \\ \dfrac{d}{dt}x_2(t) = x_1(t)+3x_2(t) \end{cases}$$

と同等である．実際，第 1 式をもう一度 t で微分し，その式と元の式から $x_2(t)$ を消去すると，(5.1)を得る．

$$\frac{d^2}{dt^2}x_1(t) = 2\frac{d}{dt}x_1(t)+2\frac{d}{dt}x_2(t) = 2\frac{d}{dt}x_1(t)+2\{x_1(t)+3x_2(t)\}$$
$$= 2\frac{d}{dt}x_1(t)+2x_1(t)+3\left\{\frac{d}{dt}x_1(t)-2x_1(t)\right\} = 5\frac{d}{dt}x_1(t)-4x_1(t)$$

x_2 についても同様である．

第4章で述べたように，微分方程式(5.1)の解も線形空間を構成している．これについて考えてみよう．初期条件 $\{y(0)=1,\ dy(0)/dt=0\}$ を満足する解を $y_1(t)$，$\{y(0)=0,\ dy(0)/dt=1\}$ を満足する解を $y_2(t)$ と書く．$y_1(t)$ を基底 $\boldsymbol{e}_1$ に，$y_2(t)$ を基底 $\boldsymbol{e}_2$ に対応させることにする．

$$\begin{aligned} y_1(t) : \left\{y_1(0)=1,\ \frac{d}{dt}y_1(0)=0\right\} &\Longleftrightarrow \boldsymbol{e}_1=\begin{pmatrix}1\\0\end{pmatrix} \\ y_2(t) : \left\{y_2(0)=0,\ \frac{d}{dt}y_2(0)=1\right\} &\Longleftrightarrow \boldsymbol{e}_2=\begin{pmatrix}0\\1\end{pmatrix} \end{aligned} \tag{5.2}$$

このとき微分演算子 d/dt を2行2列の行列

$$D = \begin{pmatrix}0 & 1\\ -4 & 5\end{pmatrix} \tag{5.3}$$

に対応させることができる．これは次のようにすればわかる．(5.3)で与えられた D の具体的な形を用いて掛け算を行えば

$$D\boldsymbol{e}_1 = -4\boldsymbol{e}_2, \qquad D\boldsymbol{e}_2 = \boldsymbol{e}_1+5\boldsymbol{e}_2 \tag{5.4a}$$

であるから，対応する線形演算子 d/dt は

$$\frac{d}{dt}y_1 = -4y_2, \qquad \frac{d}{dt}y_2 = y_1+5y_2 \tag{5.4b}$$

である．(5.4b)の2つを組み合わせると

$$\left(\frac{d^2}{dt^2}-5\frac{d}{dt}+4\right)y_j = 0 \qquad (j=1,2) \tag{5.5}$$

となり，たしかに(5.1)を得る．また(5.4b)により y_j の初期条件も満足されている．たとえば，y_1 の初期条件が満たされれば，y_2 の初期条件は(5.4b)により自然に満足される．微分演算子 d/dt が2行2列の行列で表されるということと，(5.1)が2階の微分方程式で独立な解が2つあるということは，密接な

関係がある．第4章で学んだ線形空間の言葉でいえば，行列 D の階数は2であるから2次元ベクトル空間が定義されていて，それらが微分方程式の2つの独立な解に対応している．

(2.61)を解くとき，第2章では

$$\frac{d}{dt}\begin{pmatrix} x_1 \\ x_2 \end{pmatrix} = \begin{pmatrix} 2 & 2 \\ 1 & 3 \end{pmatrix}\begin{pmatrix} x_1 \\ x_2 \end{pmatrix}$$

と書いた．したがってそこでの対応関係は

$$\frac{d}{dt} \longleftrightarrow \begin{pmatrix} 2 & 2 \\ 1 & 3 \end{pmatrix}$$

であった．これと(5.3)との違いは基底の違い，したがって初期条件の違いにある．すなわち，x_1 が $x_1(0)=1$，$dx_1(0)/dt=0$ を満たすなら，$x_2(t)$ は $x_2(0)=-1$，$dx_2(0)/dt=-2$ を満足する．

任意の線形結合

$$x(t) = x_1 y_1(t) + x_2 y_2(t) \tag{5.6a}$$

を考えて，それが微分方程式

$$\frac{d}{dt}x(t) = \lambda x(t) \tag{5.6b}$$

を満足するように係数 x_1, x_2 を定めることにしよう．このような $\boldsymbol{x}(t)$ を微分演算子 d/dt の**固有関数**(eigenfunction)という．基底 $\boldsymbol{e}_1, \boldsymbol{e}_2$ についていえば，適当なベクトルを

$$\begin{aligned} \boldsymbol{x} &= x_1\boldsymbol{e}_1 + x_2\boldsymbol{e}_2 = \begin{pmatrix} x_1 \\ x_2 \end{pmatrix} \\ D\boldsymbol{x} &= \lambda\boldsymbol{x} \quad \text{すなわち} \quad \begin{pmatrix} 0 & 1 \\ -4 & 5 \end{pmatrix}\begin{pmatrix} x_1 \\ x_2 \end{pmatrix} = \lambda\begin{pmatrix} x_1 \\ x_2 \end{pmatrix} \end{aligned} \tag{5.6c}$$

と定めることに対応する．(5.6c)を直接解くこともできるが，ここではベクトル $\begin{pmatrix} x_1 \\ x_2 \end{pmatrix}$ を天下り的に与えられる行列 P

$$P = \begin{pmatrix} 1 & 1 \\ 1 & 4 \end{pmatrix} \tag{5.7}$$

により

$$\begin{pmatrix} x_1 \\ x_2 \end{pmatrix} = P\begin{pmatrix} x_1' \\ x_2' \end{pmatrix} \tag{5.8}$$

と変換する．P の逆行列は

$$P^{-1} = \begin{pmatrix} 4/3 & -1/3 \\ -1/3 & 1/3 \end{pmatrix}$$

である．これで D を変換すると(5.6c)式は

$$P^{-1}DPP^{-1}\begin{pmatrix} x_1 \\ x_2 \end{pmatrix} = \lambda P^{-1}\begin{pmatrix} x_1 \\ x_2 \end{pmatrix} \tag{5.9}$$

となる．行列 $P^{-1}DP$ は

$$P^{-1}DP = \begin{pmatrix} 1 & 0 \\ 0 & 4 \end{pmatrix} \tag{5.10}$$

と対角行列である．したがって(5.6c)は変換されて，(5.9)式すなわち

$$\begin{pmatrix} 1 & 0 \\ 0 & 4 \end{pmatrix}\begin{pmatrix} x_1' \\ x_2' \end{pmatrix} = \begin{pmatrix} x_1' \\ 4x_2' \end{pmatrix} = \lambda\begin{pmatrix} x_1' \\ x_2' \end{pmatrix} \tag{5.11}$$

となる．これは $x_1'=\lambda x_1'$，$4x_2'=\lambda x_2'$ であるから

$$\begin{aligned} &\lambda=1 \Longrightarrow x_1'=1,\ x_2'=0 \Longrightarrow x_1=1,\ x_2=1 \\ &\lambda=4 \Longrightarrow x_1'=0,\ x_2'=1 \Longrightarrow x_1=1,\ x_2=4 \end{aligned} \tag{5.12}$$

を得る．もう一度 $D \Longleftrightarrow d/dt$ の関係に戻れば，(5.12)によって(5.6a),(5.6b)は

$$\begin{aligned} &\frac{d}{dt}x(t) = x(t) : x(t) = y_1(t) + y_2(t) \qquad \left(x(0)=1,\ \frac{d}{dt}x(0)=1\right) \Rightarrow x(t) = e^t \\ &\frac{d}{dt}x(t) = 4x(t) : x(t) = y_1(t) + 4y_2(t) \qquad \left(x(0)=1,\ \frac{d}{dt}x(0)=4\right) \Rightarrow x(t) = e^{4t} \end{aligned} \tag{5.13}$$

と解かれる．y_1, y_2 について書けば，(5.13)より

$$\begin{aligned} y_1(t) &= \frac{4}{3}e^t - \frac{1}{3}e^{4t} \\ y_2(t) &= -\frac{1}{3}e^t + \frac{1}{3}e^{4t} \end{aligned} \tag{5.14}$$

となる．これは確かに初期条件を満足する．上で用いた行列 P は D を対角形に変換する行列であった．これらのことについては後の第6,7章でさらに深く考察するが，ここでは微分方程式の解と行列の関係を見るだけに止めておこう．

5-2　正規直交関数系による展開

一般に区間 $[a,b]$ において重み付きの関係

$$\int_a^b dx\rho(x)\bar{\phi}_n(x)\phi_m(x) = \delta_{nm} \tag{5.15}$$

を満たす関数系 $\{\phi_n(x)\}$ によって，与えられた関数 $u(x)$ を展開することを考えよう．(5.15)を**正規直交関係**という．ここで関数系 $\{\phi_n(x)\}$ に対して定められた関数 $\rho(x)$ を**重み関数**といい，境界を含め区間内で $\rho(x)>0$ とする．このような展開を**フーリエ式展開**という．

関数 $u(x)$ について積分

$$\int_a^b \rho(x)|u(x)|^2 dx$$

が有限の確定した値を持つとする．このような関数 $u(x)$ を**2乗可積分**という．さらに関数 $u(x)$ は関数系 $\{\phi_n(x)\}$ により

$$u(x) = \sum_n u_n\phi_n(x) \tag{5.16}$$

と展開できると仮定する．展開可能性とその意味については後で問題にする．同様にもう1つの2乗可積分関数 $v(x)$ も

$$v(x) = \sum_n v_n\phi_n(x) \tag{5.17}$$

と展開しておく．(5.16),(5.17)の展開が一意的に可能であるとすると，これらの係数 u_n, v_n は(5.15)を用いて

$$u_n = \int_a^b dx \rho(x) \bar{\phi}_n(x) u(x)$$
$$v_n = \int_a^b dx \rho(x) \bar{\phi}_n(x) v(x) \tag{5.18}$$

となる．第1式は(5.16)の両辺に $\rho(x)\bar{\phi}_m(x)$ をかけて区間 $[a, b]$ で積分することによって得られる．第2式も同様である．

式(5.16)で $u(x)\equiv 0$ とすると，式(5.18)よりすべての n について $u_n=0$ である．したがって $\{\phi_n(x)\}$ は線形独立であり，それらは線形空間を作る．ここで積分 $\int_a^b \rho(x)\bar{u}(x)v(x)dx$ 等を計算すると，(5.16),(5.17)および正規直交関係(5.15)等から

$$\int_a^b \rho(x)\bar{u}(x)v(x)dx = \sum_n \bar{u}_n v_n \tag{5.19a}$$

$$\int_a^b \rho(x)|u(x)|^2 dx = \sum_n |u_n|^2 \tag{5.19b}$$

となる．同様にして

$$\int_a^b \rho(x)|u(x)+v(x)|^2 dx = \sum_n \{|u_n|^2+|v_n|^2+\bar{u}_n v_n+u_n\bar{v}_n\} \tag{5.19c}$$

である．これを評価すると，(1.14′)のシュワルツの不等式を用いて

$$\begin{aligned}\int_a^b \rho(x)|u(x)+v(x)|^2 dx &\leqq \sum_n |u_n|^2+\sum_n |v_n|^2+2\sqrt{\sum_n |u_n|^2}\cdot\sqrt{\sum_m |v_m|^2} \\ &= \left\{\sqrt{\sum_n |u_n|^2}+\sqrt{\sum_n |v_n|^2}\right\}^2 \\ &= \left\{\sqrt{\int_a^b \rho(x)|u(x)|^2 dx}+\sqrt{\int_a^b \rho(x)|v(x)|^2 dx}\right\}^2\end{aligned} \tag{5.19d}$$

を得る．また $\rho(x)>0$ であるから

$$\int_a^b \rho(x)|u(x)|^2 dx=0 \Longleftrightarrow u(x)\equiv 0 \tag{5.20}$$

である．

以上のようにして見ると，

$$(u, v) \equiv \int_a^b \rho(x)\bar{u}(x)v(x)dx \tag{5.21}$$

$$\|u\| = \sqrt{(u, u)} \tag{5.22}$$

と書いたとき，関係式

$$
\begin{aligned}
&(1)\quad \|u\| \geqq 0,\ \text{とくに}\ \|u\|=0 \Longleftrightarrow u(x)\equiv 0 \\
&(2)\quad \|u+v\| \leqq \|u\|+\|v\| \\
&(3)\quad |(u, v)| \leqq \|u\|\cdot\|v\|
\end{aligned}
\tag{5.23}
$$

が成立している．(1)は(5.20)，(2)は(5.19d)，(3)は(5.19a)，(1.15)による．したがって，(5.21)，(5.22)は内積およびノルムの性質(1.18)を満足する．このことから，(5.21)，(5.22)によって関数の集合に関して内積を定義することができる．また(5.19a)～(5.19c)により，内積の定義を含めて関数 $\{\phi_n\}$ の集合は線形空間

$$\boldsymbol{e}_1 = \begin{pmatrix} 1 \\ 0 \\ 0 \\ \vdots \end{pmatrix}, \quad \boldsymbol{e}_2 = \begin{pmatrix} 0 \\ 1 \\ 0 \\ \vdots \end{pmatrix}, \quad \cdots \tag{5.24}$$

と同型である．さらに(5.16)，(5.18)から

$$
\begin{aligned}
u(x) = \sum_n u_n \phi_n(x) &\Longleftrightarrow \boldsymbol{u} = \sum_n u_n \boldsymbol{e}_n \\
u_n = \int_a^b dx\rho(x)\bar{\phi}_n(x)u(x) = (\phi_n, u) &\Longleftrightarrow u_n = (\boldsymbol{e}_n, \boldsymbol{u})
\end{aligned}
\tag{5.25}
$$

という対応がある．このようにして一般的に 2 乗可積分関数の集合とベクトル空間 $\{\boldsymbol{e}_1, \boldsymbol{e}_2, \cdots\}$ との間の同等な対応をつくることができる．

一般に線形空間の 2 つの元 x, y に対し，内積 $(\boldsymbol{x}, \boldsymbol{y})$ はつぎの性質によって定義されている．

$$
\begin{aligned}
&(1)\quad (\boldsymbol{x}, \boldsymbol{y}_1+\boldsymbol{y}_2) = (\boldsymbol{x}, \boldsymbol{y}_1)+(\boldsymbol{x}, \boldsymbol{y}_2) \\
&\qquad\ (\boldsymbol{x}_1+\boldsymbol{x}_2, \boldsymbol{y}) = (\boldsymbol{x}_1, \boldsymbol{y})+(\boldsymbol{x}_2, \boldsymbol{y}) \\
&(2)\quad (c\boldsymbol{x}, \boldsymbol{y}) = \bar{c}(\boldsymbol{x}, \boldsymbol{y}), \qquad (\boldsymbol{x}, c\boldsymbol{y}) = c(\boldsymbol{x}, \boldsymbol{y}) \\
&(3)\quad (\boldsymbol{x}, \boldsymbol{y}) = \overline{(\boldsymbol{y}, \boldsymbol{x})} \\
&(4)\quad (\boldsymbol{x}, \boldsymbol{x}) \geqq 0\ \text{であり}\ (\boldsymbol{x}, \boldsymbol{x}) = 0 \Longleftrightarrow \boldsymbol{x} \equiv \boldsymbol{0}
\end{aligned}
\tag{5.26}
$$

(5.21)や(1.16)はここで定めた(1)～(4)を満たしている．(5.23)の性質は，(u, v) がこの性質(1)～(4)を満たすならば成立する．このとき(5.21)を内積，(5.22)をノルムと呼ぶことができる．線形独立な正規直交基底(あるいは正規直交関数系)に内積の定義((1.16)や(5.21),(5.22))を加え，それらが線形空間において性質(5.26)の(1)～(4)を満足するなら，この基底(あるいは，関数系)の集合を**計量線形空間**(metric linear space)という．これにより線形空間にノルム(長さ)や内積の概念が導入されるのである．

5-3　直交多項式の例

第4章において，多項式 $\{1, x, x^2, \cdots, x^n\}$ と

$$\boldsymbol{e}_0 = \begin{pmatrix} 1 \\ 0 \\ 0 \\ \vdots \end{pmatrix}, \quad \boldsymbol{e}_1 = \begin{pmatrix} 0 \\ 1 \\ 0 \\ \vdots \end{pmatrix}, \quad \cdots, \quad \boldsymbol{e}_n = \begin{pmatrix} 0 \\ \vdots \\ 0 \\ 1 \end{pmatrix}$$

の同型性について述べた．ここで多項式の空間における内積を，重み $\rho(x)=1$，区間 $[-1, 1]$ として

$$(u, v) = \int_{-1}^{1} dx \bar{u}(x) v(x) \tag{5.27}$$

と定義する．これも線形計量空間の例である．区間については，$[-1, 1]$ を任意の有限区間 $[a, b]$ へ移すには変数変換 $x' = [(b-a)x + (a+b)]/2$ を行えばよいから，一般性を失うことはない．多項式

$$g_n(x) = x^n \qquad (n=0, 1, 2, \cdots) \tag{5.28}$$

は，互いに独立ではあるが，内積(5.27)に関して直交していない．したがって $\{g_n(x)\}$ から内積(5.27)に関して正規化された直交関数系をつくる必要がある．そのためには，**グラム-シュミット**(Gram-Schmidt)**の直交化法**の手続きに従うのが便利である．

まず $g_0(x)=1$ をとってきて，そのノルムを計算すると

$$\|g_0\| = \sqrt{\int_{-1}^{1} g_0(x)^2 dx} = \sqrt{2}$$

となる．これを用いて

$$f_0(x) = g_0(x)/\|g_0\| = \frac{1}{\sqrt{2}} \tag{5.29a}$$

を得る．次の多項式 $g_1(x)=x$ については，$g(x)$ から「元 $f_0(x)$ 方向の成分」を除いてやれば，それが $f_0(x)$ 成分に直交した元となる．$f_0(x)$ 方向の成分の大きさは，$g_1(x)$ を $f_0(x)$ 方向に射影してやればよい．$g_1(x)$ から $f_0(x)$ 成分を除いたものは

$$\tilde{g}_1(x) = g_1(x) - f_0(x)(f_0, g_1)$$

であるが，右辺第2項の内積は $(f_0, g_1)=0$ である．$\tilde{g}_1(x)=g_1(x)$ は規格化すると

$$\|\tilde{g}_1\|^2 = \int_{-1}^{1} x^2 dx = \frac{2}{3}$$

により

$$f_1(x) = \tilde{g}_1(x)/\|\tilde{g}_1\| = \sqrt{\frac{3}{2}}x \tag{5.29b}$$

となる．次の元は，$g_2(x)=x^2$ から f_0, f_1 の成分を除き

$$\begin{aligned}\tilde{g}_2(x) &= g_2(x) - f_0(x)(f_0, g_2) - f_1(x)(f_1, g_2) \\ &= x^2 - \frac{1}{\sqrt{2}}\int_{-1}^{1} dx' \frac{1}{\sqrt{2}} x'^2 = x^2 - \frac{1}{3}\end{aligned}$$

を得，さらにそれを

$$\|\tilde{g}_2\|^2 = \int_{-1}^{1} dx \left(x^2 - \frac{1}{3}\right)^2 = \frac{8}{45}$$

を用いて規格化し，

$$f_2(x) = \sqrt{\frac{5}{2}} \cdot \frac{1}{2}(3x^2 - 1) \tag{5.29c}$$

となる．以下同様にして

$$f_3(x) = \sqrt{\frac{7}{2}}\cdot\frac{1}{2}(5x^3-3x)$$

$$f_4(x) = \sqrt{\frac{9}{2}}\cdot\frac{1}{8}(35x^4-30x^2+3) \tag{5.29d}$$

$$\cdots\cdots\cdots\cdots\cdots$$

$$f_n(x) = \sqrt{\frac{2n+1}{2}}\cdot\frac{1}{2^n n!}\frac{d_n}{dx^n}(x^2-1)^n$$

である．このようにして互いに直交する規格化された多項式系が得られる．ここに得られた多項式は，係数 $\sqrt{(2n+1)/2}$ を別にして，**ルジャンドル(Legendre)多項式** $P_n(x)$ と呼ばれるものである $\left(f_n(x)=\sqrt{\frac{2n+1}{2}}P_n(x)\right)$．図5-1にルジャンドル多項式のいくつかを図示する．

グラム・シュミットの直交化法を通常のベクトルの記法を用いて書けば

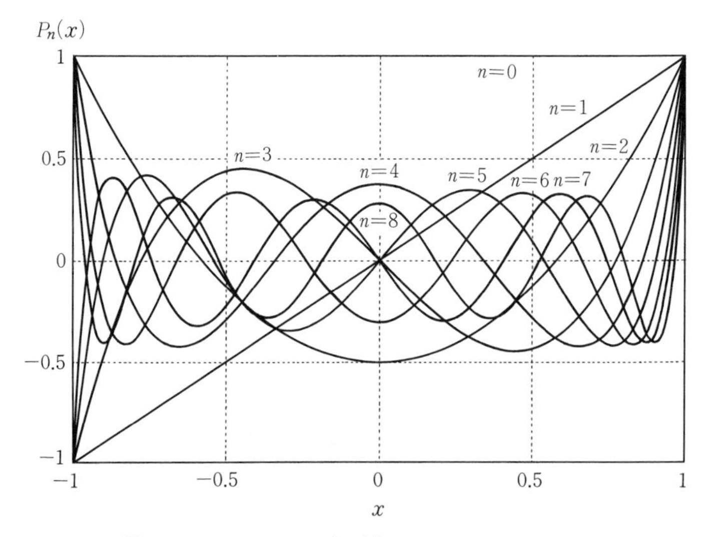

図 5-1　ルジャンドル多項式 $P_n(x)$： $n=0, 2, \cdots, 8$.

$$\begin{aligned}\{\boldsymbol{a}_m\} \Longrightarrow\ & \boldsymbol{e}_0 = \boldsymbol{a}_0/\|\boldsymbol{a}_0\| \\ & \cdots\cdots \\ & \boldsymbol{a}'_m = \boldsymbol{a}_m - \sum_{k=0}^{m-1} \boldsymbol{e}_k(\boldsymbol{e}_k, \boldsymbol{a}_m) \qquad (m=1,2,\cdots) \\ & \boldsymbol{e}_m = \boldsymbol{a}'_m/\|\boldsymbol{a}'_m\| \\ \Longrightarrow\ & \{\boldsymbol{e}_m\}\end{aligned} \tag{5.30}$$

となる．任意に与えられた線形独立な n 個の n 次元複素ベクトルに対してこの方法を適用して基底ベクトルの組を定めることができる．

例題 5-1 3つの3次元ベクトル $\begin{pmatrix}1\\1\\0\end{pmatrix}, \begin{pmatrix}2\\2\\3\end{pmatrix}, \begin{pmatrix}-1\\1\\2\end{pmatrix}$ において $\begin{pmatrix}1\\1\\0\end{pmatrix}$ から出発してグラム・シュミットの方法により正規直交基底を作れ．

［解］ まず $\begin{pmatrix}1\\1\\0\end{pmatrix}$ を規格化し $\boldsymbol{a}_1=\frac{1}{\sqrt{2}}\begin{pmatrix}1\\1\\0\end{pmatrix}$ を得る．次に

$$\begin{pmatrix}2\\2\\3\end{pmatrix}-2\sqrt{2}\cdot\frac{1}{\sqrt{2}}\begin{pmatrix}1\\1\\0\end{pmatrix}=\begin{pmatrix}0\\0\\3\end{pmatrix}$$

により $\boldsymbol{a}_2=\begin{pmatrix}0\\0\\1\end{pmatrix}$ を得る．さらに

$$\begin{pmatrix}-1\\1\\2\end{pmatrix}-0\cdot\frac{1}{\sqrt{2}}\begin{pmatrix}1\\1\\0\end{pmatrix}-2\begin{pmatrix}0\\0\\1\end{pmatrix}=\begin{pmatrix}-1\\1\\0\end{pmatrix}$$

の計算から，これを規格化し $\boldsymbol{a}_3=\frac{1}{\sqrt{2}}\begin{pmatrix}-1\\1\\0\end{pmatrix}$ を得る．以上により基底として

$$\frac{1}{\sqrt{2}}\begin{pmatrix}1\\1\\0\end{pmatrix}, \qquad \begin{pmatrix}0\\0\\1\end{pmatrix}, \qquad \frac{1}{\sqrt{2}}\begin{pmatrix}-1\\1\\0\end{pmatrix}$$

が得られる．▌

例題 5-2 多項式 $f(x)=x^3+x^2+x+1$ をルジャンドル多項式で展開せよ．

［解］

$$
\begin{aligned}
f(x) &= x^3+x^2+x+1 \\
&= \left(x^3-\frac{3}{5}x\right)+\left(x^2-\frac{1}{3}\right)+\frac{8}{5}x+\frac{4}{3} \\
&= \frac{2}{5}P_3(x)+\frac{2}{3}P_2(x)+\frac{8}{5}P_1(x)+\frac{4}{3}P_0(x)
\end{aligned}
$$

と展開できる．▌

5-4　完全性

正規直交関数系 $\{\phi_n(x)\}$ が作る空間はベクトル空間として扱える．残る問題は，どのような関数でも適当な正規直交関数系で展開できるのだろうか，ということである．閉区間における x の連続関数 $f(x)$ に関しては，ワイエルシュトラス(Weierstrass)の多項式近似定理により，任意の $\varepsilon>0$ について常に

$$
|f(x)-P(x)| < \varepsilon \tag{5.31}
$$

となる x の多項式 $P(x)$ の存在が保証されている．したがって $[-1,1]$ 区間において，連続関数をルジャンドル多項式により展開することができる．

適当な係数 α_n をもつ有限級数

$$
S_N(x) = \sum_{n=1}^{N} \alpha_n \phi_n(x) \tag{5.32}
$$

を考え，これが $u(x)$ の良い近似関数となるように係数 α_n を定めよう．近似として良いか悪いかの目安を**2乗平均誤差**

$$
\varDelta_N{}^2 = \int_a^b dx \rho(x)|u(x)-S_N(x)|^2 \tag{5.33}
$$

で計ることにする．$\varDelta_N{}^2$ が小さいなら区間 $[a,b]$ を均(なら)して見ると，$S_N(x)$ はほぼ関数 $u(x)$ にそっていることになる．一方，2乗平均誤差が大きければ，たとえ一部の領域では $u(x)$ と $S_N(x)$ の一致が良くても全体としては著しく異なったものとなる．図5-2に例を示す．整理して書き直せば

$$\Delta_N{}^2 = \int_a^b dx\rho(x)|u(x)|^2 + \int_a^b dx\rho(x)\left|\sum_{n=1}^N \alpha_n\phi_n(x)\right|^2$$
$$-\int_a^b dx\rho(x)\sum_{n=1}^N \bar{\alpha}_n\bar{\phi}_n(x)u(x) - \int_a^b dx\rho(x)\sum_{n=1}^N \alpha_n\phi_n(x)\bar{u}(x)$$
$$= \|u\|^2 + \sum_{n=1}^N |\alpha_n|^2 - \sum_{n=1}^N \bar{\alpha}_n u_n - \sum_{n=1}^N \alpha_n \bar{u}_n \quad (5.34)$$

である．ここで $\{\phi_n\}$ の正規直交関係(5.15)および(5.18)を用いた．さらに変形すれば

$$\Delta_N{}^2 = \|u\|^2 + \sum_{n=1}^N |\alpha_n - u_n|^2 - \sum_{n=1}^N |u_n|^2 \quad (5.35)$$

となる．$\Delta_N{}^2$ は2乗平均誤差であるから正または0である．2乗平均誤差 $\Delta_N{}^2$ を最も小さくするには

$$\alpha_n = u_n \qquad (n=1, 2, \cdots, N) \quad (5.36)$$

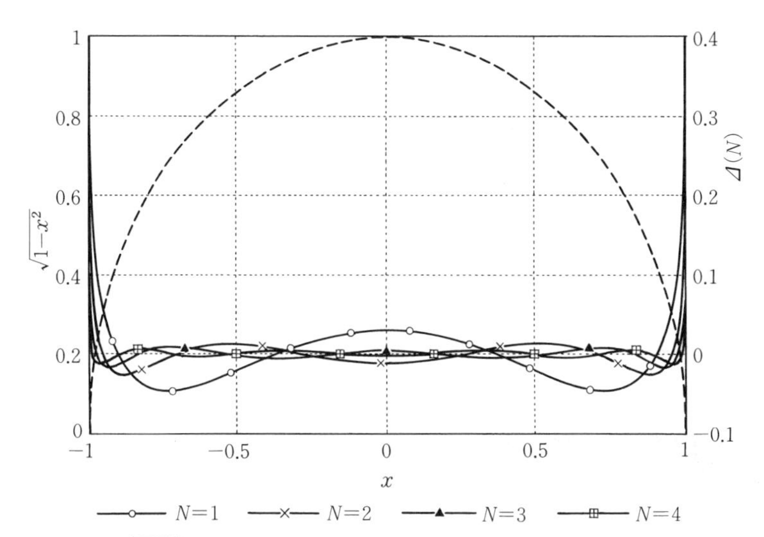

図 5-2 $\sqrt{1-x^2}$ のルジャンドル多項式による展開：

$$\sqrt{1-x^2} = \lim_{N\to\infty} S_N(x)$$

$$S_N(x) = \frac{\pi}{2}\left\{\frac{1}{2} - \sum_{n=1}^N \frac{(4n+1)(2n-1)}{2n+2}\left[\frac{(2n-3)!!}{(2n)!!}\right]^2 P_{2n}(x)\right\}.$$

図は $\sqrt{1-x^2}$（鎖線）と $\Delta(N)=S_N(x)-\sqrt{1-x^2}$ を $N=1\sim4$ について示す．

と選べばよい．またそのように選んだ場合でも

$$\varDelta_N{}^2|_{\{\alpha_n=u_n\}} = \|u\|^2 - \sum_{n=1}^{N} |u_n|^2 \geqq 0$$

であるから

$$\|u\|^2 \geqq \sum_{n=1}^{N} |u_n|^2 \tag{5.37}$$

となる．N は任意であるから，$N\to\infty$ として

$$\|u\|^2 \geqq \sum_{n=1}^{\infty} |u_n|^2 \tag{5.38}$$

を得る．これは(5.19b)に対応して成立する関係で，**ベッセル(Bessel)の不等式**という．とくに等号が成り立つ場合にはこれを**パーセバル(Parseval)の等式**という．(5.19b)は展開(5.16)が成立するとして導いたが，(5.38)では u_n の定義としてだけ(5.18)を用いた．

任意関数(場合によっては若干の制限が付くが)についてパーセバルの等式が成立するとき，正規直交関数系 $\{\phi_n(x)\}$ は**完全**(または**完備**，complete)であるという．パーセバルの等式が成り立つということは，2乗平均誤差をゼロにするという意味で，展開(5.16)が成立することを意味する．たとえばワイエルシュトラスの多項式近似定理により，ルジャンドル多項式(5.29d)は完全系をなしていることが保証されている．パーセバルの等式は，関数系 $\{\phi_n(x)\}$ の展開によってもノルムが変わらないことを保証しているということもできる．完全な正規直交関数系は(無限次元)線形計量空間を作るのである．

5-5 フーリエ級数：3角関数による展開

区間 $[-\pi,\pi]$ において関数 $f(x)$ を3角関数で展開することを考えよう．これを**フーリエ級数展開**という．

$$f(x) = a_0 + \sum_{n=1}^{\infty} [a_n \cos nx + b_n \sin nx] \tag{5.39}$$

3角関数では次の規格直交関係が成立している．

$$\frac{1}{\pi}\int_{-\pi}^{\pi} dx \sin mx \sin nx = \frac{1}{\pi}\int_{-\pi}^{\pi} dx \cos mx \cos nx = \delta_{nm}$$
$$\frac{1}{\pi}\int_{-\pi}^{\pi} dx \sin mx \cos nx = 0 \tag{5.40}$$

したがって，展開(5.39)が可能なら，(5.40)により展開の係数は

$$a_0 = \frac{1}{2\pi}\int_{-\pi}^{\pi} dx f(x)$$
$$a_n = \frac{1}{\pi}\int_{-\pi}^{\pi} dx f(x) \cos nx \tag{5.41}$$
$$b_n = \frac{1}{\pi}\int_{-\pi}^{\pi} dx f(x) \sin nx$$

である．

例題 5-3　$f(x)=x \ (-\pi<x<\pi)$ をフーリエ級数展開せよ．

［解］　(5.41)式を用いて

$$a_n = 0 \qquad (n=0,1,2,\cdots)$$
$$b_n = \frac{2}{\pi}\int_0^{\pi} dx\, x \sin nx = \frac{2}{n}(-1)^{n+1} \qquad (n=1,2,\cdots)$$

である．よって

$$f(x) = \sum_{n=1}^{\infty} \frac{2}{n}(-1)^{n+1} \sin nx$$

となる．▌

指数関数を用いたフーリエ級数展開(**複素フーリエ級数展開**)

$$u(x) = \sum_{n=-\infty}^{\infty} c_n e^{inx} \qquad (-\pi \leqq x \leqq \pi) \tag{5.42a}$$

$$c_n = \frac{1}{2\pi}\int_{-\pi}^{\pi} dx\, u(x) e^{-inx} \tag{5.42b}$$

も有用である．(5.42)では指数関数の規格直交関係

$$\frac{1}{2\pi}\int_{-\pi}^{\pi} e^{-inx}e^{imx}dx = \delta_{nm}$$

が重要である．c_n と(5.39)の a_n, b_n との間の関係は次のようになる．

$$c_0 = a_0$$

$$c_n = \frac{a_n - ib_n}{2}, \qquad c_{-n} = \bar{c}_n \qquad (n>0)$$

(5.42)が成り立っているならば $u(x)$ と c_n の間には関係式

$$\frac{1}{2\pi}\int_{-\pi}^{\pi}|u(x)|^2 dx = \sum_{n=-\infty}^{\infty}|c_n|^2 \tag{5.43}$$

が成立する．(5.43)をまた(5.38)と同様に**パーセバルの等式**と呼ぶ．

第5章　演習問題

[1]　微分方程式

$$\frac{d^2}{dt^2}y(t)+3\frac{d}{dt}y(t)+2y(t) = 0$$

を解け．ただし，変換行列 P を $P=\begin{pmatrix} 1 & 1 \\ -1 & -2 \end{pmatrix}$ と選べ．

[2]　ベクトルの組

$$\begin{pmatrix} 2 \\ 1 \\ 0 \\ 0 \end{pmatrix}, \quad \begin{pmatrix} 1 \\ 0 \\ 1 \\ 0 \end{pmatrix}, \quad \begin{pmatrix} -1 \\ 1 \\ 2 \\ 1 \end{pmatrix}, \quad \begin{pmatrix} 0 \\ 3 \\ 1 \\ 2 \end{pmatrix}$$

において，

$$\begin{pmatrix} 2 \\ 1 \\ 0 \\ 0 \end{pmatrix}$$

から出発して順に，グラム・シュミットの方法によって正規直交基底を作れ．

[3]

$$f(x)=\begin{cases}1 & (0\leqq x<\pi)\\ -1 & (-\pi<x<0)\end{cases}$$

をフーリエ級数に展開せよ.

[4] (5.29a～c)をさらに続けて，(5.29d)に与えられている多項式 $f_3(x)$, $f_4(x)$ を確かめよ.

[5] 内積を

$$(f,g)=\int_{-\infty}^{\infty}dxe^{-x^2/2}\bar{f}(x)g(x)$$

と定義する．多項式 $\{1,x,x^2,x^3,\cdots\}$ を用いて，この内積の下で正規直交関係を満足する多項式を作れ.

6 固有値と固有ベクトル

2-5 節，5-1 節などでたびたび正方行列を対角行列に変換する操作が必要であった．このような正方行列を対角化する変換は線形空間をいくつかの独立な部分空間に分割することに対応している．これらについて一般的に学ぶことにしよう．

6-1 微分方程式と固有値問題

2-5 節，5-1 節では，定数係数線形微分方程式の 1 つの解法を行列と関連づけて学んだ．そこでは連立微分方程式

$$\frac{d}{dt}\boldsymbol{x}(t) = A\boldsymbol{x}(t)$$

の解として $\boldsymbol{x}(t)=e^{\lambda t}\boldsymbol{x}(0)$ を仮定し

$$A\boldsymbol{x} = \lambda\boldsymbol{x} \tag{6.1}$$

を得た．式(6.1)の一般的な解法あるいはその意味を学ぶことがこの章の主題である．

一般の n 次正方行列 A が与えられたときに(6.1)を満たすベクトル $\boldsymbol{x}$ と定数 λ を考えよう．このような λ を**固有値**(eigenvalue)，$\boldsymbol{x}$ をそれに対応する**固有ベクトル**(eigenvector)という．λ と $\boldsymbol{x}$ を求める問題を**固有値問題**という．

より一般的に考えよう．線形独立な m 個のベクトル $\boldsymbol{x}_1{}^0, \boldsymbol{x}_2{}^0, \cdots, \boldsymbol{x}_m{}^0$ で張られる空間を $\boldsymbol{W}$ とする．$\boldsymbol{x}\in\boldsymbol{W}$ である任意のベクトル $\boldsymbol{x}$ について $A\boldsymbol{x}\in\boldsymbol{W}$ であるとき，部分空間 $\boldsymbol{W}=\{\boldsymbol{x}_1{}^0, \boldsymbol{x}_2{}^0, \cdots, \boldsymbol{x}_m{}^0\}$ を A による**不変部分空間**(invariant subspace)という．したがって固有値問題(6.1)は，写像 A の不変部分空間を見出す問題である．

(6.1)式を

$$(A-\lambda E)\boldsymbol{x} = \boldsymbol{0} \tag{6.1'}$$

と書き改めて同じように考えよう．E は n 次単位行列である．(6.1)が $\boldsymbol{0}$ でない(自明でない)解 $\boldsymbol{x}$ をもつためには，第3章で n 元同次連立1次方程式について学んだように

$$\det(A-\lambda E) = 0 \tag{6.2}$$

が必要十分である．すなわち λ についての n 次多項式

$$\boldsymbol{\Phi}_A(\lambda) = \det(\lambda E-A) \tag{6.3}$$

を考え，λ を $\boldsymbol{\Phi}_A(\lambda)=0$ の根となるように選べばよい．この $\boldsymbol{\Phi}_A(\lambda)$ を A の**特性多項式**あるいは**固有多項式**という．また $\boldsymbol{\Phi}_A(\lambda)=0$ を**特性方程式**または**固有方程式**といい，λ を**特性根**という．特性根は n 個あり，それらが固有値となる．

行列 A を，適当な正則行列 P を用いて

$$B = P^{-1}AP \tag{6.4}$$

と変換してみよう．行列 B に対する特性多項式 $\boldsymbol{\Phi}_B(\lambda)$ は

$$\begin{aligned}\boldsymbol{\Phi}_B(\lambda) &= \det(\lambda E-B) = \det\{P^{-1}(\lambda E-A)P\} \\ &= \det P^{-1}\det(\lambda E-A)\det P = \det P^{-1}\det P\det(\lambda E-A) \\ &= \det(P^{-1}P)\det(\lambda E-A) = \det(\lambda E-A) = \boldsymbol{\Phi}_A(\lambda)\end{aligned} \tag{6.5}$$

と変形されるから，変換(6.4)によっても特性多項式は変わらず，したがって固有値も変わらない．変換(6.4)は(4.66)で述べたように基底の変換に対応するから，固有ベクトルはそれに対応した変換(4.58)を受ける．

例題 6-1　一般の高階(連立)線形微分方程式は1階連立微分方程式に書き換えることができる．次の例に即して考えよ．図 6-1(a)に示す2質点(質量 m_1, m_2)がバネでむすばれた系の運動方程式は，両質点の変位を x_1, x_2 とすると，

$$m_1\frac{d^2}{dt^2}x_1+k_1x_1+k(x_1-x_2)=0$$

$$m_2\frac{d^2}{dt^2}x_2+k_2x_2+k(x_2-x_1)=0$$

である．これを1階連立微分方程式に書き直せ．

［解］　$v_1(t)=\frac{d}{dt}x_1(t)$，$v_2(t)=\frac{d}{dt}x_2(t)$ と質点の速度 v_1, v_2 を導入すれば，与えられた式は

$$\frac{d}{dt}\begin{pmatrix}x_1\\v_1\\x_2\\v_2\end{pmatrix}=\begin{pmatrix}0&1&0&0\\-\frac{k_1+k}{m_1}&0&\frac{k}{m_1}&0\\0&0&0&1\\\frac{k}{m_2}&0&-\frac{k_2+k}{m_2}&0\end{pmatrix}\begin{pmatrix}x_1\\v_1\\x_2\\v_2\end{pmatrix}$$

となる．▌

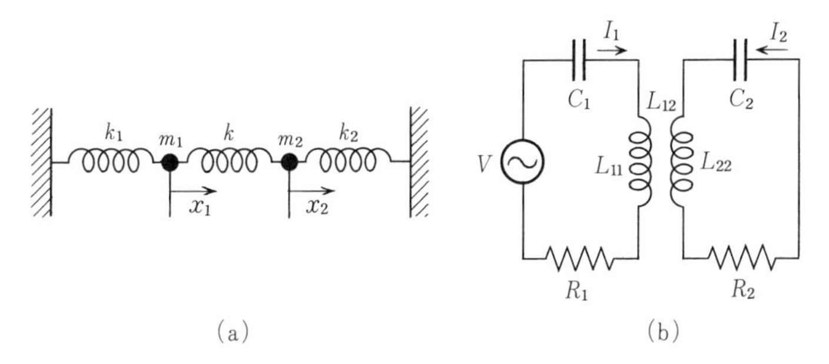

図6-1　(a)バネで結合された力学系，(b)相互誘導で結合された電気系．

図6-1(b)のような相互誘導で結合された回路中の電荷 Q_1 と Q_2 の振る舞いは微分方程式

$$L_{11}\frac{d^2Q_1}{dt^2}+L_{12}\frac{d^2Q_2}{dt^2}+R_1\frac{dQ_1}{dt}+\frac{1}{C_1}Q_1=0$$

$$L_{22}\frac{d^2Q_2}{dt^2}+L_{21}\frac{d^2Q_1}{dt^2}+R_2\frac{dQ_2}{dt}+\frac{1}{C_2}Q_2=0$$

で記述される．この系も例題6-1と同様に1階連立微分方程式に書き換えるこ

とができる．

6-2　行列の固有値・固有ベクトルと固有空間への分解

行列の固有値問題

$$Ax = \lambda x \tag{6.1}$$

を解くとき，今までの多くの例では行列 A を適当な変換行列 P を用いて

$$P^{-1}AP = \begin{pmatrix} \lambda_1 & & & \\ & \lambda_2 & & 0 \\ 0 & & \ddots & \\ & & & \lambda_3 \end{pmatrix} \tag{6.6}$$

と対角行列に変換すること(**対角化**)を試みた．対角化(6.6)はどのような行列 A に関しても可能なのであろうか．

例題 6-2　行列

$$A_1 = \begin{pmatrix} 2 & 1 \\ 1 & 2 \end{pmatrix}, \quad A_2 = \begin{pmatrix} 2 & 1 \\ 0 & 2 \end{pmatrix} \tag{6.7}$$

の固有値，固有ベクトルを求めよ．

［解］ A_1 および A_2 の特性方程式は

$$\Phi_{A_1} = (\lambda-3)(\lambda-1) = 0, \qquad \Phi_{A_2} = (\lambda-2)^2 = 0$$

である．A_1 の固有ベクトルとしては固有値 $\lambda=3$，$\lambda=1$ に対応して

$$\lambda_1 = 3 \ :\ x_1 = \begin{pmatrix} 1 \\ 1 \end{pmatrix}, \qquad \lambda_2 = 1 \ :\ x_2 = \begin{pmatrix} -1 \\ 1 \end{pmatrix}$$

が得られる．A_2 については $\lambda=2$ の固有ベクトルは $(A_2-2E)x_2=0$ を解いて

$$\lambda_3 = 2 \ :\ x_3 = \begin{pmatrix} 1 \\ 0 \end{pmatrix}$$

が 1 つだけ求められる．▌

例題 6-2 における行列 A_1 の固有ベクトル x_1, x_2 を 2 つならべて行列 P

$$P=(\boldsymbol{x}_1,\boldsymbol{x}_2)=\begin{pmatrix}1 & -1\\ 1 & 1\end{pmatrix} \tag{6.8}$$

を定義する．この P を用いると A_1 は

$$P^{-1}A_1P=\begin{pmatrix}1/2 & 1/2\\ -1/2 & 1/2\end{pmatrix}A_1\begin{pmatrix}1 & -1\\ 1 & 1\end{pmatrix}=\begin{pmatrix}3 & 0\\ 0 & 1\end{pmatrix} \tag{6.9}$$

と対角形になり，2つの固有値が固有ベクトルを並べた順に並ぶ．固有ベクトルには定数倍だけの不定性があり，一意的には定まらない．しかしベクトルのノルムが1になるように選ぶと便利である．これをベクトルの**規格化**という．たとえば例題6-2については $\begin{pmatrix}1/\sqrt{2}\\ 1/\sqrt{2}\end{pmatrix}$, $\begin{pmatrix}1/\sqrt{2}\\ -1/\sqrt{2}\end{pmatrix}$ などである．

一方，A_2 は対角形に変換することはできない．実際，対角形にできたとして変換行列(正則)を P と書くと

$$P^{-1}\begin{pmatrix}2 & 1\\ 0 & 2\end{pmatrix}P=\begin{pmatrix}2 & 0\\ 0 & 2\end{pmatrix}$$

である．左から P をかけ，$P=(p_{ij})$ とすると具体的に

$$p_{21}=p_{22}=0$$

が得られる．これは P が正則である(P^{-1} が存在する)ということに反する．

これらの例をまとめると，次のことがいえる．

性質1 n 次正方行列 A について，適当な正則行列 P を用いて $P^{-1}AP$ が対角形に変換できるための必要十分条件は，A が n 個の線形独立な固有ベクトルをもつことである．

n 次正方行列 A が n 個の線形独立な固有ベクトル $\boldsymbol{x}_j$ $(j=1,2,\cdots,n)$ をもち，対応する固有値が a_j であるとする．a_j には互いに等しいものがあってもよい．

$$A\boldsymbol{x}_j=a_j\boldsymbol{x}_j, \qquad \boldsymbol{x}_j=\begin{pmatrix}x_{1j}\\ x_{2j}\\ \vdots\\ x_{nj}\end{pmatrix} \tag{6.10}$$

このとき行列 P を

$$P=(\boldsymbol{x}_1,\boldsymbol{x}_2,\cdots,\boldsymbol{x}_n) \tag{6.11}$$

と定義しよう．P は(第4章の性質8により)正則行列であるから，逆行列 P^{-1}

が存在する．これらを用いると

$$
\begin{aligned}
(P^{-1}AP)_{ij} &= \sum_{lk}(P^{-1})_{il}A_{lk}x_{kj} = \sum_{l}(P^{-1})_{il}a_j x_{lj} \\
&= a_j\sum_{l}(P^{-1})_{il}(P)_{lj} = a_j\delta_{ij}
\end{aligned}
\tag{6.12}
$$

である．したがって n 個の固有ベクトルを並べた行列 P が A を対角にする変換行列である．以上が十分条件である．一方，

$$
P^{-1}AP = (a_j\delta_{ij}) \Rightarrow AP = P(a_j\delta_{ij}) \tag{6.12$'$}
$$

であるから，A を対角にする行列 P の各列が固有ベクトルである．これで必要条件が示された．▌

性質 1′　n 次元線形空間 $\boldsymbol{V}$ の性質として，性質 1 は次のように言い換えることができる．

（a）　A が n 個の独立な固有ベクトルを持つなら，それは $\boldsymbol{V}$ の 1 つの基底となる．

（b）　$\boldsymbol{V}$ における線形変換 A が適当な基底に対して対角形であること($A\boldsymbol{x}_i = a_i\boldsymbol{x}_i$)と，$\boldsymbol{V}$ が各固有値 a_i に対応する固有ベクトルの作る空間(**固有空間**)の和であり，かつ異なる固有値に対応する固有空間に同時に属するベクトルの元は存在しない($\boldsymbol{V}$ が固有空間の**直和**であるという)ことは同値である．直和とは，言い換えると，$\boldsymbol{V}$ の任意のベクトルを固有ベクトルの和で表す方法が一意的に決まることをいう．

（c）　性質 1 が成り立つときは，特性多項式は

$$
\Phi_A(\lambda) = \det(\lambda E - A) = \prod_{i=1}^{r}(\lambda - a_i)^{m_i} \tag{6.13}
$$

と因数分解される．(ここでは $m_i \geqq 1$ で $i \neq j$ のときは $a_i \neq a_j$ とする.) このとき，重複度 m_i は固有値 a_i に対応する固有空間 $\boldsymbol{V}(a_i)$ の次元

$$
m_i = \dim \boldsymbol{V}(a_i) \tag{6.14a}
$$

であり，$\boldsymbol{V}$ は $\boldsymbol{V}(a_i)$ の**直和**である．これを次のように書く．

$$
\boldsymbol{V} = \boldsymbol{V}(a_i) \dot{+} \boldsymbol{V}(a_2) \dot{+} \cdots \dot{+} \boldsymbol{V}(a_r) \tag{6.14b}
$$

行列と固有ベクトルの言葉で言えば，固有値 a_i に対応する固有ベクトルとしては互いに線形独立なものが m_i 個ある．逆に，(6.13)が成立しても固有値 a_i

に対応する固有ベクトルが m_i 個あるとは限らない．(6.7)の A_2 がその例である．

（d）　性質1が成り立つとき(6.13)が成立し

$$\mathrm{rank}(a_iE-A) = n-m_i \tag{6.15}$$

である．第4章(4.20)により

$$\begin{aligned}\dim \boldsymbol{V} &= \dim(\mathrm{Ker}(a_iE-A))+\dim(\mathrm{Im}(a_iE-A)) \\ &= \dim \boldsymbol{V}(a_i)+\mathrm{rank}(a_iE-A)\end{aligned}$$

であるから，(6.15)が示される．

例題 6-3　例題6-2の行列 A_1 について固有空間の次元はどうか．

［解］　$\lambda_1=3$，$\lambda_2=1$ の固有空間はそれぞれ1次元．▌

さらに，重要な性質として次のことが成り立つ．

性質2　線形変換 A の相異なる固有値 a_i $(i=1,2,\cdots,m\leqq n)$ に対する固有ベクトル $\boldsymbol{x}_j$ は線形独立である．

性質2を証明するには，m についての帰納法を用いればよい．$m=1$ のときに成り立つことは明らかである．$m>1$ として $m-1$ のときには成り立っていると仮定しよう．すなわち，すべては0でない適当な係数の組 $c_1\sim c_{m-1}$ について

$$c_1\boldsymbol{x}_1+c_2\boldsymbol{x}_2+\cdots+c_{m-1}\boldsymbol{x}_{m-1} \neq 0 \tag{6.16}$$

であるとする．一方 m のときには成り立たないとすると，適当な係数 $d_1\sim d_{m-1}$ について

$$\boldsymbol{x}_m = d_1\boldsymbol{x}_1+d_2\boldsymbol{x}_2+\cdots+d_{m-1}\boldsymbol{x}_{m-1} \tag{6.17a}$$

が成立する．(6.17a)に A を演算すると

$$a_m\boldsymbol{x}_m = d_1a_1\boldsymbol{x}_1+d_2a_2\boldsymbol{x}_2+\cdots+d_{m-1}a_{m-1}\boldsymbol{x}_{m-1} \tag{6.17b}$$

である．(6.17a)$\times a_m-$(6.17b) を行えば

$$0 = d_1(a_1-a_m)\boldsymbol{x}_1+d_2(a_2-a_m)\boldsymbol{x}_2+\cdots+d_{m-1}(a_{m-1}-a_m)\boldsymbol{x}_{m-1} \tag{6.17c}$$

となる．(6.16)によって，(6.17c)が成立するには0でない係数 d_i に対応して

$$a_1 = a_2 = a_3 = \cdots = a_{m-1} = a_m$$

でなくてはいけないが，これは仮定($a_i \neq a_j$)に反する．よって m についても線形独立性が成り立つ．▌

同じ次数の正方行列 A, B について，正則行列 P によって $P^{-1}AP=B$ であるとき，A と B は**相似**であるという．

例題 6-4 行列 $A=\begin{pmatrix} 3 & 2 & 1 \\ 2 & 0 & 0 \\ 4 & 2 & 1 \end{pmatrix}$ の固有値，固有ベクトルを求めよ．

［解］ 行列 A の特性多項式は

$$\Phi_A(\lambda) = \det(\lambda E - A) = \lambda(\lambda+1)(\lambda-5)$$

であるから，3つの固有値 $\lambda_1=0$，$\lambda_2=-1$，$\lambda_3=5$ を得る．これから対応する固有ベクトル

$$\lambda_1 = 0 \quad : \quad \boldsymbol{x}_1 = \begin{pmatrix} 0 \\ -1 \\ 2 \end{pmatrix}$$

$$\lambda_2 = -1 \quad : \quad \boldsymbol{x}_2 = \begin{pmatrix} -1 \\ 2 \\ 0 \end{pmatrix}$$

$$\lambda_3 = 5 \quad : \quad \boldsymbol{x}_3 = \begin{pmatrix} 5 \\ 2 \\ 6 \end{pmatrix}$$

が求められる．$P=(\boldsymbol{x}_1, \boldsymbol{x}_2, \boldsymbol{x}_3)$ は正則行列である．P の逆行列は

$$P^{-1} = \frac{1}{30}\begin{pmatrix} -12 & -6 & 12 \\ -10 & 10 & 5 \\ 4 & 2 & 1 \end{pmatrix}$$

である．これから直接

$$P^{-1}AP = \begin{pmatrix} 0 & 0 & 0 \\ 0 & -1 & 0 \\ 0 & 0 & 5 \end{pmatrix}$$

も確かめられる．固有値は$P=(\boldsymbol{x}_1, \boldsymbol{x}_2, \boldsymbol{x}_3)$の固有ベクトルの順番に並ぶ．$\boldsymbol{x}_1$, $\boldsymbol{x}_2, \boldsymbol{x}_3$は線形独立であるが，互いに直交してはいないことに注意しておこう．▌

6-3 正規行列の対角化とユニタリ変換

どのような行列が対角形に変換されるかについて見てきた．とくに物理学や工学などの実用上で重要な行列として，**正規行列** A

$$A^\dagger A = AA^\dagger \tag{6.18}$$

がある．たとえば，

実対称行例：　$A=(a_{ij})$,　　$a_{ij}=$実数　かつ　$a_{ij}=a_{ji}$

エルミート行列：　$A=A^\dagger$,　　$a_{ij}=\bar{a}_{ji}$

ユニタリ行列：　$A^\dagger=A^{-1}$

などは正規行列である．

例題 6-5　例題 6-2 の 2 つの行列

$$A_1 = \begin{pmatrix} 2 & 1 \\ 1 & 2 \end{pmatrix}, \qquad A_2 = \begin{pmatrix} 2 & 1 \\ 0 & 2 \end{pmatrix}$$

は正規行列かどうか．

[解]　A_1は実対称行列であるから正規行列．A_2は$A_2{}^\dagger A_2 \neq A_2 A_2{}^\dagger$だから正規行列ではない．▌

正規行列を対角形にする例として，エルミート行列

$$A = \begin{pmatrix} 0 & -(\sqrt{3}/2)i & 0 & 0 \\ (\sqrt{3}/2)i & 0 & 1 & 0 \\ 0 & 1 & 0 & -(\sqrt{3}/2)i \\ 0 & 0 & (\sqrt{3}/2)i & 0 \end{pmatrix} \tag{6.19}$$

をとりあげよう．特性多項式は

$$\Phi_A(\lambda) = \det(\lambda E - A) = \left(\lambda-\frac{3}{2}\right)\left(\lambda-\frac{1}{2}\right)\left(\lambda+\frac{1}{2}\right)\left(\lambda+\frac{3}{2}\right) \tag{6.20}$$

である．これから4つの固有値

$$\lambda_1=\frac{3}{2},\qquad \lambda_2=\frac{1}{2},\qquad \lambda_3=-\frac{1}{2},\qquad \lambda_4=-\frac{3}{2} \tag{6.21}$$

とそれに対応する固有ベクトル

$$\begin{aligned}
\lambda_1=\frac{3}{2}\quad &:\quad \boldsymbol{x}_1=\begin{pmatrix} +1/2\sqrt{2} \\ +i\sqrt{3}/2\sqrt{2} \\ +i\sqrt{3}/2\sqrt{2} \\ -1/2\sqrt{2} \end{pmatrix} \\
\lambda_2=\frac{1}{2}\quad &:\quad \boldsymbol{x}_2=\begin{pmatrix} -i\sqrt{3}/2\sqrt{2} \\ +1/2\sqrt{2} \\ -1/2\sqrt{2} \\ -i\sqrt{3}/2\sqrt{2} \end{pmatrix} \\
\lambda_3=-\frac{1}{2}\quad &:\quad \boldsymbol{x}_3=\begin{pmatrix} -i\sqrt{3}/2\sqrt{2} \\ -1/2\sqrt{2} \\ -1/2\sqrt{2} \\ +i\sqrt{3}/2\sqrt{2} \end{pmatrix} \\
\lambda_4=-\frac{3}{2}\quad &:\quad \boldsymbol{x}_4=\begin{pmatrix} -1/2\sqrt{2} \\ +i\sqrt{3}/2\sqrt{2} \\ -i\sqrt{3}/2\sqrt{2} \\ -1/2\sqrt{2} \end{pmatrix}
\end{aligned} \tag{6.22}$$

が求められる．ここで固有ベクトルは規格化(正規化)されている．実際，$\lambda_1=\frac{3}{2}$に対する固有ベクトル$\boldsymbol{x}_1$を

$$\boldsymbol{x}_1=\begin{pmatrix} x \\ y \\ z \\ w \end{pmatrix}$$

と書くと，(6.1′)は具体的には

$$\begin{pmatrix} -3/2 & -(\sqrt{3}/2)i & 0 & 0 \\ (\sqrt{3}/2)i & -3/2 & 1 & 0 \\ 0 & 1 & -3/2 & -(\sqrt{3}/2)i \\ 0 & 0 & (\sqrt{3}/2)i & -3/2 \end{pmatrix}\begin{pmatrix} x \\ y \\ z \\ w \end{pmatrix} = 0$$

となる．書きなおして

$$\sqrt{3}\,x+iy = 0, \qquad ix-\sqrt{3}\,y+(2/\sqrt{3})z = 0$$
$$(2/\sqrt{3})y-\sqrt{3}\,z-iw = 0, \qquad iz-\sqrt{3}\,w = 0$$

であるから，(6.22)の $\boldsymbol{x}_1$ を得る．性質1(6.11)式に従えば，変換行列は

$$P = (\boldsymbol{x}_1, \boldsymbol{x}_2, \boldsymbol{x}_3, \boldsymbol{x}_4) = \frac{1}{2\sqrt{2}}\begin{pmatrix} 1 & -i\sqrt{3} & -i\sqrt{3} & -1 \\ i\sqrt{3} & 1 & -1 & i\sqrt{3} \\ i\sqrt{3} & -1 & -1 & -i\sqrt{3} \\ -1 & -i\sqrt{3} & i\sqrt{3} & -1 \end{pmatrix} \tag{6.23}$$

である．これにより A は変換後

$$P^{-1}AP = \begin{pmatrix} \frac{3}{2} & 0 & 0 & 0 \\ 0 & \frac{1}{2} & 0 & 0 \\ 0 & 0 & -\frac{1}{2} & 0 \\ 0 & 0 & 0 & -\frac{3}{2} \end{pmatrix} \tag{6.24}$$

となる．ここで P はユニタリ行列

$$P = P^{-1} = P^{\dagger} \tag{6.25}$$

であることに注意しなくてはならない．固有ベクトルを規格化しただけでは絶対値1の複素数だけの任意性がある．そのため固有ベクトルを並べただけで変換行列 P がユニタリ行列になるとは限らない．

上の結果から，A がエルミート行列である場合には適当なユニタリ行列により対角形に変換できることがわかる．より一般的には次の性質がある．

性質3　A が正規行列であることが，適当なユニタリ行列 P により A が対角形に変換できるための必要十分条件である．

A がユニタリ行列 P により対角行列 D に変換できるとする．

$$A = PDP^\dagger \tag{6.26}$$

両辺のエルミート共役をとって $A^\dagger = PD^\dagger P^\dagger$ であるから

$$\begin{aligned} AA^\dagger &= PDP^\dagger PD^\dagger P^\dagger = PDD^\dagger P^\dagger = PD^\dagger DP^\dagger \\ &= PD^\dagger P^\dagger PDP^\dagger = A^\dagger A \end{aligned} \tag{6.27}$$

となる．ここで対角行列 D と $D^\dagger$ は交換する（$DD^\dagger = D^\dagger D$）ことを用いた．これで必要条件が示された．

逆に正規行列 A はユニタリ行列 P によって対角化できることを示そう．線形空間 $\boldsymbol{V}$ を，A の固有値 a_1 の固有空間 $\boldsymbol{W}(a_1)$ とそれ以外の空間 $\boldsymbol{W}(a_1)^\perp = \boldsymbol{V} - \boldsymbol{W}(a_1)$ に分ける．$\boldsymbol{W}(a_1)$ に属する任意のベクトルを $\boldsymbol{x}$，$\boldsymbol{W}(a_1)^\perp$ に属する任意のベクトルを $\boldsymbol{y}$ と書くと，$\boldsymbol{x}$ と $\boldsymbol{y}$ とには共通する元はなくその内積もゼロである．このような $\boldsymbol{W}(a_1)^\perp$ を $\boldsymbol{W}(a_1)$ の**直交補空間**という．$\boldsymbol{W}(a_1)^\perp$ は $A^\dagger$ による不変部分空間であること（すなわち $\boldsymbol{y} \in \boldsymbol{W}(a_1)^\perp$ であるならば $A^\dagger \boldsymbol{y} \in \boldsymbol{W}(a_1)^\perp$ であること）をまず証明しよう．$\boldsymbol{x} \in \boldsymbol{W}(a_1)$，$\boldsymbol{y} \in \boldsymbol{W}(a_1)^\perp$ である任意の $\boldsymbol{x}, \boldsymbol{y}$ について

$$(\boldsymbol{x}, A^\dagger \boldsymbol{y}) = (A\boldsymbol{x}, \boldsymbol{y}) = 0 \tag{6.28}$$

だから $A^\dagger \boldsymbol{y} \in \boldsymbol{W}(a_1)^\perp$ である．次に A が正規行列であること $A^\dagger A = AA^\dagger$ を用いると，$\boldsymbol{x} \in \boldsymbol{W}(a_1)$ であるベクトル $\boldsymbol{x}$ に対して

$$A(A^\dagger \boldsymbol{x}) = A^\dagger A\boldsymbol{x} = A^\dagger a_1 \boldsymbol{x} = a_1(A^\dagger \boldsymbol{x}) \tag{6.29}$$

となり，$A^\dagger \boldsymbol{W}(a_1)$ は $\boldsymbol{W}(a_1)$ 自身に属することがわかる．したがって $\boldsymbol{W}(a_1)$ は $B = A^\dagger$ の不変部分空間である．前半で示したことからこのことは，$\boldsymbol{W}(a_1)$ の直交補空間 $\boldsymbol{W}(a_1)^\perp$ が $B^\dagger = A$ の不変部分空間であることを意味している．以上により，$\boldsymbol{W}(a_1), \boldsymbol{W}(a_1)^\perp$ が共に A の不変部分空間であることがわかった．$\boldsymbol{V}$ の正規直交基底を $\boldsymbol{e}_1, \boldsymbol{e}_2, \cdots, \boldsymbol{e}_n$ とし，$\boldsymbol{W}(a_1)$ の正規直交基底を $\boldsymbol{e}'_1, \boldsymbol{e}'_2, \cdots, \boldsymbol{e}'_{n_1}$，また $\boldsymbol{W}(a_1)^\perp$ の正規直交基底を $\boldsymbol{e}''_{n_1+1}, \boldsymbol{e}''_{n_1+2}, \cdots, \boldsymbol{e}''_n$ とする．$\{\boldsymbol{e}_1, \boldsymbol{e}_2, \cdots, \boldsymbol{e}_n\}$ より $\{\boldsymbol{e}'_1, \boldsymbol{e}'_2, \cdots, \boldsymbol{e}'_{n_1}, \boldsymbol{e}''_{n_1+1}, \boldsymbol{e}''_{n_1+2}, \cdots, \boldsymbol{e}''_n\}$ への変換行列を P_1 とすると，P_1 はユニタリ行列である．各ベクトルの内積を不変に保つ変換はユニタリ変換だからである．こうして

$$P_1^{-1} A P_1 = \begin{pmatrix} a_1 E_{n_1} & 0 \\ 0 & A_2 \end{pmatrix} \tag{6.30}$$

となる．E_{n_1} は n_1 次単位行列である．$n_1=n$ であれば，これで証明は終わる．$n_1<n$ であるときには，A_2 は $(n-n_1)$ 次正規行列である．その場合には，上と同じ手順を繰り返すことができる．▌

上のことからさらに次の性質もいえる．

性質 3′　正規行列 A の異なる固有値に対応する固有ベクトルは互いに直交する．

正規行列 A の固有値 a_1 に対応する固有空間が n_1 次元であるならば，その固有空間の n_1 個の基底は互いに直交するように選ぶことができる．この正規直交基底に対して，さらに絶対値 1 の複素数を係数として適当に選ぶことにより，A を対角化するユニタリ行列が得られる．(6.22)をながめれば，A の固有値がすべて異なる場合には正規直交基底はおのおのの絶対値 1 の複素数である係数を除いて一意的に定まることがわかる．その場合には，P をユニタリ行列とすることができる．

さらに正規行列の固有値について，次の性質が重要である．

性質 4　エルミート行列の固有値はすべて実数である．またユニタリ行列の固有値はすべて絶対値 1 の複素数である．

これは次のように示される．エルミート行列 H を対角形に変換するユニタリ行列を P とし

$$P^{-1}HP = \mathrm{diag}(a_1, a_2, \cdots, a_n) \tag{6.31a}$$

と書く．右辺は固有値 $a_1, a_2, \cdots, a_n$ を対角成分とし他の非対角成分はすべて 0 とした対角行列を意味する．この式全体のエルミート共役をとると

$$(P^{-1}HP)^{\dagger} = \mathrm{diag}(\bar{a}_1, \bar{a}_2, \cdots, \bar{a}_n) = P^{\dagger}H^{\dagger}(P^{-1})^{\dagger} = P^{-1}HP \tag{6.31b}$$

となる．したがって

$$\bar{a}_i = a_i \qquad (\text{実数}) \tag{6.31c}$$

でなければならない．

ユニタリ行列 U についても同様である．ユニタリな変換行列 P により

$$P^{-1}UP = \mathrm{diag}(a_1, a_2, \cdots, a_n) \tag{6.32a}$$

とする．この逆行列は

$$P^{-1}U^{-1}P = \mathrm{diag}(a_1{}^{-1}, a_2{}^{-1}, \cdots, a_n{}^{-1}) \tag{6.32b}$$

である．さらにエルミート共役をとると，P がユニタリであることを用いて

$$P^{-1}(U^{-1})^{\dagger}P = \mathrm{diag}(\bar{a}_1{}^{-1}, \bar{a}_2{}^{-1}, \cdots, \bar{a}_n{}^{-1}) \tag{6.32c}$$

となる．$(U^{-1})^{\dagger}=U$ であるから(6.32a)と(6.32c)は等しく，したがって

$$a_i = \bar{a}_i{}^{-1}$$

すなわち

$$|a_i| = 1 \qquad (\text{絶対値 1 の複素数}) \tag{6.32d}$$

でなくてはならない．▌

ユニタリ行列で表される変換を**ユニタリ変換**という．3次元実ベクトル空間において回転を表す行列は3次元直交行列である．それに対応して，ユニタリ行列は基底ベクトルのノルムを変化させないベクトルの変換である．したがってユニタリ行列の固有値が絶対値1の複素数であることは自然なことである．同じように正規行列で表される変換を**正規変換**とよぶ．

6-4 固有空間への分解：スペクトル分解

A がベクトル空間 $\boldsymbol{V}$ から $\boldsymbol{V}$ への正規変換であるとき，$\boldsymbol{V}$ の適当な正規直交基底を用いれば A は対角行列により表現されることを知った(性質3)．また正規変換 A の異なる固有値に対応する固有空間をそれぞれ $\boldsymbol{W}_1, \boldsymbol{W}_2, \cdots, \boldsymbol{W}_k$ とすると，$\boldsymbol{V}$ は固有空間の直和

$$\boldsymbol{V} = \boldsymbol{W}_1 \dot{+} \boldsymbol{W}_2 \dot{+} \cdots \dot{+} \boldsymbol{W}_k \tag{6.33}$$

となり，異なる固有空間に属するベクトルは互いに直交する(性質3′)．

例題 6-6 行列

$$A = \begin{pmatrix} 2 & 1 & 0 \\ 1 & 2 & 0 \\ 0 & 0 & 1 \end{pmatrix}$$

を対角化し，その固有空間を示せ．

［解］ A を対角化して固有値，固有ベクトルは次のようになる．

$$\lambda_1 = 3 \quad : \quad \boldsymbol{x}_1 = \begin{pmatrix} 1/\sqrt{2} \\ 1/\sqrt{2} \\ 0 \end{pmatrix}$$

$$\lambda_2 = 1 \quad : \quad \boldsymbol{x}_2 = \begin{pmatrix} 1/\sqrt{2} \\ -1/\sqrt{2} \\ 0 \end{pmatrix}, \qquad \boldsymbol{x}_3 = \begin{pmatrix} 0 \\ 0 \\ 1 \end{pmatrix}$$

したがって固有空間として

$$\boldsymbol{W}_1 = \{c\boldsymbol{x}_1\}, \qquad \boldsymbol{W}_2 = \{a\boldsymbol{x}_2 + b\boldsymbol{x}_3\}$$

を得る．▌

それでは，与えられた任意のベクトル $\boldsymbol{x}$ を互いに直交する固有空間の成分に分解するにはどうしたらよいだろうか．このような操作はすでに第1章，あるいは第5章で考えたことがある．任意のベクトル $\boldsymbol{u}$ 方向の成分を抜き出すためには

$$P_{\boldsymbol{u}}\boldsymbol{x} = \frac{\boldsymbol{u}}{\|\boldsymbol{u}\|}\left(\frac{\boldsymbol{u}}{\|\boldsymbol{u}\|}, \boldsymbol{x}\right) \tag{6.34}$$

を定義すればよい．ベクトル $\boldsymbol{x}$ を，$\dfrac{\boldsymbol{u}}{\|\boldsymbol{u}\|}$ 方向の成分 $\boldsymbol{x}_{\boldsymbol{u}}{}^{\|}$ と $\dfrac{\boldsymbol{u}}{\|\boldsymbol{u}\|}$ に直交する成分 $\boldsymbol{x}_{\boldsymbol{u}}{}^{\perp}$ とに分けたとする．

$$\boldsymbol{x} = \boldsymbol{x}_{\boldsymbol{u}}{}^{\|} + \boldsymbol{x}_{\boldsymbol{u}}{}^{\perp} \tag{6.35a}$$

$$\boldsymbol{x}_{\boldsymbol{u}}{}^{\|} = x_{\boldsymbol{u}}{}^{\|}\frac{\boldsymbol{u}}{\|\boldsymbol{u}\|} \tag{6.35b}$$

これらを(6.34)に代入するなら

$$\left(\frac{\boldsymbol{u}}{\|\boldsymbol{u}\|}, \boldsymbol{x}\right) = x_{\boldsymbol{u}}{}^{\|}\left(\frac{\boldsymbol{u}}{\|\boldsymbol{u}\|}, \frac{\boldsymbol{u}}{\|\boldsymbol{u}\|}\right) = x_{\boldsymbol{u}}{}^{\|}$$

であるから

$$P_{\boldsymbol{u}}\boldsymbol{x} = x_{\boldsymbol{u}}{}^{\|}\frac{\boldsymbol{u}}{\|\boldsymbol{u}\|} = \boldsymbol{x}_{\boldsymbol{u}}{}^{\|} \tag{6.36}$$

となる．定義(6.34)によれば

$$P_{\boldsymbol{u}}(\boldsymbol{x}+\boldsymbol{y}) = P_{\boldsymbol{u}}\boldsymbol{x} + P_{\boldsymbol{u}}\boldsymbol{y}, \qquad P_{\boldsymbol{u}}(c\boldsymbol{x}) = cP_{\boldsymbol{u}}\boldsymbol{x} \tag{6.37}$$

であるから，$P_{\boldsymbol{u}}$ は線形写像である．このように，任意のベクトル $\boldsymbol{x}$ をある部

分空間内のそのベクトルの成分 $\boldsymbol{x}_{\boldsymbol{u}}{}^{\parallel}$ に対応させる線形写像を**射影演算子**(射影子)という．

r 次元部分空間($r \geqq 2$) $\boldsymbol{U}$ への射影演算子も(6.34)と同じように作ることができる．$\boldsymbol{U}$ の正規直交基底を $\boldsymbol{e}_1, \boldsymbol{e}_2, \cdots, \boldsymbol{e}_r$ とし，射影演算子を

$$P_{\boldsymbol{U}}\boldsymbol{x} = \sum_{j=1}^{r} \boldsymbol{e}_j(\boldsymbol{e}_j, \boldsymbol{x}) \tag{6.38}$$

と定義すればよい．

性質 5　ベクトル空間 $\boldsymbol{V}$ の線形演算子 $P_{\boldsymbol{U}}$ が射影演算子であるための必要十分条件は

$$P_{\boldsymbol{U}}{}^2 = P_{\boldsymbol{U}}, \qquad P_{\boldsymbol{U}}{}^{\dagger} = P_{\boldsymbol{U}} \tag{6.39}$$

である．

$P_{\boldsymbol{U}}$ が部分空間 $\boldsymbol{U}$ への射影演算子なら $P_{\boldsymbol{U}}{}^2 = P_{\boldsymbol{U}}$ である．なぜなら $P_{\boldsymbol{U}}\boldsymbol{x} = \boldsymbol{x}_{\boldsymbol{U}} = \sum_{j=1}^{r} \boldsymbol{e}_j(\boldsymbol{e}_j, \boldsymbol{x})$ は部分空間 $\boldsymbol{U}$ の成分であるが，同時に $P_{\boldsymbol{U}}\boldsymbol{x}_{\boldsymbol{U}} = \boldsymbol{x}_{\boldsymbol{U}}$ だからである($\boldsymbol{x}_{\boldsymbol{U}} \in \boldsymbol{U}$)．任意のベクトル $\boldsymbol{x}, \boldsymbol{y}$ を(6.35a)のように

$$\boldsymbol{x} = \boldsymbol{x}_{\boldsymbol{U}} + \boldsymbol{x}_{\boldsymbol{U}^{\perp}}, \qquad \boldsymbol{y} = \boldsymbol{y}_{\boldsymbol{U}} + \boldsymbol{y}_{\boldsymbol{U}^{\perp}}$$

$$\boldsymbol{x}_{\boldsymbol{U}}, \boldsymbol{y}_{\boldsymbol{U}} \in \boldsymbol{U}, \qquad \boldsymbol{x}_{\boldsymbol{U}^{\perp}}, \boldsymbol{y}_{\boldsymbol{U}^{\perp}} \in \boldsymbol{U}^{\perp}$$

と分解すると

$$\begin{aligned}(P_{\boldsymbol{U}}\boldsymbol{x}, \boldsymbol{y}) &= (\boldsymbol{x}_{\boldsymbol{U}}, \boldsymbol{y}_{\boldsymbol{U}} + \boldsymbol{y}_{\boldsymbol{U}^{\perp}}) = (\boldsymbol{x}_{\boldsymbol{U}}, \boldsymbol{y}_{\boldsymbol{U}}) \\ &= (\boldsymbol{x}_{\boldsymbol{U}} + \boldsymbol{x}_{\boldsymbol{U}^{\perp}}, \boldsymbol{y}_{\boldsymbol{U}}) = (\boldsymbol{x}, P_{\boldsymbol{U}}\boldsymbol{y})\end{aligned}$$

となる．すなわち $P_{\boldsymbol{U}}{}^{\dagger} = P_{\boldsymbol{U}}$ である．

逆に(6.39)を満足する線形演算子について

$$\boldsymbol{U} = P_{\boldsymbol{U}}(\boldsymbol{V})$$

と書く．$\boldsymbol{x}' \in \boldsymbol{U}$ であるなら，$\boldsymbol{V}$ の適当な元 $\boldsymbol{x}_0$ を用いて $\boldsymbol{x}' = P_{\boldsymbol{U}}\boldsymbol{x}_0$ と書けるはずであるから，

$$P_{\boldsymbol{U}}\boldsymbol{x}' = P_{\boldsymbol{U}}{}^2\boldsymbol{x}_0 = P_{\boldsymbol{U}}\boldsymbol{x}_0 = \boldsymbol{x}'$$

である．一方，$\boldsymbol{x}'' \in \boldsymbol{U}^{\perp}$ については，任意のベクトル $\boldsymbol{y}$ について $P_{\boldsymbol{U}}\boldsymbol{y} \in \boldsymbol{U}$ であるから

$$(P_{\boldsymbol{U}}\boldsymbol{x}'', \boldsymbol{y}) = (\boldsymbol{x}'', P_{\boldsymbol{U}}\boldsymbol{y}) = 0$$

である．すなわち

$$P_U \boldsymbol{x}'' = 0$$

である．これら2つをまとめると，任意のベクトル $\boldsymbol{x}$ について

$$\boldsymbol{x} = \boldsymbol{x}' + \boldsymbol{x}'' \qquad (\boldsymbol{x}' \in \boldsymbol{U},\ \boldsymbol{x}'' \in \boldsymbol{U}^{\perp})$$
$$P_U \boldsymbol{x} = \boldsymbol{x}'$$

であるから，確かに P_U は射影演算子である．▌

(6.39)を $P_U{}^2 - P_U = P_U(P_U - 1) = 0$ と書き改めることができる．この行列式を作れば $\det P_U = 0$ または $\det(P_U - 1E) = 0$ である．したがって射影演算子は固有値のすべてが0か1であるエルミート演算子である，ということができる．固有値1の固有空間が $\boldsymbol{U}$，固有値0の固有空間が $\boldsymbol{U}^{\perp}$ である．

定義(6.34)または(6.38)を一般のベクトルや正規直交関数系についてもそのまま適用することができる．正規直交関数系については内積の定義としては具体的に(5.21)のような積分演算を考えればよい．実際それが(5.30)のグラム・シュミットの方法で用いられていた記法であった．

(n_1, n_2) 行列 A と (m_1, m_2) 行列 B の**テンソル積**または**クロネッカー積** $A \otimes B$ とは

$$A \otimes B = \begin{pmatrix} a_{11}B & a_{12}B & \cdots & a_{1n}B \\ a_{21}B & a_{22}B & \cdots & a_{2n}B \\ \vdots & \vdots & \ddots & \vdots \\ a_{n1}B & a_{n2}B & \cdots & a_{nn}B \end{pmatrix} \tag{6.40}$$

と定義される $(m_1 n_1, m_2 n_2)$ 型行列である．これを用いると，たとえば基底ベクトル

$$\boldsymbol{e}_1 = \begin{pmatrix} 1 \\ 0 \\ \vdots \\ 0 \end{pmatrix}$$

への射影演算子は $(n, 1)$ 行列と $(1, n)$ 行列のテンソル積によって次のように定義できる．

$$P_1 = \boldsymbol{e}_1 \otimes {}^{\mathrm{t}}\bar{\boldsymbol{e}}_1 = \begin{pmatrix} 1 \\ 0 \\ \vdots \\ 0 \end{pmatrix} \otimes (1 \quad 0 \quad \cdots \quad 0) = \begin{pmatrix} 1 & 0 & \cdots & 0 \\ 0 & 0 & \cdots & 0 \\ \vdots & \vdots & \ddots & \vdots \\ 0 & 0 & \cdots & 0 \end{pmatrix} \tag{6.41}$$

行列の形で書いてしまうと基底を明らさまに固定したことになるが，(6.41)の第2式のようにベクトルの形で書くとあからさまには基底の形によらないので便利である．

ベクトル空間 $\boldsymbol{V}$ が固有空間に直和分解され

$$\boldsymbol{V} = \boldsymbol{W}_1 \dot{+} \boldsymbol{W}_2 \dot{+} \cdots \dot{+} \boldsymbol{W}_m \tag{6.42}$$

となり，また固有空間 $\boldsymbol{W}_i$ の正規直交基底が $\boldsymbol{e}_1{}^{(i)}, \boldsymbol{e}_2{}^{(i)} \cdots, \boldsymbol{e}_r{}^{(i)}$ であるとする．このとき各 $\boldsymbol{W}_i$ への射影演算子は

$$P_i = \sum_{j=1}^{r} \boldsymbol{e}_j{}^{(i)} \otimes {}^{\mathrm{t}}\bar{\boldsymbol{e}}_j{}^{(i)} \tag{6.43}$$

または(6.38)のように

$$P_i \boldsymbol{x} = \sum_{j=1}^{r} \boldsymbol{e}_j{}^{(i)} (\boldsymbol{e}_j{}^{(i)}, \boldsymbol{x}) \tag{6.43'}$$

と書かれる．またベクトル空間 $\boldsymbol{V}$ は(6.42)のように不変部分空間に分解されるから，

$$P_1 + P_2 + \cdots + P_m = 1, \qquad P_i P_j = 0 \quad (i \neq j) \tag{6.44}$$

となる．(6.43′)は(6.34)をより一般的に書いたものである．

例題 6-7 例題 5-2 では多項式 $f(x) = x^3 + x^2 + x + 1$ をルジャンドル多項式で

$$\begin{aligned} f(x) &= x^3 + x^2 + x + 1 \\ &= \left(x^3 - \frac{3}{5}x\right) + \left(x^2 - \frac{1}{3}\right) + \frac{8}{5}x + \frac{4}{3} \\ &= \frac{2}{5}P_3(x) + \frac{2}{3}P_2(x) + \frac{8}{5}P_1(x) + \frac{4}{3}P_0(x) \end{aligned}$$

と展開した．これを射影演算子(6.38)を用いて示せ．

［解］ルジャンドル多項式は規格化されていないので，(5.29)で定義した規格化された関数

$$f_n(x) = \sqrt{\frac{2n+1}{2}}P_n(x)$$

を用いた方が便利である．$f_n(x)$ への射影演算子を $\hat{P}_n$ と書けば

$$\hat{P}_n f(x) = f_n(x)(f_n, f) = f_n(x)\int_{-1}^{1} dx' \bar{f}_n(x')f(x')$$

である．例えば

$$\int_{-1}^{1} dx \bar{f}_3(x)f(x) = \sqrt{\frac{7}{2}}\cdot\frac{1}{2}\int_{-1}^{1} dx(5x^6+5x^5+2x^4+2x^3-3x^2-3x)$$
$$= \frac{\sqrt{7}}{2\sqrt{2}}\times\frac{8}{35} = \frac{2}{5}\sqrt{\frac{2}{7}}$$

となるから，

$$\hat{P}_3 f(x) = \frac{2}{5}\sqrt{\frac{2}{7}}f_3(x) = \frac{2}{5}P_3(x)$$

であり，上の式の第1項が確かめられる．その他についても

$$\hat{P}_2 f(x) = \frac{2}{3}\sqrt{\frac{2}{5}}f_2(x) = \frac{2}{3}P_2(x)$$

$$\hat{P}_1 f(x) = \frac{8}{5}\sqrt{\frac{2}{3}}f_1(x) = \frac{8}{5}P_1(x)$$

$$\hat{P}_0 f(x) = \frac{4}{3}\sqrt{2}f_0(x) = \frac{4}{3}P_0(x)$$

となり，上の結果が確かめられる．▌

量子力学では量子力学的状態を状態ベクトルといい $|\psi\rangle$ と書く．これが列ベクトルに対応する．これに対して，行ベクトルに対応するものを双対状態といい $\langle\psi|$ と書く．このような記法では射影演算子は

$$P = |\psi\rangle\langle\psi|$$

と書かれる．(6.41)または(6.43)はこれを表現しているのである．

例題6-7のような書き方は，多項式を書き直しただけではなく，その重要性は第5章で固有関数の展開としてすでに理解したとおりである．

最後に，ベクトル空間 $\boldsymbol{V}$ において正規変換 A を射影演算子を用いて書き直してみよう．

性質6 ベクトル空間 $\boldsymbol{V}$ における正規変換 A の相異なる固有値全部を $a_1, a_2, \cdots, a_m$，対応する部分空間 $\boldsymbol{W}_1, \boldsymbol{W}_2, \cdots, \boldsymbol{W}_m$ への射影演算子を $P_1, P_2, \cdots, P_m$ とすると，A は

$$A = a_1P_1 + a_2P_2 + \cdots + a_nP_n \tag{6.45}$$

となる．これを**スペクトル分解**という．スペクトル分解は一意的である．

逆に(6.45)であらわされる変換は正規変換である．なぜなら(6.45)と(6.39)，(6.44)より

$$A^\dagger A = \sum_i \bar{a}_i P_i{}^\dagger \sum_j a_j P_j = \sum_{i,j} (\bar{a}_i a_j) P_i P_j = \sum_i |a_i|^2 P_i$$

$$AA^\dagger = \sum_i a_i P_i \sum_j \bar{a}_j P_j{}^\dagger = \sum_{i,j} a_i \bar{a}_j P_i P_j = \sum_i |a_i|^2 P_i$$

であるから $A^\dagger A = AA^\dagger$ が導かれる．

6-5 2次形式とエルミート形式

実の係数 a_{ij} をもった，実変数 $x_1, x_2, \cdots$ の2次の同次多項式

$$\sum_{i,j} a_{ij} x_i x_j \tag{6.46}$$

を考えよう．この場合，一般性を失うことなく

$$a_{ij} = a_{ji} \tag{6.47}$$

すなわち行列 $A = (a_{ij})$ は実対称行列であると考えてよい．もし $a_{ij} \neq a_{ji}$ であるならば $(a_{ij} + a_{ji})/2$ を改めて a_{ij} と再定義すればよい．一般に実変数 $x_1, x_2, \cdots, x_n$ の2次の同次多項式

$$\sum_{i,j=1}^{n} a_{ij} x_i x_j \qquad (a_{ij} = a_{ji} = \text{実数}) \tag{6.48}$$

を**2次形式**という．同様に，複素数の係数をもった複素変数 $z_1, z_2, \cdots, z_n$ の2

次の同次多項式

$$\sum_{i,j=1}^{n} a_{ij}\bar{z}_i z_j \tag{6.49}$$

の係数が

$$a_{ij} = \bar{a}_{ji} \tag{6.50}$$

である場合，すなわち係数行列 $A=(a_{ij})$ がエルミート行列である場合，(6.49)を**エルミート形式**という．一般的に，複素数 a_{ij}, z_i, w_i について

$$\sum_{i,j=1}^{n} a_{ij} z_i w_j \tag{6.51}$$

を**双1次形式**という．

列ベクトル $\boldsymbol{z}$ と行ベクトル ${}^{\mathrm{t}}\boldsymbol{z}'$ を

$$\boldsymbol{z} = \begin{pmatrix} z_1 \\ z_2 \\ \vdots \\ z_n \end{pmatrix}, \qquad {}^{\mathrm{t}}\boldsymbol{z}' = (z_1', z_2', \cdots, z_n') \tag{6.52}$$

と書くと，エルミート形式(6.49)は

$$\sum_{i,j=1}^{n} a_{ij}\bar{z}_i z_j = {}^{\mathrm{t}}\bar{\boldsymbol{z}}A\boldsymbol{z} = (\boldsymbol{z}, A\boldsymbol{z}) \tag{6.53}$$

と書くことができる．(6.53)の最後は，内積の記法を用いた．2次形式(6.48)についても，列ベクトルを $\boldsymbol{x}$ と書けば，(6.53)と同様に，

$${}^{\mathrm{t}}\boldsymbol{x}A\boldsymbol{x} = (\boldsymbol{x}, A\boldsymbol{x}) \tag{6.53$'$}$$

と書ける．ただしこの場合には ${}^{\mathrm{t}}\bar{\boldsymbol{x}} = {}^{\mathrm{t}}\boldsymbol{x}$ である．

例題6-8　2次形式

$$F(x, y) = 2x^2+2y^2+2xy \tag{6.54}$$

を，行列を用いて(6.53′)の形に書き換えよ．

［解］　実対称行列 A，ベクトル $\boldsymbol{x}$

$$A = \begin{pmatrix} 2 & 1 \\ 1 & 2 \end{pmatrix}, \qquad \boldsymbol{x} = \begin{pmatrix} x \\ y \end{pmatrix} \tag{6.55}$$

を用いれば2次形式 $F(\boldsymbol{x})$ は

$$F(\boldsymbol{x}) = 2x^2+2y^2+2xy = (\boldsymbol{x}, A\boldsymbol{x}) \tag{6.56}$$

と書くことができる. ▌

ベクトル $\boldsymbol{z}, \tilde{\boldsymbol{z}}$ の間に変換行列 P によって

$$\boldsymbol{z} = P\tilde{\boldsymbol{z}} \tag{6.57}$$

という関係があるとしよう. エルミート形式(6.53)を $\tilde{\boldsymbol{z}}$ を用いてあらわすとどうなるだろう.

$$(\boldsymbol{z}, A\boldsymbol{z}) = (P\tilde{\boldsymbol{z}}, AP\tilde{\boldsymbol{z}}) = (\tilde{\boldsymbol{z}}, P^{\dagger}AP\tilde{\boldsymbol{z}}) \tag{6.58}$$

であるから, 行列 $P^{\dagger}AP$ によって作られるエルミート形式となる. とくに P としてエルミート行列 A を対角化するユニタリ行列をとれば, (6.58)は

$$a_1|\tilde{z}_1|^2+a_2|\tilde{z}_2|^2+\cdots+a_n|\tilde{z}_n|^2 \tag{6.59}$$

と変形される. ただし, $a_1, \cdots, a_n$ はそれらのいくつかが等しい場合も含んだ, A の n 個の固有値である.

$\boldsymbol{z} \neq \boldsymbol{0}$ である任意のベクトル $\boldsymbol{z}$ について

$$(\boldsymbol{z}, A\boldsymbol{z}) = \sum_i a_i|\tilde{z}_i|^2 > 0 \qquad (\text{または} \geqq 0) \tag{6.60}$$

であるものを**正値**(または**半正値**)**エルミート形式**と呼ぶ.

以上の事柄を一般的に述べれば次のようになる.

性質 7 2次形式(またはエルミート形式)$(\boldsymbol{x}, A\boldsymbol{x})$ が, 任意の $\boldsymbol{x}$ について0にならないための必要十分条件は, 実対称行列(またはエルミート行列)A の固有値がすべて正またはすべて負となることである.

2次形式 $(\boldsymbol{x}, A\boldsymbol{x})$ および変換 $\boldsymbol{x}=P\boldsymbol{y}$, $P^{-1}AP=\mathrm{diag}(a_1, a_2, \cdots, a_n)$ に関して,

$$\begin{aligned}(\boldsymbol{x}, A\boldsymbol{x}) &= (P\boldsymbol{y}, AP\boldsymbol{y}) = (\boldsymbol{y}, P^{-1}AP\boldsymbol{y}) \\ &= a_1{y_1}^2+a_2{y_2}^2+\cdots+a_n{y_n}^2\end{aligned} \tag{6.61}$$

を**標準形**という.

例題 6-9 例題6-8で見た2次形式

$$F(\boldsymbol{x}) = (\boldsymbol{x}, A\boldsymbol{x}) = 2x^2+2y^2+2xy$$

を(6.61)のような標準形に変換せよ.

［解］ 対称行列 $A=\begin{pmatrix} 2 & 1 \\ 1 & 2 \end{pmatrix}$ の固有値は3, 1であり，変換のためのユニタリ行列(正規直交行列)は

$$P = \begin{pmatrix} 1/\sqrt{2} & -1/\sqrt{2} \\ 1/\sqrt{2} & 1/\sqrt{2} \end{pmatrix} \tag{6.62}$$

である．変数 x, y を

$$\boldsymbol{u} = \begin{pmatrix} u \\ v \end{pmatrix} = P^{-1}\boldsymbol{x} = \begin{pmatrix} 1/\sqrt{2} & 1/\sqrt{2} \\ -1/\sqrt{2} & 1/\sqrt{2} \end{pmatrix}\begin{pmatrix} x \\ y \end{pmatrix} = \begin{pmatrix} \dfrac{1}{\sqrt{2}}(x+y) \\ \dfrac{1}{\sqrt{2}}(-x+y) \end{pmatrix} \tag{6.63}$$

に変換すれば，$F(\boldsymbol{x})$ は

$$F(\boldsymbol{x}) = G(\boldsymbol{u}) = 3u^2+1\cdot v^2 \tag{6.64}$$

と変換される．したがって $F(\boldsymbol{x}) \geqq 0$ である(等号は $\boldsymbol{x}=0$ のとき)．▌

例題6-8, 6-9で2次形式を標準形に変換する具体例を試みた．この例に即して標準形とは何かを考えてみよう．2次方程式

$$G(\boldsymbol{u}) = 3u^2+1\cdot v^2 = a^2 \qquad (a>0) \tag{6.65}$$

は2次元ベクトル空間では図6-2(a)のような楕円をあらわしている．ところで(6.63)により

$$\boldsymbol{x} = P\boldsymbol{u} = \begin{pmatrix} \dfrac{1}{\sqrt{2}}(u-v) \\ \dfrac{1}{\sqrt{2}}(u+v) \end{pmatrix} \tag{6.63$'$}$$

であるから，(u, v) 座標軸は (x, y) 座標軸を45°回転したものである．したがって2次方程式

$$F(\boldsymbol{x}) = a^2 \tag{6.65$'$}$$

は，主軸が (x, y) 座標軸に対して傾きをもった楕円をあらわしている．このように2次形式の標準形とは2次形式があらわしている2次曲線(曲面)の**主軸方向を座標軸に変える座標変換**に他ならない．

2次形式の標準形への変換は，2次形式の極大値・極小値を考える方法とし

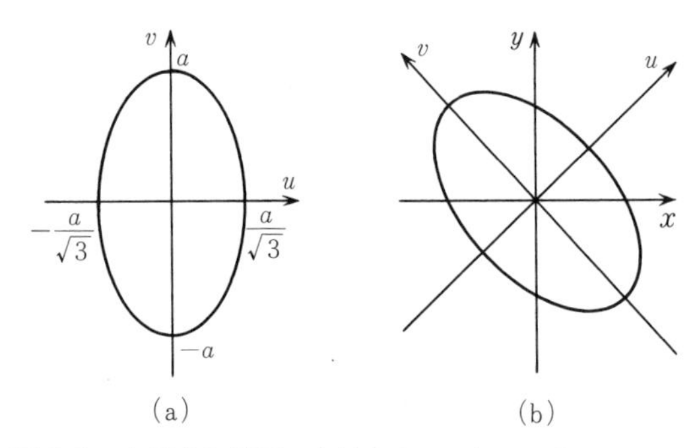

図 6-2　座標系を楕円の主軸方向に回転したもの(a)と，元の座標系で見た楕円(b).

て有用である．具体的な**条件付きの最大値・最小値問題**を考えてみよう．

例題 6-10

$$(\boldsymbol{x}, \boldsymbol{x}) = 1 \tag{6.66}$$

の条件下で 2 次形式

$$F(\boldsymbol{x}) = 2x^2+2y^2+2xy \tag{6.67}$$

の最大値・最小値を調べよ．

［解］　変換(6.63)は直交変換であり，$\boldsymbol{x}$ と $\boldsymbol{u}$ のノルムは変化しない．

$$(\boldsymbol{u}, \boldsymbol{u}) = (P^{-1}\boldsymbol{x}, P^{-1}\boldsymbol{x}) = (\boldsymbol{x}, PP^{-1}\boldsymbol{x}) = (\boldsymbol{x}, \boldsymbol{x}) = 1 \tag{6.68}$$

したがって問題は条件

$$u^2+v^2 = 1 \tag{6.69a}$$

の下で

$$G(\boldsymbol{u}) = 3u^2+v^2 \tag{6.69b}$$

の最大値・最小値を求めることとなる．これは図 6-2(b)と相似な楕円 $G(\boldsymbol{u}) = a^2$ のうちで，単位円周 $u^2+v^2=1$ に内接あるいは外接するときの a^2 を求める問題である．図からわかるように，それぞれ $a=1$ および $a=\sqrt{3}$ の場合である．ゆえに 2 次形式(6.67)のとり得る値の範囲としては

$$1 \leqq F(\boldsymbol{x}) \leqq 3 \tag{6.70}$$

である．▌

上の例題6-9のように，2次形式の標準形は2次同次多項式の最大・最小値問題を解く際に大変有用である．

第6章 演習問題

[1] 次の行列の固有値と規格化(正規化)された固有ベクトルを求めよ．

(a) $\begin{pmatrix} 0 & 0 & 0 & 1 \\ 0 & 0 & 1 & 0 \\ 0 & 1 & 0 & 0 \\ 1 & 0 & 0 & 0 \end{pmatrix}$ (b) $\begin{pmatrix} 0 & -1 & 1 \\ 4 & -4 & 2 \\ -2 & 1 & 1 \end{pmatrix}$

(c) $\begin{pmatrix} 0 & -i & 0 \\ i & 0 & -i \\ 0 & i & 0 \end{pmatrix}$ (d) $\begin{pmatrix} -1 & 0 & 2 \\ 0 & 1 & 0 \\ 2 & 0 & -1 \end{pmatrix}$

[2] スペクトル分解(6.45)を用いて，

(a) エルミート行列の固有値が実数であること，および

(b) ユニタリ行列の固有値が絶対値1の複素数であること，

を示せ．

[3] 3項漸化式

$$a_{n+1} = a_n + a_{n-1}$$

をベクトルの関係式

$$\begin{pmatrix} a_n \\ a_{n+1} \end{pmatrix} = \begin{pmatrix} 0 & 1 \\ 1 & 1 \end{pmatrix} \begin{pmatrix} a_{n-1} \\ a_n \end{pmatrix}$$

に書き，$a_0 = a_1 = 1$ を初期値として極限値

$$\tau = \lim_{n\to\infty} \frac{a_n}{a_{n-1}}$$

を求めよ．また a_n の一般項はどのように書けるか．

[4] 互いに直交する規格化されたベクトル

$$\boldsymbol{x}_1 = \begin{pmatrix} 1/\sqrt{2} \\ i/\sqrt{2} \\ 0 \end{pmatrix}, \quad \boldsymbol{x}_2 = \begin{pmatrix} 1/\sqrt{6} \\ -i/\sqrt{6} \\ 2/\sqrt{6} \end{pmatrix}, \quad \boldsymbol{x}_3 = \begin{pmatrix} 1/\sqrt{3} \\ -i/\sqrt{3} \\ -1/\sqrt{3} \end{pmatrix}$$

を考える．$\boldsymbol{x}_1, \boldsymbol{x}_2, \boldsymbol{x}_3$ への射影演算子 P_1, P_2, P_3 を決定せよ(行列の形で表せ)．それ

それが

$$P_1+P_2+P_3=1, \quad P_i{}^2=P_i,\ P_iP_j=0 \quad (i\neq j)$$

を満たすことを確かめよ．また $\boldsymbol{x}_1, \boldsymbol{x}_2, \boldsymbol{x}_3$ が固有値 $1, 0, -1$ に対応する固有ベクトルとなるような行列を決定せよ．

[5] 連立微分方程式

$$\frac{d}{dt}\begin{pmatrix} x(t) \\ y(t) \\ z(t) \end{pmatrix} = \begin{pmatrix} 3 & 2 & 0 \\ 2 & 0 & 0 \\ 4 & 2 & -1 \end{pmatrix}\begin{pmatrix} x(t) \\ y(t) \\ z(t) \end{pmatrix}$$

を解け．

[6] 2次形式

$$F(x,y,z) = (x \quad y \quad z)\begin{pmatrix} 5 & 2 & 4 \\ 2 & 2 & 2 \\ 4 & 2 & 5 \end{pmatrix}\begin{pmatrix} x \\ y \\ z \end{pmatrix}$$

を標準形に直せ．また

$$G(x,y,x) = (x \quad y \quad z)\begin{pmatrix} x \\ y \\ z \end{pmatrix} = x^2+y^2+z^2$$

として

$$\frac{F(x,y,z)}{G(x,y,z)}$$

の最大値・最小値とそのときの x, y, z の値を求めよ．

[7] $A=(a_{ij})$ を正定値 n 次正方行列とする．

$$\prod_{k=1}^{n}\int_{-\infty}^{\infty} dx_k \exp\Bigl(-\sum_{ij} a_{ij}x_i x_j\Bigr) = \sqrt{\frac{\pi^n}{|A|}}$$

を示せ．

［ヒント］ 行列 A を対角化する行列を考え，$\sum_{ij} a_{ij}x_i x_j$ を標準形に変換せよ．

7 ジョルダンの標準形

第6章では，行列が対角形に変換できる場合を考えた．しかし，n 次正方行列が常に対角化できるとは限らない．この章では，対角化できない一般的な行列を考察する．行列が対角化できない場合にも，n 次元ベクトル空間はこの行列により不変部分空間に分けられる．

7-1 線形常微分方程式の例

2階常微分方程式

$$\frac{d^2}{dt^2}x(t)+2\frac{d}{dt}x(t)+x(t) = 0 \tag{7.1}$$

を考えよう．この微分方程式は(5.1)で見たように1階連立微分方程式

$$\frac{d}{dt}\begin{pmatrix} x(t) \\ y(t) \end{pmatrix} = \begin{pmatrix} 0 & 1 \\ -1 & -2 \end{pmatrix}\begin{pmatrix} x(t) \\ y(t) \end{pmatrix} \tag{7.2}$$

と同等である．(7.2)から $y(t)$ を消去すれば(7.1)になる．通常の定数係数2階常微分方程式の解法では

$$x(t) = e^{\lambda t} \tag{7.3}$$

の形の解を仮定する．これを(7.1)に代入すると，λ の決定方程式は

$$\lambda^2+2\lambda+1 = (\lambda+1)^2 = 0 \tag{7.4}$$

となる．これから1つの解

$$x_1(t) = e^{-t} \tag{7.5}$$

を得る．式(7.1)の独立な解は2つあるはずだが，(7.4)でλは重根を与えるため，(7.5)の他のもう1つの解を(7.3)式のように書くことはできない．この場合には第2の解として

$$x_2(t) = te^{-t} \tag{7.6}$$

が存在する．こうして一般解

$$x(t) = ae^{-t}+bte^{-t} \tag{7.7}$$

が得られる．

線形微分方程式は線形空間と密接に結びついていることを今まで学んできた．たとえば(6.1)や(5.1)はその例である．(7.2)を同じような方法で考えてみよう．

例題 7-1 行列$A=\begin{pmatrix} 0 & 1 \\ -1 & -2 \end{pmatrix}$の固有値，固有ベクトルを求めよ．固有ベクトルが1つしか得られない場合にはその理由を述べよ．

[解] 行列Aの特性方程式は

$$\det(\lambda E-A) = (\lambda+1)^2 = 0$$

であるから，固有値は$\lambda=-1$である．これが(7.4)であった．対応する固有ベクトルを求めるには

$$\begin{pmatrix} -1 & -1 \\ 1 & 1 \end{pmatrix}\begin{pmatrix} x \\ y \end{pmatrix} = 0$$

を解けばよい．その結果

$$\begin{pmatrix} x \\ y \end{pmatrix} = \begin{pmatrix} 1/\sqrt{2} \\ -1/\sqrt{2} \end{pmatrix}$$

が得られる．行列Aは2×2であるにもかかわらず線形独立な固有ベクトルはこれ1つだけしか存在しない．固有値$\lambda=-1$に対して

$$\mathrm{rank}(\lambda E-A) = 1 < 2 \quad \text{すなわち} \quad \dim(\mathrm{Ker}(\lambda E-A)) = 1$$

となっているからである．したがって固有ベクトルが1つしか得られないのは

当然である．▌

例題 7-1 にあらわれた行列 $B=(\lambda E-A)|_{\lambda=-1}$

$$B=\begin{pmatrix}-1 & -1\\ 1 & 1\end{pmatrix} \tag{7.8}$$

は 2 乗すると

$$B^2=0 \tag{7.9}$$

となる．このように自然数 $k\geqq 2$ に対して

$$B^k=0, \quad B^{k-1}\neq 0 \tag{7.10}$$

となるとき，行列 B を**指数 k のベキ・ゼロ行列**という．ベキ・ゼロ行列はこの章では重要な役割をはたす．ベキ・ゼロ行列については次の性質が成り立つ．

性質 1 ベキ・ゼロ行列 B; $B^k=0$, $B^{k-1}\neq 0$, $(k\geqq 2)$ の固有値は 0 に限られる．

性質 1 を証明しよう．ベキ・ゼロ行列 B の固有値を λ，対応する固有ベクトルを $\boldsymbol{x}$ とする．

$$B\boldsymbol{x}=\lambda\boldsymbol{x} \tag{7.11}$$

これに左から B を $k-1$ 回掛けると

$$B^k\boldsymbol{x}=\lambda^k\boldsymbol{x} \tag{7.12}$$

である．一方 $B^k=0$ であったから $\boldsymbol{x}\neq 0$ とすると

$$\lambda^k=0,\ \text{すなわち}\ \lambda=0 \tag{7.13}$$

が導かれる．▌

このことを用いるとすぐに次の重要な性質が導かれる．

性質 2 ゼロ行列でないベキ・ゼロ行列は対角化できない．

性質 2 は次のようにして示される．ベキ・ゼロ行列 B が正則行列 P によって対角化されたとすると，固有値は 0 に限られるから

$$P^{-1}BP=0 \tag{7.14}$$

でなくてはならない．(7.14)の左より P を，右より P^{-1} を掛ければ，

$$B=0$$

となる．これでは B がはじめからゼロ行列であることになってしまう．▌

すぐに次のことも言える．

性質 2′ n 次正方行列 A が 2 またはそれより大きい自然数 k に対して

$$(aE-A)^k=0, \quad (aE-A)^{k-1}\neq 0 \tag{7.15}$$

であるなら A は対角化できない.

A が対角化できる(できない)ならば,$(aE-A)$ も対角化できる(できない)からである.

7-2 行列の 3 角化とベクトル空間の直和分解

前節では対角化できない行列の存在について調べた.それでは対角化できない行列を扱いやすい形に変換することを考えよう.

例題 7-2 例題 7-1 で考察した行列 $A=\begin{pmatrix}0 & 1\\ -1 & -2\end{pmatrix}$ を変換行列 $P=\begin{pmatrix}1/\sqrt{2} & 1/\sqrt{2}\\ -1/\sqrt{2} & 0\end{pmatrix}$ により変換せよ.

[解] 上で与えられた行列 P は正則行列であり

$$P^{-1}AP=\begin{pmatrix}0 & -\sqrt{2}\\ \sqrt{2} & \sqrt{2}\end{pmatrix}\begin{pmatrix}0 & 1\\ -1 & -2\end{pmatrix}\begin{pmatrix}1/\sqrt{2} & 1/\sqrt{2}\\ -1/\sqrt{2} & 0\end{pmatrix}=\begin{pmatrix}-1 & 1\\ 0 & -1\end{pmatrix}$$

と変換できる. ▌

例題 7-1 ,7-2 で考察した行列 $A=\begin{pmatrix}0 & 1\\ -1 & -2\end{pmatrix}$ の固有ベクトルとしては

$$\boldsymbol{x}=\begin{pmatrix}1/\sqrt{2}\\ -1/\sqrt{2}\end{pmatrix}$$

が 1 つだけ存在する.もう 1 つここでは天下り的に $(A-\lambda E)\boldsymbol{x}'=\boldsymbol{x}$ となるように $\boldsymbol{x}'$ を選んでみる.ベクトル $\boldsymbol{x}'$ はたとえば

$$\boldsymbol{x}'=\frac{1}{\sqrt{2}}\begin{pmatrix}1\\ 0\end{pmatrix}$$

である.例題 7-2 における変換行列 P はこれらのベクトル $\boldsymbol{x},\boldsymbol{x}'$ を用いて

$$P=(\boldsymbol{x},\boldsymbol{x}')$$

と並べたものである.ここで c を任意定数として $P=(\boldsymbol{x},\boldsymbol{x}'+c\boldsymbol{x})$ としても結

果は変らないことに注意しておこう．例題7-2の結果は一般的に次のようにまとめることができる．

性質3　n 次正方行列はどんなものでも，必ず

$$\begin{pmatrix} \lambda_1 & * & \cdots & * \\ & \lambda_2 & \cdots & * \\ & & \ddots & \vdots \\ \mathbf{0} & & & \lambda_n \end{pmatrix} \tag{7.16}$$

のような対角成分から下の要素がゼロである行列(**上3角行列**という)に変換できる．

性質3は次のように示すことができる．正方行列 A の1つの固有値を a_1 とする．特性方程式は $\Phi_A(a_1)=\det(a_1E-A)=0$ であるから，6-2節ですでに述べたように必ず少なくとも1つは a_1 に対応するゼロでない固有ベクトルが存在する．この固有ベクトルを $\boldsymbol{x}_1$ とする．

$$A\boldsymbol{x}_1 = a_1\boldsymbol{x}_1 \tag{7.17}$$

$\boldsymbol{x}_1 \neq 0$ であるから $\boldsymbol{x}_1$ を第1列とする正則行列 P_1 を作ることができる．これを

$$P_1 = (\boldsymbol{x}_1, \boldsymbol{p}_2, \boldsymbol{p}_3, \cdots, \boldsymbol{p}_n) \tag{7.18}$$

と書くことにする．そうすれば

$$P_1{}^{-1}AP_1 = (P_1{}^{-1}A\boldsymbol{x}_1, P_1{}^{-1}A\boldsymbol{p}_2, \cdots) \tag{7.19}$$

である．一方

$$\boldsymbol{x}_1 = (\boldsymbol{x}_1, \boldsymbol{p}_2, \cdots)\begin{pmatrix} 1 \\ 0 \\ \vdots \\ 0 \end{pmatrix} = P_1\begin{pmatrix} 1 \\ 0 \\ \vdots \\ 0 \end{pmatrix} \tag{7.20}$$

であるから

$$P_1{}^{-1}A\boldsymbol{x}_1 = a_1P_1{}^{-1}\boldsymbol{x}_1 = a_1P_1{}^{-1}P_1\begin{pmatrix} 1 \\ 0 \\ \vdots \\ 0 \end{pmatrix} = a_1\begin{pmatrix} 1 \\ 0 \\ \vdots \\ 0 \end{pmatrix}$$

が導かれる．これを用いると(7.19)は書き直されて

$$P_1^{-1}AP_1 = \begin{pmatrix} a_1 & * & * & \cdots & * \\ 0 & * & * & \cdots & * \\ \vdots & \vdots & \vdots & & \vdots \\ 0 & * & * & \cdots & * \end{pmatrix} \tag{7.21}$$

となる．すなわち

$$P_1^{-1}AP_1 = \begin{pmatrix} a_1 & * \\ 0 & A_2 \end{pmatrix} \tag{7.21$'$}$$

である．同様の手続きを $n-1$ 次正方行列 A_2 に対して進めれば

$$P_2^{-1}AP_2 = \begin{pmatrix} a_1 & * & * \\ & a_2 & * \\ \multicolumn{2}{c}{\text{\Large 0}} & A_3 \end{pmatrix} \tag{7.22}$$

となる．これを続けていくことにより最終的に

$$A' = P^{-1}AP = \begin{pmatrix} a_1 & * & \cdots & * \\ & a_2 & & * \\ & \text{\Large 0} & \ddots & \vdots \\ & & & a_n \end{pmatrix} \tag{7.23}$$

と変換できる．▌

(7.16)のような上3角行列をもっと簡単な行列に変換することを考えよう．A を指数 k のベキ・ゼロ行列，B を正則行列として，ブロック化された行列

$$D = \begin{pmatrix} A & C \\ 0 & B \end{pmatrix} \tag{7.24}$$

を考える．これを D に対応してブロック化された適当な正則行列

$$P = \begin{pmatrix} E & Q \\ 0 & E \end{pmatrix} \tag{7.25}$$

により

$$P^{-1}AP = \begin{pmatrix} E & -Q \\ 0 & E \end{pmatrix}\begin{pmatrix} A & C \\ 0 & B \end{pmatrix}\begin{pmatrix} E & Q \\ 0 & E \end{pmatrix} = \begin{pmatrix} A & AQ+C-QB \\ 0 & B \end{pmatrix} = \begin{pmatrix} A & 0 \\ 0 & B \end{pmatrix} \tag{7.26}$$

と変換するための Q を定めたい．第3式と第4式を比較して，Q としては

$$AQ+C-QB=0 \tag{7.27}$$

が成立すればよい．(7.27)を変形すると

$$\begin{aligned}Q &= AQB^{-1}+CB^{-1}\\ &= A(AQB^{-1}+CB^{-1})B^{-1}+CB^{-1} = A^2QB^{-2}+ACB^{-2}+CB^{-1}\\ &= A^3QB^{-3}+A^2CB^{-3}+ACB^{-2}+CB^{-1}\end{aligned}$$

となる．これをさらに進めて行けば，級数として Q を A,B,C で表した結果を得る．$A^k=0$，$A^{k-1}\neq 0$ であるので，この操作は A^{k-1} の項が現れるまで繰り返され，

$$\begin{aligned}Q &= A^kQB^{-k}+A^{k-1}CB^{-k}+A^{k-2}CB^{-k+1}+\cdots+ACB^{-2}+CB^{-1}\\ &= A^{k-1}CB^{-k}+A^{k-2}CB^{-k+1}+\cdots+ACB^{-2}+CB^{-1}\end{aligned} \tag{7.28}$$

となって有限の項で終わる．したがって行列 Q を(7.28)のように選ぶことにより，(7.24)の行列は

$$\begin{pmatrix}E & -Q\\ 0 & E\end{pmatrix}\begin{pmatrix}A & C\\ 0 & B\end{pmatrix}\begin{pmatrix}E & Q\\ 0 & E\end{pmatrix}=\begin{pmatrix}A & 0\\ 0 & B\end{pmatrix} \tag{7.29}$$

と変換される．(7.29)式右辺のような形の行列を**ブロック対角行列**という．

行列 A_1 の固有値が a_1 だけしかない場合には，A_1 は

$$\begin{pmatrix}a_1 & & *\\ & \ddots & \\ 0 & & a_1\end{pmatrix} \tag{7.30}$$

というように，対角成分にすべて a_1 が並んだ上3角行列に変換される．A_1 が対角化可能な場合も(7.30)に含めて考えることができる．(7.23)の上3角行列 A' から $A'-a_1E$ を作りそれに変換(7.29)を行なう．次に(7.29)の B の部分に同じような変換を行ない，これを順次繰り返すことにより，次の性質4がえられる．

性質4　n 次正方行列 A の固有値が $a_1, a_2, \cdots, a_s$ であり，それぞれの重複度を n_i $\left(\sum_{i=1}^{s} n_i=n\right)$ とすると，適当な正則行列 P によりブロック化され

$$P^{-1}AP = \begin{pmatrix} A_1 & & & \\ & A_2 & & 0 \\ & 0 & \ddots & \\ & & & A_s \end{pmatrix} \tag{7.31a}$$

$$A_j = \begin{pmatrix} a_j & & * \\ & \ddots & \\ 0 & & a_j \end{pmatrix} \tag{7.31b}$$

と変換することができる．A_j は対角成分に a_j が並んだ n_j 次上 3 角行列である．行列 A の特性多項式は

$$\boldsymbol{\Phi}_A(\lambda) = \prod_{j=1}^{s}(\lambda-a_j)^{n_j} \tag{7.32}$$

となる．

さらに，(7.31a)の具体的な形からわかるように，n 次元ベクトル空間 $\boldsymbol{V}$ は，(7.31a)の A_j ブロック部分以外はゼロ行列とした n 次正方行列

$$\begin{pmatrix} 0 & & 0 \\ & A_j & \\ 0 & & 0 \end{pmatrix} \tag{7.33}$$

により決まる空間 $\boldsymbol{V}_j\,(j=1,2,\cdots,s)$ によって直和分解される．

$$\boldsymbol{V} = \boldsymbol{V}_1 \dot{+} \boldsymbol{V}_2 \dot{+} \cdots \dot{+} \boldsymbol{V}_s \tag{7.34}$$

この部分空間のベクトル

$$\boldsymbol{x}^{(j)} \in \boldsymbol{V}_j \tag{7.35}$$

の性質を調べることにしよう．

対角成分にすべて 0 が並んだ m 次上 3 角行列

$$B = \begin{pmatrix} 0 & & * \\ & \ddots & \\ 0 & & 0 \end{pmatrix} \tag{7.36}$$

を考える．このような行列の 2 乗は

$$B^2 = \begin{pmatrix} 0 & 0 & & & * \\ & 0 & 0 & & \\ & & 0 & \ddots & \\ & \text{\huge 0} & & \ddots & 0 \\ & & & & 0 \end{pmatrix}$$

というように，対角成分とさらにその1つ上の成分までがすべて0である上3角行列となる．これを繰り返して B^m まで行うとすべての成分が0となる．

$$B^m = 0 \tag{7.37}$$

すなわち B は指数が m またはそれ以下のベキ・ゼロ行列である．一方対角成分がすべて $a \neq 0$ である上3角行列

$$B' = \begin{pmatrix} a & & * \\ & \ddots & \\ \text{\huge 0} & & a \end{pmatrix} \tag{7.38}$$

については

$$(B')^2 = \begin{pmatrix} a^2 & & * \\ & \ddots & \\ \text{\huge 0} & & a^2 \end{pmatrix}, \quad \cdots, \quad (B')^m = \begin{pmatrix} a^m & & * \\ & \ddots & \\ \text{\huge 0} & & a^m \end{pmatrix} \tag{7.39}$$

である．

例題 7-3　行列 $B = \begin{pmatrix} 0 & 1 & 2 \\ 0 & 0 & -2 \\ 0 & 0 & 0 \end{pmatrix}$ のベキ乗を計算せよ．

[解]

$$B^2 = \begin{pmatrix} 0 & 0 & -2 \\ 0 & 0 & 0 \\ 0 & 0 & 0 \end{pmatrix}, \quad B^3 = 0 \quad \blacksquare$$

元に戻って(7.31a)の行列について考えよう．

$$A = \begin{pmatrix} A_1 & & & \\ & A_2 & & 0 \\ & 0 & \ddots & \\ & & & A_s \end{pmatrix}, \quad A_j = \begin{pmatrix} a_j & & * \\ & \ddots & \\ 0 & & a_j \end{pmatrix} \tag{7.40}$$

$(a_jE-A)^{j'}$ を $j' \geqq n_j$ について計算すれば，(7.37),(7.39)を組み合わせて，(7.40)の各行列の場所に対応して

$$\begin{aligned} (a_jE-A)^{j'} &= \begin{pmatrix} A'_1 & & & \\ & A'_2 & & 0 \\ & 0 & \ddots & \\ & & & A'_s \end{pmatrix} \\ A'_k &= \begin{pmatrix} (a_j-a_k)^{j'} & & * \\ & \ddots & \\ 0 & & (a_j-a_k)^{j'} \end{pmatrix} \quad (k \neq j) \\ A'_j &= 0 \end{aligned} \tag{7.41}$$

となる．(a_jE-A_j) が $n_j \times n_j$ 型ベキ・ゼロ行列であること，(a_jE-A_k) は対角成分が (a_j-a_k) である上3角行列であることを用いた．(7.41)が成立するから，部分空間 $\boldsymbol{V}_k$ に属するベクトル $\boldsymbol{x}^{(k)}$ については

$$\begin{aligned} (a_jE-A)^{j'}\boldsymbol{x}^{(k)} &\neq \boldsymbol{0} \qquad (j' \geqq 1,\ k \neq j) \\ (a_jE-A)^{j'}\boldsymbol{x}^{(j)} &= \boldsymbol{0} \qquad (j' \geqq n_j) \end{aligned} \tag{7.42}$$

である．以上をまとめて次の性質が得られる．

性質5 行列 A の固有値を $a_1, a_2 \cdots, a_s$（重複度 $n_j : j=1,2,\cdots,s$）とすると，n 次元ベクトル空間は n_j 次元部分空間 $\boldsymbol{V}_j$ の直和に分解される．

$$\begin{aligned} \boldsymbol{V} &= \boldsymbol{V}_1 \dot{+} \boldsymbol{V}_2 \dot{+} \cdots \dot{+} \boldsymbol{V}_s \\ \boldsymbol{V}_j &= \{\boldsymbol{x}^{(j)} ; \boldsymbol{x}^{(j)} \in \boldsymbol{V},\ (a_jE-A)^{l_j}\boldsymbol{x}^{(j)} = \boldsymbol{0},\ l_j \geqq n_j\} \end{aligned} \tag{7.43}$$

部分空間 $\boldsymbol{V}_j$ を固有値 a_j に対応する**一般化固有空間**という．

7-3 ジョルダンの標準形と基底ベクトル

任意の行列が(7.31b)のように上3角行列のブロックに変換されることを見た．

この3角行列をさらに単純な形に変換しよう．

性質6 n 次正方行列 A が，指数 n のベキ・ゼロ行列

$$A^n = 0, \quad A^{n-1} \neq 0 \tag{7.44}$$

である場合には，適当な正則行列 $P=(\boldsymbol{p}_1, \boldsymbol{p}_2, \cdots, \boldsymbol{p}_n)$ により

$$P^{-1}AP = \begin{pmatrix} 0 & 1 & & & \\ & 0 & 1 & & \boldsymbol{0} \\ & & 0 & \ddots & \\ & \boldsymbol{0} & & \ddots & 1 \\ & & & & 0 \end{pmatrix} \tag{7.45}$$

と変換される．

(7.45)は単位ベクトル $\boldsymbol{e}_1, \boldsymbol{e}_2, \cdots, \boldsymbol{e}_n$

$$\boldsymbol{e}_1 = \begin{pmatrix} 1 \\ 0 \\ 0 \\ \vdots \\ 0 \end{pmatrix}, \quad \boldsymbol{e}_2 = \begin{pmatrix} 0 \\ 1 \\ 0 \\ \vdots \\ 0 \end{pmatrix}, \quad \cdots, \quad \boldsymbol{e}_n = \begin{pmatrix} 0 \\ 0 \\ \vdots \\ 0 \\ 1 \end{pmatrix} \tag{7.46}$$

を用いて

$$P^{-1}AP = (\boldsymbol{0}, \boldsymbol{e}_1, \boldsymbol{e}_2, \cdots, \boldsymbol{e}_{n-1}) \tag{7.47}$$

と書き直される．したがって(7.45)または(7.47)が成立するならば，

$$AP = P(\boldsymbol{0}, \boldsymbol{e}_1, \boldsymbol{e}_2, \cdots, \boldsymbol{e}_{n-1}) = (\boldsymbol{0}, \boldsymbol{p}_1, \boldsymbol{p}_2, \cdots, \boldsymbol{p}_{n-1})$$

すなわち

$$A\boldsymbol{p}_1 = \boldsymbol{0}, \quad A\boldsymbol{p}_2 = \boldsymbol{p}_1, \quad \cdots, \quad A\boldsymbol{p}_n = \boldsymbol{p}_{n-1} \tag{7.48}$$

が成立しているはずである．実際このような n 個の線形独立なベクトルを定めることができ，そうやって定めた P が正則であることを示そう．

$A^{n-1} \neq 0$ であるから $A^{n-1}\boldsymbol{p} \neq \boldsymbol{0}$ となるベクトル $\boldsymbol{p}\,(\neq \boldsymbol{0})$ が必ず存在する．$\boldsymbol{p}_n = \boldsymbol{p}$ とおけば，(7.48)により $\boldsymbol{p}_{n-1}, \boldsymbol{p}_{n-2}, \cdots, \boldsymbol{p}_1$ が定まる．さらに $A^{n-1}\boldsymbol{p}_n = \boldsymbol{p}_1$ であるから $A\boldsymbol{p}_1 = \boldsymbol{0}$ も満足する．次に(7.48)を満たすように決めた $\boldsymbol{p}_1 \sim \boldsymbol{p}_n$ が線形従属，すなわち

$$c_1\boldsymbol{p}_1 + c_2\boldsymbol{p}_2 + c_3\boldsymbol{p}_3 + \cdots + c_n\boldsymbol{p}_n = \boldsymbol{0} \tag{7.49}$$

であると仮定しよう．左から A を掛けると $A\boldsymbol{p}_1 = \boldsymbol{0}$ であるから

$$c_2A\boldsymbol{p}_2 + c_3A\boldsymbol{p}_3 + \cdots + c_nA\boldsymbol{p}_n = \boldsymbol{0}$$

あるいは(7.48)を用いて書き直して

$$c_2\boldsymbol{p}_1+c_3\boldsymbol{p}_2+\cdots+c_n\boldsymbol{p}_{n-1} = \boldsymbol{0}$$

である．さらに同様に A を左から $n-2$ 回掛けることにより

$$c_n\boldsymbol{p}_1 = \boldsymbol{0}$$

となる．$\boldsymbol{p}_1 \neq \boldsymbol{0}$ であったから

$$c_n = 0 \tag{7.50a}$$

となる．再び $c_n=0$ を考慮しつつ(7.49)に左から A を $n-2$ 回掛けると

$$c_{n-1}\boldsymbol{p}_1 = \boldsymbol{0}$$

を得る．こうして

$$c_{n-1} = 0 \tag{7.50b}$$

が導かれる．以下同様にして

$$c_1 = c_2 = \cdots = c_{n-1} = c_n = 0 \tag{7.51}$$

が得られるので，$\boldsymbol{p}_1 \sim \boldsymbol{p}_n$ は線形独立であることが示された．したがって行列

$$\begin{aligned} &P = (\boldsymbol{p}_1, \boldsymbol{p}_2, \cdots, \boldsymbol{p}_n) = (A^{n-1}\boldsymbol{p}_0, A^{n-2}\boldsymbol{p}_0, \cdots, A\boldsymbol{p}_0, \boldsymbol{p}_0) \\ &\boldsymbol{p}_0 \equiv \boldsymbol{p}_n \end{aligned} \tag{7.52}$$

は正則である．▌

(7.31b)の行列 A_j は

$$A_j = \begin{pmatrix} a_j & & * \\ & \ddots & \\ 0 & & a_j \end{pmatrix} = a_jE + \begin{pmatrix} 0 & & * \\ & \ddots & \\ 0 & & 0 \end{pmatrix} \tag{7.53}$$

である．したがって，(7.53)は第2項を(7.45)のように変換する行列 P により

$$P^{-1}A_jP = \begin{pmatrix} a_j & 1 & & & \\ & a_j & 1 & & 0 \\ & & \ddots & \ddots & \\ & 0 & & \ddots & 1 \\ & & & & a_j \end{pmatrix} \tag{7.54}$$

と変換される．(7.54)の右辺の行列は対角成分およびその1つ上の成分を除いてすべての成分が0である．このような行列を**ジョルダン細胞**といい

$$J(a_j, n_j) \tag{7.55}$$

と書く．a_j は固有値であり，n_j をジョルダン細胞の次数という．

さらに性質4と(7.54)より，次の重要な性質が得られる．

性質7 n 次正方行列 A の固有値が $a_1, a_2, \cdots$ であるとする．適当な正則行列 P により，行列 A をジョルダン細胞 $J(a_j, n_j)$ が対角上に並んだ行列に変換することができる．（ここでは $a_1, a_2, \cdots$ のいくつかが等しくてもよい．）これを**ジョルダンの標準形**という．

$$P^{-1}AP = \begin{pmatrix} J(a_1, n_1) & & & \mathbf{0} \\ & J(a_2, n_2) & & \\ & & \ddots & \\ \mathbf{0} & & & J(a_s, n_s) \end{pmatrix} \tag{7.56}$$

変換行列 P は，性質6で見たようにして求めることができる．すなわち

$$\begin{aligned} (A - a_i E)\boldsymbol{p}_1{}^{(i)} &= \boldsymbol{0} \\ (A - a_i E)\boldsymbol{p}_2{}^{(i)} &= \boldsymbol{p}_1{}^{(i)} \\ &\vdots \\ (A - a_i E)\boldsymbol{p}_{n_i}{}^{(i)} &= \boldsymbol{p}_{n_i-1}{}^{(i)} \qquad (i=1, 2, \cdots, s) \end{aligned} \tag{7.57}$$

$$P = (\boldsymbol{p}_1{}^{(1)}, \cdots, \boldsymbol{p}_{n_1}{}^{(1)}, \boldsymbol{p}_1{}^{(2)}, \cdots, \boldsymbol{p}_{n_2}{}^{(2)}, \cdots, \boldsymbol{p}_1{}^{(s)}, \cdots, \boldsymbol{p}_{n_s}{}^{(s)}) \tag{7.58}$$

である．上から明らかなように，ジョルダン細胞1つに対して固有ベクトルが1つ存在する．$\{\boldsymbol{p}_1{}^{(i)}, \cdots, \boldsymbol{p}_{n_i}{}^{(i)}\}$ が作る部分空間(A による**不変部分空間**)が，固有値 a_i に対応する一般化固有空間である．また $\{\boldsymbol{p}_2{}^{(i)}, \cdots, \boldsymbol{p}_{n_i}{}^{(i)}\}$ を**一般化固有ベクトル**という．行列が対角化可能な場合は，$n_1 = n_2 = \cdots = n_s = 1$ に対応している．

例題7-4 行列 A

$$A = \begin{pmatrix} 0 & 1 & -2i & 0 \\ 0 & 0 & 0 & -2i \\ 2i & 0 & 0 & 1 \\ 0 & 2i & 0 & 0 \end{pmatrix}$$

をジョルダンの標準形に変換し，一般化固有ベクトルを求めよ．

［解］　特性方程式は

$$\Phi_A(\lambda) = \det(\lambda E - A) = (\lambda^2-4)^2 = (\lambda-2)^2(\lambda+2)^2 = 0$$

であるから，固有値は $\lambda=\pm 2$（重複度 2）である．まず固有値 $\lambda=2$ を考えよう．固有ベクトルは少なくとも 1 つはあるから，それを求める．

$$\begin{pmatrix} 2 & -1 & 2i & 0 \\ 0 & 2 & 0 & 2i \\ -2i & 0 & 2 & -1 \\ 0 & -2i & 0 & 2 \end{pmatrix}\begin{pmatrix} x \\ y \\ z \\ u \end{pmatrix} = 0$$

すなわち

$$\begin{aligned} 2x \quad - y \quad + 2iz \quad\quad &= 0 \\ 2y \quad\quad + 2iu &= 0 \\ -2ix \quad\quad + 2z \quad - u &= 0 \\ -2iy \quad\quad + 2u &= 0 \end{aligned}$$

であるが，第 2 式と第 4 式は同一である．これらを解くと，定数倍を除いて解は唯一つ

$$x_1 = \begin{pmatrix} x \\ y \\ z \\ u \end{pmatrix} = \frac{1}{\sqrt{2}}\begin{pmatrix} 1 \\ 0 \\ i \\ 0 \end{pmatrix}$$

しか存在しない．したがって固有値 2 に対応するジョルダン細胞は 2 次元である．(7.57)によれば $\boldsymbol{x}_1$ と異なるもう 1 つの基底ベクトルは

$$\begin{pmatrix} -2 & 1 & -2i & 0 \\ 0 & -2 & 0 & -2i \\ 2i & 0 & -2 & 1 \\ 0 & 2i & 0 & -2 \end{pmatrix}\begin{pmatrix} x' \\ y' \\ z' \\ u' \end{pmatrix} = \frac{1}{\sqrt{2}}\begin{pmatrix} 1 \\ 0 \\ i \\ 0 \end{pmatrix}$$

から導かれる．結果は

$$
\boldsymbol{x}_1' = \begin{pmatrix} x' \\ y' \\ z' \\ u' \end{pmatrix} = \frac{1}{\sqrt{2}} \begin{pmatrix} 0 \\ 1 \\ 0 \\ i \end{pmatrix}
$$

である．固有値 -2 に対する固有ベクトルも 1 つ

$$
\boldsymbol{x}_2 = \frac{1}{\sqrt{2}} \begin{pmatrix} 1 \\ 0 \\ -i \\ 0 \end{pmatrix}
$$

しか存在しない．2 次元のジョルダン細胞に対するもう 1 つの基底としては

$$
\boldsymbol{x}_2' = \frac{1}{\sqrt{2}} \begin{pmatrix} 0 \\ 1 \\ 0 \\ -i \end{pmatrix}
$$

が同様に求められる．以上により変換行列 P

$$
P = \frac{1}{\sqrt{2}} \begin{pmatrix} 1 & 0 & 1 & 0 \\ 0 & 1 & 0 & 1 \\ i & 0 & -i & 0 \\ 0 & i & 0 & -i \end{pmatrix}
$$

とジョルダンの標準形

$$
P^{-1}AP = \begin{pmatrix} 2 & 1 & 0 & 0 \\ 0 & 2 & 0 & 0 \\ 0 & 0 & -2 & 1 \\ 0 & 0 & 0 & -2 \end{pmatrix}
$$

が導かれる．▌

7-4 ジョルダン標準形の応用例

一般の定数係数線形微分方程式の問題に戻ろう．

$$\frac{d^3}{dt^3}x(t)-3\frac{d^2}{dt^2}x(t)+3\frac{d}{dt}x(t)-x(t)=0 \tag{7.59}$$

あるいは同等な連立微分方程式

$$\frac{d}{dt}\begin{pmatrix} x(t) \\ y(t) \\ z(t) \end{pmatrix}=\begin{pmatrix} 0 & 1 & 0 \\ 0 & 0 & 1 \\ 1 & -3 & 3 \end{pmatrix}\begin{pmatrix} x(t) \\ y(t) \\ z(t) \end{pmatrix} \tag{7.59'}$$

を考える．初めに行列

$$A=\begin{pmatrix} 0 & 1 & 0 \\ 0 & 0 & 1 \\ 1 & -3 & 3 \end{pmatrix} \tag{7.60}$$

の固有値，固有ベクトルを調べよう．

例題 7-5　行列 $A=\begin{pmatrix} 0 & 1 & 0 \\ 0 & 0 & 1 \\ 1 & -3 & 3 \end{pmatrix}$ の固有値，固有ベクトルを調べよ．

［解］　行列 A の固有値は $\Phi_A(\lambda)=\det(\lambda E-A)=(\lambda-1)^3=0$ により $\lambda=1$(重複度 3)である．固有ベクトルは

$$\begin{pmatrix} -1 & 1 & 0 \\ 0 & -1 & 1 \\ 1 & -3 & 2 \end{pmatrix}\begin{pmatrix} u \\ v \\ w \end{pmatrix}=0$$

より

$$\boldsymbol{x}=\begin{pmatrix} u \\ v \\ w \end{pmatrix}=\frac{1}{\sqrt{3}}\begin{pmatrix} 1 \\ 1 \\ 1 \end{pmatrix}$$

が1つだけである．したがって対応するジョルダン細胞は3次元である．(7.57)に従って残り2つの基底 $\boldsymbol{x}', \boldsymbol{x}''$ を求める．

$$(A-1\cdot E)\boldsymbol{x}'=\boldsymbol{x}$$

$$(A-1\cdot E)\boldsymbol{x}''=\boldsymbol{x}'$$

を解いてたとえば

$$\boldsymbol{x}' = \frac{1}{\sqrt{3}}\begin{pmatrix}-1\\0\\1\end{pmatrix}, \quad \boldsymbol{x}'' = \frac{1}{\sqrt{3}}\begin{pmatrix}2\\1\\1\end{pmatrix}$$

が得られる．変換行列 P とその逆行列 P^{-1} は

$$P = (\boldsymbol{x}, \boldsymbol{x}', \boldsymbol{x}'') = \frac{1}{\sqrt{3}}\begin{pmatrix}1 & -1 & 2\\1 & 0 & 1\\1 & 1 & 1\end{pmatrix}, \quad P^{-1} = \sqrt{3}\begin{pmatrix}-1 & 3 & -1\\0 & -1 & 1\\1 & -2 & 1\end{pmatrix} \tag{7.61}$$

であり，その P により A はジョルダン標準形

$$P^{-1}AP = \begin{pmatrix}1 & 1 & 0\\0 & 1 & 1\\0 & 0 & 1\end{pmatrix} \tag{7.62}$$

に変換される．▌

微分方程式(7.59)を

$$\boldsymbol{x} = \begin{pmatrix}x(t)\\y(t)\\z(t)\end{pmatrix}, \quad \frac{d}{dt}\boldsymbol{x}(t) = A\boldsymbol{x}(t) \tag{7.63}$$

と書いて，2-5節で行ったように直接解くことにしよう．

$$\boldsymbol{x}(t) = e^{At}\boldsymbol{x}(0) \tag{7.64}$$

ここで，(7.61)の正則行列 P を用いると

$$\begin{aligned}P^{-1}e^{At}P &= E + P^{-1}AtP + \frac{1}{2!}(P^{-1}AtP)^2 + \cdots\\
&= \begin{pmatrix}1 & 0 & 0\\0 & 1 & 0\\0 & 0 & 1\end{pmatrix} + t\begin{pmatrix}1 & 1 & 0\\0 & 1 & 1\\0 & 0 & 1\end{pmatrix} + \frac{t^2}{2!}\begin{pmatrix}1 & 2 & 1\\0 & 1 & 2\\0 & 0 & 1\end{pmatrix}\\
&\quad + \frac{t^3}{3!}\begin{pmatrix}1 & 3 & 3\\0 & 1 & 3\\0 & 0 & 1\end{pmatrix} + \frac{t^4}{4!}\begin{pmatrix}1 & 4 & 6\\0 & 1 & 4\\0 & 0 & 1\end{pmatrix} + \cdots\\
&\quad + \frac{t^n}{n!}\begin{pmatrix}1 & n & n(n-1)/2\\0 & 1 & n\\0 & 0 & 1\end{pmatrix} + \cdots\end{aligned}$$

となる．$A-1\cdot E$ は指数3のベキ・ゼロ行列であることに注意しながらこれをまとめると

$$P^{-1}e^{At}P = e^tE + te^t\begin{pmatrix}0 & 1 & 0\\0 & 0 & 1\\0 & 0 & 0\end{pmatrix} + \frac{t^2e^t}{2}\begin{pmatrix}0 & 0 & 1\\0 & 0 & 0\\0 & 0 & 0\end{pmatrix} \tag{7.65}$$

である．したがって(7.64)に戻れば

$$\begin{aligned}x(t) &= P(P^{-1}e^{At}P)P^{-1}\boldsymbol{x}(0)\\ &= \begin{pmatrix}1 & -1 & 2\\1 & 0 & 1\\1 & 1 & 1\end{pmatrix}e^t\begin{pmatrix}1 & t & t^2/2\\0 & 1 & t\\0 & 0 & 1\end{pmatrix}\begin{pmatrix}-1 & 3 & -1\\0 & -1 & 1\\1 & -2 & 1\end{pmatrix}\begin{pmatrix}x(0)\\y(0)\\z(0)\end{pmatrix}\\ &= e^t\begin{pmatrix}1-t+t^2/2 & t-t^2 & t^2/2\\t^2/2 & 1-t-t^2 & t+t^2/2\\t+t^2/2 & -3t-t^2 & 1+2t+t^2/2\end{pmatrix}\begin{pmatrix}x(0)\\y(0)\\z(0)\end{pmatrix}\end{aligned} \tag{7.66}$$

と整理することができる．

以上により，なぜ(7.6)のような解の存在が常に保証されているかが理解できたであろう．これは，一般の行列が常にジョルダンの標準形に変換できることと対応しているのである．

例題 7-6 式(7.2)の微分方程式

$$\frac{d}{dt}\begin{pmatrix}x(t)\\y(t)\end{pmatrix} = \begin{pmatrix}0 & 1\\-1 & -2\end{pmatrix}\begin{pmatrix}x(t)\\y(t)\end{pmatrix}$$

を上で説明した方法で解け．

［解］ 例題7-2で行ったように，行列 $A=\begin{pmatrix}0 & 1\\-1 & -2\end{pmatrix}$ は変換行列 $P=\begin{pmatrix}1/\sqrt{2} & 1/\sqrt{2}\\-1/\sqrt{2} & 0\end{pmatrix}$ により

$$P^{-1}AP = \begin{pmatrix}-1 & 1\\0 & -1\end{pmatrix}$$

と変換される．したがって

$$P^{-1}e^{At}P = e^{-t}\begin{pmatrix}1 & 0\\0 & 1\end{pmatrix} + te^{-t}\begin{pmatrix}0 & 1\\0 & 0\end{pmatrix}$$

となる．元に戻れば

$$\begin{aligned}\boldsymbol{x}(t) &= \begin{pmatrix} x(t) \\ y(t) \end{pmatrix} = P(P^{-1}e^{At}P)P^{-1}\boldsymbol{x}(0) \\ &= \begin{pmatrix} 1/\sqrt{2} & 1/\sqrt{2} \\ -1/\sqrt{2} & 0 \end{pmatrix} e^{-t} \begin{pmatrix} 1 & t \\ 0 & 1 \end{pmatrix} \begin{pmatrix} 0 & -\sqrt{2} \\ \sqrt{2} & \sqrt{2} \end{pmatrix} \begin{pmatrix} x(0) \\ y(0) \end{pmatrix} \\ &= e^{t} \begin{pmatrix} 1+t & +t \\ -t & 1-t \end{pmatrix} \begin{pmatrix} x(0) \\ y(0) \end{pmatrix}\end{aligned}$$

と整理することができる．▌

7-5 ケーリー-ハミルトンの定理と最小多項式

この章を終わる前に，ジョルダンの標準形に関連した基本的な定理にふれておこう．簡単な例題として2次の正方行列

$$A = \begin{pmatrix} a & c \\ d & b \end{pmatrix} \tag{7.67}$$

を考えよう．この行列の特性多項式は

$$\Phi_A(\lambda) = \det(\lambda E - A) = \lambda^2 - (a+b)\lambda + (ab-cd) \tag{7.68}$$

である．この多項式の λ に A を代入して行列 $\Phi_A(A)$ を定義すると

$$\begin{aligned}\Phi_A(A) &= A^2 - (a+b)A + (ab-cd)E \\ &= \begin{pmatrix} a^2+cd & (a+b)c \\ (a+b)d & b^2+cd \end{pmatrix} + \begin{pmatrix} -a(a+b) & -c(a+b) \\ -d(a+b) & -b(a+b) \end{pmatrix} \\ &\quad + \begin{pmatrix} ab-cd & 0 \\ 0 & ab-cd \end{pmatrix} = 0\end{aligned} \tag{7.69}$$

となる．

実はこれは一般的に成立することである．特性多項式を，異なる i,j について $a_i=a_j$ の場合も許して

$$\Phi_A(\lambda) = (\lambda-a_1)(\lambda-a_2)\cdots(\lambda-a_n) \tag{7.70}$$

と書き，特性多項式で λ を A に置きかえた式を

$$\Phi_A(A) = (A-a_1E)(A-a_2E)\cdots(A-a_nE) \tag{7.71}$$

と定義する．(7.71)式は行列である．性質3により，適当な基底をとれば，行列 A は上3角行列

$$P^{-1}AP=\begin{pmatrix} a_1 & & & * \\ & a_2 & & \\ & & \ddots & \\ 0 & & & a_n \end{pmatrix} \equiv (a_{ij}) \tag{7.72}$$

$$P=(\boldsymbol{x}_1, \boldsymbol{x}_2, \cdots, \boldsymbol{x}_n)$$

となる．またこの基底 $\boldsymbol{x}_1, \boldsymbol{x}_2, \cdots, \boldsymbol{x}_n$ を用いて，任意のベクトル $\boldsymbol{x}$ は

$$\boldsymbol{x}=c_1\boldsymbol{x}_1+c_2\boldsymbol{x}_2+\cdots+c_n\boldsymbol{x}_n \tag{7.73}$$

と書かれる．任意の i, j について $(A-a_iE)(A-a_jE)=(A-a_jE)(A-a_iE)$ であることに注意する．

(7.72)から $\boldsymbol{x}_1$ については

$$A\boldsymbol{x}_1=a_1\boldsymbol{x}_1 \quad \text{すなわち} \quad \boldsymbol{\varPhi}_A(A)\boldsymbol{x}_1=0 \tag{7.74}$$

となる．さらに $\boldsymbol{x}_2, \boldsymbol{x}_3, \cdots, \boldsymbol{x}_{s-1}$ についても同様に

$$(A-a_1E)(A-a_2E)\cdots(A-a_{s-1}E)\boldsymbol{x}_i=0 \qquad (i=1, \cdots, s-1) \tag{7.75}$$

が成立しているとする．このとき $i=s$ についても(7.75)と同様の式が成立していることを示そう．(7.75)の左から $(A-a_sE)$ をかけて，順番を変更すれば

$$(A-a_1E)(A-a_2E)\cdots(A-a_{s-1}E)(A-a_sE)\boldsymbol{x}_i=0 \qquad (i=1, \cdots, s-1) \tag{7.76}$$

である．一方(7.72)の形から $AP=P(a_{ij})$ の s 列成分は

$$A\boldsymbol{x}_s=a_{1s}\boldsymbol{x}_1+a_{2s}\boldsymbol{x}_2+\cdots+a_{s-1s}\boldsymbol{x}_{s-1}+a_s\boldsymbol{x}_s$$

であるから

$$(A-a_sE)\boldsymbol{x}_s=a_{1s}\boldsymbol{x}_1+a_{2s}\boldsymbol{x}_2+\cdots+a_{s-1s}\boldsymbol{x}_{s-1} \tag{7.77}$$

である．これに左から $(A-a_1E)\cdots(A-a_{s-1}E)$ を掛ければ，仮定(7.75)により

$$(A-a_1E)(A-a_2E)\cdots(A-a_sE)\boldsymbol{x}_s=0 \tag{7.78}$$

となる．これを $s=n$ まで続ければ，すべての $\boldsymbol{x}_i$ $(1\leqq i\leqq n)$ について

$$\boldsymbol{\varPhi}_A(A)\boldsymbol{x}_i=0 \tag{7.79}$$

が成立する．(7.73)により任意のベクトルは $\boldsymbol{x}_1 \sim \boldsymbol{x}_n$ の線形結合で書かれるので，(7.79)は任意のベクトルについて成立する．こうして次の性質が得られる．

性質8［ケーリー-ハミルトン(Cayley-Hamilton)の定理］ A を任意の正方行列として，$\Phi_A(\lambda)$ をその特性多項式とする．λ のベキの各項を

$$\lambda^0 \to E, \quad \lambda^1 \to A, \quad \cdots, \quad \lambda^j \to A^j \tag{7.80}$$

と置き換えた正方行列を $\Phi_A(A)$ と書くと，これはゼロ行列

$$\Phi_A(A) = 0 \tag{7.81}$$

である．(注意：$\Phi_A(A) = \det(AE-A) = \det 0 = 0$ としてはならない．)

ケーリー-ハミルトンの定理により，$f(A)=0$ となる多項式 $f(\lambda)$ の存在が保証された．このような多項式のうち

(1) $m(A)=0$

(2) $\Phi_A(\lambda)/m(\lambda)$ は λ の多項式

(3) $m(\lambda)$ の最高次数の係数は1

であるような多項式 $m_A(\lambda)$ を A の**最小多項式**という．

例題 7-7 (7.60)の行列

$$A = \begin{pmatrix} 0 & 1 & 0 \\ 0 & 0 & 1 \\ 1 & -3 & 3 \end{pmatrix}$$

の最小多項式を求めよ．

［解］ 特性多項式 $\Phi_A(\lambda)$ は

$$\Phi_A(\lambda) = (\lambda-1)^3 = \lambda^3 - 3\lambda^2 + 3\lambda - 1$$

である．したがって

$$\begin{aligned} \Phi_A(A) &= A^3 - 3A^2 + 3A - 1\cdot E \\ &= \begin{pmatrix} 1 & -3 & 3 \\ 3 & -8 & 6 \\ 6 & -15 & 10 \end{pmatrix} - 3\begin{pmatrix} 0 & 0 & 1 \\ 1 & -3 & 3 \\ 3 & -8 & 6 \end{pmatrix} + 3\begin{pmatrix} 0 & 1 & 0 \\ 0 & 0 & 1 \\ 1 & -3 & 3 \end{pmatrix} - \begin{pmatrix} 1 & 0 & 0 \\ 0 & 1 & 0 \\ 0 & 0 & 1 \end{pmatrix} \end{aligned}$$

$$=\begin{pmatrix}0&0&0\\0&0&0\\0&0&0\end{pmatrix}=0$$

である．一方

$$\{(\lambda-1)^2\}_{\lambda=A}=A^2-2A+1\cdot E$$

$$=\begin{pmatrix}0&0&1\\1&-3&3\\3&-8&6\end{pmatrix}-2\begin{pmatrix}0&1&0\\0&0&1\\1&-3&3\end{pmatrix}+\begin{pmatrix}1&0&0\\0&1&0\\0&0&1\end{pmatrix}$$

$$=\begin{pmatrix}1&-2&1\\1&-2&1\\1&-2&1\end{pmatrix}\neq 0$$

$$\{(\lambda-1)\}_{\lambda=A}=A-1\cdot E$$

$$=\begin{pmatrix}0&1&0\\0&0&1\\1&-3&3\end{pmatrix}-\begin{pmatrix}1&0&0\\0&1&0\\0&0&1\end{pmatrix}$$

$$=\begin{pmatrix}-1&1&0\\0&-1&1\\1&-3&2\end{pmatrix}\neq 0$$

であるから，最小多項式は

$$m_A(\lambda)=(\lambda-1)^3$$

となる．▌

一般に次のようにまとめることができる．

性質9　行列 A が指数 k のベキ・ゼロ行列ならば，A の最小多項式は $m_A(\lambda)=\lambda^k$ である．

ベキ・ゼロ行列の定義から $A^k=0$，$A^{k-1}\neq 0$ であり，また A の固有値は0であるから，$\Phi_A(\lambda)=\lambda^k$ が最小多項式となるのである．

性質9を用いれば，7-4節でやったように固有ベクトルを求めなくても，最小多項式を求めることでジョルダン細胞の形が決定できる(演習問題6参照)．

第7章　演習問題

[1]　行列 A が n 次のベキ・ゼロ行列であるなら

$$\mathrm{Tr}\, A^k = 0 \qquad (1 \leqq k \leqq n)$$

が成立することを示せ.

[2]　n 次行列 A を適当な正則行列 P を用いて上3角行列に変換し

$$P^{-1}AP = \begin{pmatrix} a_1 & \cdot & \cdots & * \\ & a_2 & \cdots & \cdot \\ & & \ddots & \vdots \\ \text{\huge 0} & & & a_n \end{pmatrix}$$

とすることにより,

$$|\exp A| = e^{\mathrm{Tr}\, A}$$

を示せ(第3章の演習問題10参照).

[3]　行列 A, B がベキ・ゼロで $AB=BA$ であるなら, $A \pm B, AB$ がともにベキ・ゼロであることを示せ.

[4]　次の行列をジョルダンの標準形になおし, またそのための変換行列を定めよ.

(a) $\begin{pmatrix} 0 & 1 & 0 \\ 0 & 0 & 1 \\ 8 & -4 & 2 \end{pmatrix}$　(b) $\begin{pmatrix} 0 & 1 & 0 & i \\ 1 & 0 & -i & 0 \\ 0 & -i & 0 & 1 \\ i & 0 & 1 & 0 \end{pmatrix}$　(c) $\begin{pmatrix} 2 & 1 & -3 \\ 0 & 2 & -1 \\ 0 & 0 & 2 \end{pmatrix}$

[5]　次の微分方程式を解け. $\boldsymbol{x}$ は4次元列ベクトルである.

$$\frac{d}{dt}\boldsymbol{x}(t) = \begin{pmatrix} 0 & 1 & 0 & i \\ 1 & 0 & -i & 0 \\ 0 & -i & 0 & 1 \\ i & 0 & 1 & 0 \end{pmatrix} \boldsymbol{x}(t)$$

[6]　最小多項式が

$$m(t) = \prod_{i=1}^{r} (t-a_i)^{k_i} \qquad (i \neq j \text{ のとき } a_i \neq a_j,\ k_i \geqq 1)$$

であるとすると, 固有値 a_i に対する一般化固有空間は

$$\boldsymbol{V}(a_i) = \mathrm{Ker}(A - a_i E)^{k_i}$$

であることを説明せよ.

[7]　行列

$$\begin{pmatrix} 0 & 1 & 0 & i \\ 1 & 0 & -i & 0 \\ 0 & -i & 0 & 1 \\ i & 0 & 1 & 0 \end{pmatrix}$$

の最小多項式を求めよ.

[8]　演習問題 4 で与えられた 3 つの行列に対応する最小多項式を求めよ.

8 行列の固有値問題の数値的取扱い

これまでに行列および固有値問題の基本的な事柄と原理的な計算手法を学んできた．行列に関する問題は極めて一般的で，しばしば大きな行列を計算機で取り扱う必要がある．そのときのために数値的取扱いに関する標準的な方法のいくつかを学ぶことにする．

8-1 逆行列の計算：$\boldsymbol{LU}$ 分解

物理学や工学はもとより社会科学においても，連立1次方程式 $A\boldsymbol{x}=\boldsymbol{b}$ を解く場合を始めとして逆行列の計算がたびたび必要となる．すでに第2章では，逆行列を求めるためのガウスの消去法を説明した．第3章では，さらにガウスの消去法を用いて連立1次方程式を解いた．しかし，ガウスの消去法をそのまま使ってしまっては，まだまだ効率的ではない．

ガウスの消去法では，最初に与えられた係数が作る行列 $A=(a_{ij})$ を**右上3角行列**

$$U=\begin{pmatrix} u_{11} & u_{12} & u_{13} & \cdots & u_{1n} \\ 0 & u_{22} & u_{23} & \cdots & u_{2n} \\ 0 & 0 & u_{33} & \cdots & u_{3n} \\ \vdots & \vdots & \vdots & \ddots & \vdots \\ 0 & 0 & 0 & \cdots & u_{nn} \end{pmatrix} \tag{8.1}$$

に変換する．これを

$$PA = U$$

と表そう．

行列 P は A を U に変換するための行に関する基本操作の行列であるから正則行列である．さらにそれらの基本操作は，行列 A の対角成分から下の成分だけを掃き出す操作をしているから，行列 P も対角成分から下の成分だけがゼロではなく対角成分は1である行列(単位左下3角行列)，つまり基本変形の行列 $Q(i\to j, c)$ $(j>i)$ で表される．例題2-13で実際に行ったように，P がこのような単位左下3角行列であるなら，$L=P^{-1}$ も同じタイプの単位左下3角行列となる．

$$L = \begin{pmatrix} 1 & 0 & 0 & \cdots & \cdots & 0 \\ c_{21} & 1 & 0 & \cdots & \cdots & 0 \\ c_{31} & c_{32} & 1 & \cdots & \cdots & 0 \\ \vdots & \vdots & \vdots & \ddots & & \vdots \\ \vdots & \vdots & \vdots & & 1 & 0 \\ c_{n1} & c_{n2} & c_{n3} & \cdots & c_{nn-1} & 1 \end{pmatrix} \tag{8.1'}$$

このようにして正則な n 次正方行列 A は，単位左下3角行列 L と右上3角行列 U の積に分解される．これを **LU 分解**という．L は下3角行列(lower triangular matrix)の L，U は上3角行列(upper triangular matrix)の U である．

$$A = (a_{ij}) = LU \tag{8.2}$$

行列 L と U の各要素は，具体的に(8.2)の左右両辺の要素

$$a_{jl} = u_{jl} + \sum_{k=1}^{j-1} c_{jk} u_{kl}$$

を比べることにより，以下の手続きに従って順に決めることができる．ただし対角成分 u_{jj} は0にならないようにして，必要があれば行を入れ換える．ある段階で $u_{jj}=0$ がどうしても避けられないとすれば，それは行列 A が正則ではないということである．

(1)　U の第1行目を決める：

$$u_{11} = a_{11}, \quad u_{12} = a_{12}, \quad \cdots, \quad u_{1j} = a_{1j}, \quad \cdots \tag{8.3a}$$

(2)　L の第1列目を決める：

$$c_{21}=a_{21}/u_{11},\quad c_{31}=a_{31}/u_{11},\quad \cdots,\quad c_{j1}=a_{j1}/u_{11},\quad \cdots \tag{8.3b}$$

(3)　以下の手続き(3-1),(3-2)を，j を2から $n-1$ まで順に変えながら繰り返す．それぞれの段階では右辺のすべての項は既知になっている．

(3-1)　U の第 j 行目を決める：

$$\begin{aligned} u_{jj} &= a_{jj}-\sum_{k=1}^{j-1} c_{jk}u_{kj} \\ u_{jj+1} &= a_{jj+1}-\sum_{k=1}^{j-1} c_{jk}u_{kj+1} \\ &\cdots\cdots\cdots\cdots\cdots \\ u_{jn} &= a_{jn}-\sum_{k=1}^{j-1} c_{jk}u_{kn} \end{aligned} \tag{8.3c}$$

(3-2)　L の第 j 列目を決める：

$$\begin{aligned} c_{j+1j} &= \Big(a_{j+1j}-\sum_{k=1}^{j-1} c_{j+1k}u_{kj}\Big)/u_{jj} \\ c_{j+2j} &= \Big(a_{j+2j}-\sum_{k=1}^{j-1} c_{j+2k}u_{kj}\Big)/u_{jj} \\ &\cdots\cdots\cdots\cdots\cdots \\ c_{nj} &= \Big(a_{nj}-\sum_{k=1}^{j-1} c_{nk}u_{kj}\Big)/u_{jj} \end{aligned} \tag{8.3d}$$

(4)　U の第 n 行目を決める：

$$u_{nn}=a_{nn}-\sum_{k=1}^{n-1} c_{nk}u_{kn} \tag{8.3e}$$

以上により直接に LU 分解が実行できた．

例題 8-1　行列

$$A=\begin{pmatrix} 2 & 2 & 3 \\ 1 & -1 & 0 \\ 1 & 1 & 2 \end{pmatrix}$$

を LU 分解せよ．

［解］

$$U=\begin{pmatrix}2 & 2 & 3\\ 0 & -2 & -3/2\\ 0 & 0 & 1/2\end{pmatrix},\quad P=\begin{pmatrix}1 & 0 & 0\\ -1/2 & 1 & 0\\ -1/2 & 0 & 1\end{pmatrix},\quad L=\begin{pmatrix}1 & 0 & 0\\ 1/2 & 1 & 0\\ 1/2 & 0 & 1\end{pmatrix}\qquad \blacksquare$$

$A=LU$ と分解された後では，逆行列の計算は L と U の逆行列を別々に求めその積を計算すればよい．L は単位左下3角行列であるから，それを単位行列に変換する行に関する基本変形は $Q(i\to j:c_{ji})$ $(j>i)$ のみで実現される．したがって L^{-1} も $Q(i\to j:c_{ji})^{-1}$ のみの組み合わせで実現されるので，左下3角行列となる．U^{-1} についても同様に考えれば，右上3角行列となる．

$$A^{-1}=U^{-1}L^{-1} \tag{8.4}$$

$$L^{-1}=\begin{pmatrix}d_{11} & 0 & 0 & \cdots & 0\\ d_{21} & d_{22} & 0 & \cdots & 0\\ d_{31} & d_{32} & d_{33} & \cdots & 0\\ \vdots & \vdots & \vdots & \ddots & \vdots\\ d_{n1} & d_{n2} & d_{n3} & \cdots & d_{nn}\end{pmatrix}$$

$$U^{-1}=\begin{pmatrix}v_{11} & v_{12} & v_{13} & \cdots & v_{1n}\\ 0 & v_{22} & v_{23} & \cdots & v_{2n}\\ 0 & 0 & v_{33} & \cdots & v_{3n}\\ \vdots & \vdots & \vdots & \ddots & \vdots\\ 0 & 0 & 0 & \cdots & v_{nn}\end{pmatrix} \tag{8.5}$$

行列 L^{-1}, U^{-1} のそれぞれの要素は(8.3)と同様に逐次的に求めることができる．$E=LL^{-1}$ であるから第 (ji) 成分を比べて

$$\delta_{ji}=d_{ji}+\sum_{k=i}^{j-1}c_{jk}d_{ki} \tag{8.6}$$

あるいは書き直して

$$d_{ji}=\delta_{ji}-\sum_{k=i}^{j-1}c_{jk}d_{ki} \tag{8.6$'$}$$

となる．j を1から n まで順に変えながら以下の手順を繰り返す．j を固定して(8.6)を $i=j$ より $j-1, j-2, \cdots, 1$ と変化させると具体的に次のようになる $(j=1,2,\cdots,n)$．

$$
\begin{aligned}
d_{jj} &= 1 \\
d_{jj-1} &= -c_{jj-1} \\
d_{jj-2} &= -c_{jj-2}d_{j-2j-2}-c_{jj-1}d_{j-1j-2} \\
&\cdots\cdots\cdots\cdots\cdots \\
d_{jl} &= -\sum_{k=l}^{j-1} c_{jk}d_{kl} \qquad (l=j-1, j-2, \cdots, 1)
\end{aligned}
\tag{8.7}
$$

U^{-1}についても同様に以下のとおりとなる($j=1, 2, \cdots, n$).

$$
\begin{aligned}
v_{jj} &= u_{jj}^{-1} \\
v_{j-1j} &= -u_{j-1j}v_{jj}/u_{j-1j-1} \\
&\cdots\cdots\cdots\cdots\cdots \\
v_{lj} &= -\sum_{k=l+1}^{j} u_{lk}v_{kj}/u_{ll} \qquad (l=j-1, j-2, \cdots, 1)
\end{aligned}
\tag{8.8}
$$

以上に必要な演算は，乗除算，加減算がそれぞれおよそ$n^3/3$回である．行列の形によってはさらに工夫をすることができるが，本質的に逆行列の計算にLU分解を用いると，n^3に比例して計算時間がかかる．

例題8-2 例題8-1をさらに進めてL^{-1}, U^{-1}を求めよ．また逆行列を計算せよ．

［解］

$$
L^{-1} = \begin{pmatrix} 1 & 0 & 0 \\ -1/2 & 1 & 0 \\ -1/2 & 0 & 1 \end{pmatrix}, \qquad U^{-1} = \begin{pmatrix} 1/2 & 1/2 & -3/2 \\ 0 & -1/2 & -3/2 \\ 0 & 0 & 2 \end{pmatrix}
$$

$$
A^{-1} = U^{-1}L^{-1} = \begin{pmatrix} 1 & 1/2 & -3/2 \\ 1 & -1/2 & -3/2 \\ -1 & 0 & 2 \end{pmatrix} \qquad \blacksquare
$$

逆行列の計算にクラメールの方法を用いたらどうなるだろうか．余因子の計算に行列式の定義式を用いると，1つの余因子の計算に$n!$に比例する演算回数が必要で，それを要素の数だけ繰り返さねばならない．したがって$n^2n!$に比例する．各余因子の計算にガウスの消去法を用いても，全体では計算回数は

n^4 に比例する．n が3位までならどのような計算方法でもかまわないが，n がそれ以上大きくなると，実際の計算にクラメールの方法を用いることはできない．計算手順がどのぐらいの演算回数を必要とするかということは，数値計算上は常に重要な問題である．

8-2　固有値の計算：3重対角行列と2分法

対角成分およびその上下1つだけの成分を除いて，すべての成分が0である行列を**3重対角行列**(tridiagonal matrix)という．以下では行列を3重対角行列に変換し，その後で固有値，固有ベクトルを求めるという手続きを進めることにしよう．われわれは多くの場合にエルミート行列を扱うので，ここでもエルミート行列に限って考える．元の行列がエルミート行列ならば，それを変換した3重対角行列もエルミートとなる．

$$B = \begin{pmatrix} \alpha_1 & \bar{\beta}_1 & 0 & & & \\ \beta_1 & \alpha_2 & \bar{\beta}_2 & 0 & & \\ 0 & \beta_2 & \alpha_3 & \bar{\beta}_3 & \ddots & \\ & 0 & \beta_3 & \alpha_4 & \ddots & 0 \\ & & \ddots & \ddots & \ddots & \bar{\beta}_{n-1} \\ & & & 0 & \beta_{n-1} & \alpha_n \end{pmatrix} \tag{8.9}$$

このエルミート3重対角行列の固有値問題を考えよう．特性多項式を

$$\Phi_B(\lambda) = \det(\lambda E - B) = p_1(\lambda) \tag{8.10}$$

と書く．これを行列$(\lambda E - B)$の第1列で展開すると

$$p_1(\lambda) = (\lambda - \alpha_1)p_2(\lambda) - |\beta_1|^2 p_3(\lambda)$$

$$p_2(\lambda) = \det\begin{pmatrix} \lambda-\alpha_2 & -\bar{\beta}_2 & & & \\ -\beta_2 & \lambda-\alpha_3 & -\bar{\beta}_3 & & \text{\Large 0} \\ & -\beta_3 & \lambda-\alpha_4 & \ddots & \\ & \text{\Large 0} & \ddots & \ddots & -\bar{\beta}_{n-1} \\ & & & -\beta_{n-1} & \lambda-\alpha_n \end{pmatrix} \tag{8.11a}$$

$$p_3(\lambda) = \det\begin{pmatrix} \lambda-\alpha_3 & -\bar{\beta}_3 & & & 0 \\ -\beta_3 & \lambda-\alpha_4 & -\bar{\beta}_4 & & \\ & -\beta_4 & \lambda-\alpha_5 & \ddots & \\ & 0 & \ddots & \ddots & -\bar{\beta}_{n-1} \\ & & & -\beta_{n-1} & \lambda-\alpha_n \end{pmatrix}$$

である．以下同様に行列式の展開を行えば

$$\begin{aligned} p_k(\lambda) &= (\lambda-\alpha_k)p_{k+1}(\lambda)-|\beta_k|^2 p_{k+2}(\lambda) \qquad (k=1,2,\cdots,n-1) \\ p_n(\lambda) &= (\lambda-\alpha_n) \\ p_{n+1}(\lambda) &= 1 \end{aligned} \tag{8.11b}$$

が得られる．$p_k(\lambda)$ は λ に関して $n+1-k$ 次多項式であり，(8.11b)を $p_{n+1}(\lambda)$ から逆に $p_1(\lambda)$ までたどることによって，具体的に計算することができる．この $\{p_k(\lambda)\}$ を**スツルム列**という．

スツルム列 $\{p_k(\lambda)\}$ には次の性質がある．

(1) $p_k(\lambda)=0$ のすべての根は実数である．(対応する行列がエルミートであるから，その固有値は実数である．さらにそれらの固有値は $p_k(\lambda)=0$ の根である.)

(2) $p_k(\lambda)=0$ の 2 つの隣りあった根の間に，$p_{k+1}(\lambda)=0$ の根が 1 つずつ現れる．また λ_0 を $p_k(\lambda_0)$ の根($p_k(\lambda_0)=0$)とすると

$$p_{k-1}(\lambda_0)p_{k+1}(\lambda_0) < 0$$

である(証明は省略する．章末の演習問題 4 参照)．

適当な $\lambda=\lambda_t$ を選び $p_{n+1}(\lambda_t)$ から始めて，$p_n(\lambda_t), p_{n-1}(\lambda_t), \cdots, p_2(\lambda_t), p_1(\lambda_t)$ が何回符号を変えるか数え，この回数を $N(\lambda_t)$ と書くことにする．上のような性質があるため，$p_1(\lambda)=0$ の根のうち，ある値 λ_t より大きなものは $N(\lambda_t)$ で与えられる．したがって

$$\lambda_L < \lambda < \lambda_U$$

である(8.9)の固有値の数は

$$N(\lambda_L)-N(\lambda_U)$$

に等しい．実際には適当な大きさの範囲を

(λ_L, λ_U)

$(\lambda_0-\Delta, \lambda_0)$　または　$(\lambda_0, \lambda_0+\Delta)$,　　$\lambda_0 = \dfrac{\lambda_U+\lambda_L}{2}$,　　$\Delta = \dfrac{\lambda_U-\lambda_L}{2}$

$(\lambda_0-\Delta, \lambda_0-\Delta/2)$　または　$(\lambda_0-\Delta/2, \lambda_0)$　または…

というように，根の存在する領域を2分割しながら追い込んでいくことにより固有値を数値的に決めることができる．これを**2分法**(バイセクション法)という．

例題8-3　0と1の間にある実数を2分法により10^{-10}以下の精度で決めるためには最大何回の反復が必要か．

［解］　1回で1/2ずつ精度を狭めていけるから

$$\left(\frac{1}{2}\right)^n < 10^{-10}, \qquad \left(\frac{1}{2}\right)^{n-1} > 10^{-10}$$

を解き，$n=34$回である．通常は，固有値の近似値を別の方法で求めてそれから2分法を実行するか，あるいは区間を2等分するのではなくn等分していく多分法を用いることも多い．▌

それでは，エルミート行列Aを3重対角行列に変換するには，どうしたらよいであろうか．一般的に用いられる方法の1つは，**ハウスホルダー変換**という方法である．与えられたエルミート行列を

$$A = (a_{ij}) = (\boldsymbol{a}_1, \boldsymbol{a}_2, \cdots, \boldsymbol{a}_n) \tag{8.12}$$

とする．このとき

$$\alpha_1 = a_{11}, \qquad \beta_1 = \frac{a_{21}}{|a_{21}|}\sqrt{\sum_{j=2}^{n}|a_{j1}|^2}$$
$$\boldsymbol{b}_1 = \begin{pmatrix} \alpha_1 \\ \beta_1 \\ 0 \\ \vdots \\ 0 \end{pmatrix} \tag{8.13}$$

として，ベクトル$\boldsymbol{u}_1$を

$$\boldsymbol{u}_1=\frac{\boldsymbol{a}_1-\boldsymbol{b}_1}{\|\boldsymbol{a}_1-\boldsymbol{b}_1\|}=\begin{pmatrix}0\\ *\\ *\\ \vdots\end{pmatrix} \tag{8.14}$$

と定義する．(8.13)は関係式

$$\begin{aligned}\|\boldsymbol{a}_1\|&=\|\boldsymbol{b}_1\|\\ (\boldsymbol{a}_1,\boldsymbol{b}_1)&=(\boldsymbol{b}_1,\boldsymbol{a}_1)\end{aligned} \tag{8.15}$$

が成立するように決めた．このような $\boldsymbol{u}_1$ を用いて行列

$$P=E-2\boldsymbol{u}_1\otimes{}^{\mathrm{t}}\bar{\boldsymbol{u}}_1 \tag{8.16}$$

を定義すると，P はエルミートでかつユニタリ

$$P^{\dagger}P=E,\qquad P=P^{\dagger} \tag{8.17}$$

であることが直接示される．（したがって P の固有値は $+1$ または -1 である.）また

$$P\boldsymbol{a}_1=\boldsymbol{b}_1,\qquad {}^{\mathrm{t}}\bar{\boldsymbol{a}}_1P={}^{\mathrm{t}}\bar{\boldsymbol{b}}_1 \tag{8.18}$$

である．これは

$$\begin{aligned}P\boldsymbol{a}_1&=\boldsymbol{a}_1-\frac{\boldsymbol{a}_1-\boldsymbol{b}_1}{\|\boldsymbol{a}_1-\boldsymbol{b}_1\|^2}2\{(\boldsymbol{a}_1,\boldsymbol{a}_1)-(\boldsymbol{b}_1,\boldsymbol{a}_1)\}\\ &=\boldsymbol{a}_1-\frac{\boldsymbol{a}_1-\boldsymbol{b}_1}{(\boldsymbol{a}_1-\boldsymbol{b}_1,\boldsymbol{a}_1-\boldsymbol{b}_1)}(\boldsymbol{a}_1-\boldsymbol{b}_1,\boldsymbol{a}_1-\boldsymbol{b}_1)\\ &=\boldsymbol{b}_1\end{aligned}$$

となるからである．行列 P は具体的には $\boldsymbol{u}_1$ の形から

$$P_{11}=1,\qquad P_{j1}=-2u_{j1}\bar{u}_{11}=0\qquad (j\geqq 2)$$

すなわち

$$P=\begin{pmatrix}1&0&\cdots&0\\ 0&*&\cdots&*\\ \vdots&\vdots&\ddots&\vdots\\ 0&*&\cdots&*\end{pmatrix} \tag{8.19}$$

である．この形を用いると，一般の行列 G に対して，G の第1列と GP の第1列は同じである．$P^{-1}A$ の第1列は $P^{-1}\boldsymbol{a}_1=P\boldsymbol{a}_1$ であり，これは(8.18)によ

り $\boldsymbol{b}_1$ に変換される．さらに $P^{-1}AP$ によっても第1列は $\boldsymbol{b}_1$ にとどまる．

$$(P^{-1}AP)_{j1} = b_{j1} \tag{8.20}$$

ところで，A はエルミート，P はユニタリであるから，$P^{-1}AP$ もエルミートである．したがって

$$(P^{-1}AP)_{1j} = \bar{b}_{j1} \tag{8.20$'$}$$

となるはずである．こうして

$$P^{-1}AP = \begin{pmatrix} \alpha_1 & \bar{\beta}_1 & 0 & \cdots & 0 \\ \beta_1 & * & * & \cdots & * \\ 0 & * & * & \cdots & * \\ \vdots & \vdots & \vdots & \ddots & \vdots \\ 0 & * & * & \cdots & * \end{pmatrix} \tag{8.21}$$

と変換されることが示された．

同様の手続きを $P^{-1}AP$ の第1行第1列を除いた小行列式に実行することにより

$$\begin{pmatrix} \alpha_1 & \bar{\beta}_1 & 0 & 0 & \cdots & 0 \\ \beta_1 & \alpha_2 & \bar{\beta}_2 & 0 & \cdots & 0 \\ 0 & \beta_2 & * & * & \cdots & * \\ 0 & 0 & * & * & \cdots & * \\ \vdots & \vdots & \vdots & \vdots & \ddots & \vdots \\ 0 & 0 & * & * & \cdots & * \end{pmatrix} \tag{8.22}$$

が得られる．この手順を繰り返すことにより，最終的にエルミート行列 A がエルミートな3重対角行列(8.9)に変換される．

一般には計算方法のもつ不安定さのために余り用いられないが，面白い方法として以下に説明する**ランチョス**(Lanczos)**法**がある．エルミート行列 A に対して任意の規格化されたベクトル $\boldsymbol{u}_1$ を考えよう．以下，再帰的に次の手順で規格化されたベクトル列 $\{\boldsymbol{u}_n\}$ を作ることにする．このようにして作ったベクトル列 $\{\boldsymbol{u}_n\}$ は自動的にお互いが直交している．

$$\begin{cases} \alpha_1 = (\boldsymbol{u}_1, A\boldsymbol{u}_1) \\ \boldsymbol{u}_2 = \dfrac{(A-\alpha_1 E)\boldsymbol{u}_1}{\|(A-\alpha_1 E)\boldsymbol{u}_1\|} \\ \beta_1 = (\boldsymbol{u}_2, (A-\alpha_1 E)\boldsymbol{u}_1) \end{cases}$$

$$A\boldsymbol{u}_1 = \alpha_1\boldsymbol{u}_1 + \beta_1\boldsymbol{u}_2$$

$$\begin{cases} \alpha_2 = (\boldsymbol{u}_2, A\boldsymbol{u}_2) \\ \boldsymbol{u}_3 = \dfrac{(A-\alpha_2 E)\boldsymbol{u}_2 - \bar{\beta}_1\boldsymbol{u}_1}{\|(A-\alpha_2 E)\boldsymbol{u}_2 - \bar{\beta}_1\boldsymbol{u}_1\|} \\ \beta_2 = (\boldsymbol{u}_3, (A-\alpha_2 E)\boldsymbol{u}_2 - \bar{\beta}_1\boldsymbol{u}_1) \end{cases} \tag{8.23}$$

$$A\boldsymbol{u}_2 = \bar{\beta}_1\boldsymbol{u}_1 + \alpha_2\boldsymbol{u}_2 + \beta_2\boldsymbol{u}_3$$

$$\cdots\cdots\cdots\cdots\cdots$$

$$\begin{cases} \alpha_k = (\boldsymbol{u}_k, A\boldsymbol{u}_k) \\ \boldsymbol{u}_{k+1} = \dfrac{(A-\alpha_k E)\boldsymbol{u}_k - \bar{\beta}_{k-1}\boldsymbol{u}_{k-1}}{\|(A-\alpha_k E)\boldsymbol{u}_k - \bar{\beta}_{k-1}\boldsymbol{u}_{k-1}\|} \\ \beta_k = (\boldsymbol{u}_{k+1}, (A-\alpha_k E)\boldsymbol{u}_k - \bar{\beta}_{k-1}\boldsymbol{u}_{k-1}) \end{cases}$$

$$A\boldsymbol{u}_k = \bar{\beta}_{k-1}\boldsymbol{u}_{k-1} + \alpha_k\boldsymbol{u}_k + \beta_k\boldsymbol{u}_{k+1}$$

このように順次 $\alpha_k, \beta_k, \boldsymbol{u}_k$ を決めていくことにより変換行列 P

$$P = (\boldsymbol{u}_1, \boldsymbol{u}_2, \cdots, \boldsymbol{u}_n) \tag{8.24}$$

および 3 重対角行列

$$\begin{pmatrix} \alpha_1 & \bar{\beta}_1 & 0 & 0 & \cdots & 0 \\ \beta_1 & \alpha_2 & \bar{\beta}_2 & 0 & \cdots & 0 \\ 0 & \beta_2 & \alpha_3 & \bar{\beta}_3 & \cdots & 0 \\ 0 & 0 & \beta_3 & \alpha_4 & \cdots & 0 \\ \vdots & \vdots & \vdots & \vdots & \ddots & \vdots \\ 0 & 0 & 0 & 0 & \cdots & \alpha_n \end{pmatrix} \tag{8.25}$$

を作ることができる．この方法では行列 A を何度も掛けるために丸め誤差が累積し，直交関係

$$(\boldsymbol{u}_i, \boldsymbol{u}_j) = \delta_{ij} \tag{8.26}$$

をくずしてしまいやすい．このため，3 重対角化の方法としてはランチョス法はあまり用いられない．しかし記憶容量を要しないため，超大行列のたとえば

1番大きな(または小さな)固有値を求めたいというときなど特別の目的にはよく用いられる.

8-3　固有ベクトルの計算：逆反復法

2分法により求めたい固有値 λ_0 の近似値 λ が計算できたとする. 固有値の精度を高めながら対応する固有ベクトルを決めるために一般に用いられる**逆反復法**を説明しよう.

行列 A とその固有値の近似値 λ に対して, 逆行列

$$B = (\lambda E - A)^{-1} \tag{8.27}$$

を考える. 適当なベクトル $\boldsymbol{x}^{(0)}$ を仮定し

$$\boldsymbol{x}^{(k)} = B\boldsymbol{x}^{(k-1)} \qquad (k=1,2,\cdots) \tag{8.28}$$

を順次計算する. 実際には, 逆行列 B を8-1節で説明したように求めてもよいし, あるいは直接に

$$(\lambda E - A)\boldsymbol{x}^{(k)} = \boldsymbol{x}^{(k-1)} \tag{8.29}$$

を解いてもよい. 正しい固有ベクトル $\boldsymbol{x}_0$ $(A\boldsymbol{x}_0 = \lambda_0\boldsymbol{x}_0)$ は, B の固有ベクトルになっていて,

$$B\boldsymbol{x}_0 = \frac{1}{\lambda - \lambda_0}\boldsymbol{x}_0 \tag{8.30}$$

が成立していることに注意しておこう.

もし λ が λ_0 に十分近くかつ λ のそばに他の固有値がなければ, $(\lambda - \lambda_0)^{-1}$ が行列 B の絶対値が最大の固有値となる. したがって $\boldsymbol{x}^{(0)}$ から出発して B を掛けるたびに $(\lambda - \lambda_0)^{-1}$ の割合で $\boldsymbol{x}_0$ 成分が増幅され, 他の固有ベクトル成分は相対的に少なくなっていく. こうして

$$\lim_{k\to\infty} \boldsymbol{x}^{(k)} = \boldsymbol{x}_0 \tag{8.31}$$

となる. 実際には有限の k で止めて近似固有ベクトルとする. また(8.30)であったから

$$\lim_{k\to\infty}\frac{(\boldsymbol{x}^{(k-1)},\boldsymbol{x}^{(k-1)})}{(\boldsymbol{x}^{(k-1)},\boldsymbol{x}^{(k)})}=\lambda-\lambda_0 \tag{8.32}$$

となる．したがって(8.32)を用いてλを補正することによって固有値の精度を上げることができる．必要があれば補正した固有値を近似固有値として，さらに計算を反復してもよい．

8-4　行列計算における工夫：帯幅縮小

工学や物理学などにおいて，大きな行列の固有値や固有ベクトルをとり扱わなくてはならないことがある．その場合に行列は**疎行列**，すなわちごく一部の要素のみが0でないことがある．n次正方エルミート行列$A=(a_{ij})$の各要素a_{ij}を考えたとき，0でないa_{ij}についての$|j-i|$の最大値をmとする．

$$a_{ij}=0 \qquad (|i-j|\geqq m+1) \tag{8.33}$$

このmを帯幅(おびはば)という．行列の番号をならべなおすことにより，0でない行列要素を対角要素のまわりに集めることが実際には有効である．これを**帯幅縮小**という．こうすることによって，たとえばLU分解などの計算が効率的に実行でき，計算機中の記憶容量と計算時間が節約できる．

帯幅縮小法には種々のものがあるが，以下に略記する方法も簡便で有効である(逆カットヒル-マッキー(Reverse Cuthill-Mckee)法)．

(1)　各j行でゼロでない要素の数を数え，それをj行の自由度l_jとする．

(2)　最小の自由度l_jを有する行番号を，番号1と名づける．複数個あれば，番号2,3… と名づける．

(3)　番号1の行中で0でない要素の列を抜き出す．それらの自由度をそれぞれ求める．自由度の小さいものから再び，番号づけしていく．

(4)　この手続きを番号の順に行い，すべての行または列に番号をつける．

(5)　(1)～(4)の番号に従い，番号lを番号$n-l+1$で置き換える．その後，新しい番号でlk要素を行列のl行k列要素とする．

以上の方法により，かなり効率よく帯幅を縮小することができる．その他にもさまざまな工夫が提案されている．それらをいちいちここに記することの意味はあまりないが，その種の工夫は数値的に処理できる問題の範囲を飛躍的に広げることがあるので，十分評価する必要がある．

第8章　演習問題

[1]　一般の行列 $A=(a_{ij})$ の逆行列を求める計算の手順を，ガウスの消去法に従い書き下せ．

[2]　逆行列を求める場合の手間(演算回数を)，ガウスの消去法と LU 分解について比較せよ．

[3]　次の行列(第2章演習問題2)を LU 分解し逆行列を求めよ．

(a) $\begin{pmatrix} 1 & 2 & -1 & 1 \\ 0 & 1 & -1 & 2 \\ -1 & 1 & -1 & 2 \\ 2 & 0 & 1 & -1 \end{pmatrix}$　(b) $\begin{pmatrix} 0 & 2 & -1 & 0 \\ 1 & -2 & 3 & 1 \\ -1 & -3 & 5 & 3 \\ -1 & 1 & 1 & 1 \end{pmatrix}$　(c) $\begin{pmatrix} 1 & 0 & 3 \\ 2 & 1 & 2 \\ 1 & 1 & 0 \end{pmatrix}$

[4]　8-2節で，スツルム列 $\{p_k(\lambda)\}$ の根の性質について証明なしで述べた事柄について，証明または簡単な例題で説明せよ．

[5]　ランチョス法(8.23)において，$A\boldsymbol{u}_n$ によって $\boldsymbol{u}_n, \boldsymbol{u}_{n+1}, \boldsymbol{u}_{n-1}$ しか現れず，$\boldsymbol{u}_{n-2}, \boldsymbol{u}_{n-3}, \cdots$ が現れないことを証明せよ．またこのとき，$\boldsymbol{u}_j$ が互いに直交していることを示せ．

[6]　ランチョス法は本章で説明したような行列のみならず，有界な線形演算子に対しても使用することができる．これを定式化し有界の条件がなぜ必要か説明せよ．

さらに勉強するために

本書では，理科系・文科系を問わず大学1,2年生がこのぐらいの線形代数学は勉強しておいてほしいと考える事項を，なるべく無理のない方法で具体的にていねいに説明することを心がけた．その意味で，本シリーズのタイトルは「理工系の基礎数学」であるが，この本のタイトルは『理工系・文科系の線形代数』としたいところである．しかし紙数の制限もあるため，意を尽くせずに途中で説明を止めたところも少なくない．本書を書くに際して参考にしたものも含めて，いくつかの参考書を挙げて補うことにしよう．

参考書としてまず挙げたいのが

[1] 藤原松三郎：『行列及び行列式』(改訂版)，岩波全書(1961)

である．これはすでに60年以上以前に書かれた本であるが，現在でも少しもその価値が低くならない名著である．著者にとっても最初に線形代数学に触れる機会となった感慨深い本である．ガウスの消去法や数値計算には当然のことながら触れていない．無限行列の理論の基礎的事項について述べてある．

[2] 斎藤正彦：『線型代数入門』，東京大学出版会(1966)

これは本書と同程度のレベルの教科書である．ガウスの消去法によって行列の階数を定義するなどしてあり，新鮮な思いで手にとったことを記憶している．

[3] 伊理正夫：『線形代数 I, II』(岩波講座 応用数学)，岩波書店(1993, 1994)

伊理教授の講義や著書からも多くのことを学んだ．この2分冊は教授のスタイルが色濃く出た個性的なテキストで，たいへん奥が深い．

演習書としては

[4] 斎藤正彦：『線形代数演習』，東京大学出版会(1985)

を薦めたい．

無限次元線形空間とくにヒルベルト空間の議論に関しては

[5] クーラン，ヒルベルト(斎藤利弥監訳，筒井孝胤訳)『数理物理学の方法 1,2,3,4』，東京図書(1984)

が薦められる．

関連した分野の応用としては

[6] P.A.M. ディラック(朝永振一郎，玉木英彦，木庭二郎，大塚益比古，伊藤大介訳)：『量子力学』(原書第4版)，岩波書店(1968)

を挙げておこう．これは数学の本ではもちろんないが，線形代数の立場を鮮明にして量子力学の理論的枠組みを与えた古典的名著である．

[7] 犬井鉄郎，田辺行人，小野寺嘉孝：『応用群論』(増補版)，裳華房(1980)

本書で述べた3次元座標回転に関して，あるいは代数の一分野である群論の物理学への応用を学ぶためにはこの本が最適である．

[8] 山内恭彦：『回転群とその表現』，岩波書店(1957)

も参考になろう．

線形代数を実際の計算テクニックとして用いるには，線形代数学の形式を学んだだけでは不十分で，さらにいくつかの知識とセンスが必要になる．それらについては以下のテキストが薦められる．

[9] 森正武，杉原正顕，室田一雄：『線形計算』(岩波講座 応用数学)，岩波書店(1994)

[10] 戸川隼人：『マトリックスの数値計算』，オーム社(1971)

およそ現在使用される線形計算についてほとんどの事柄が具体的に述べられていて，たいへん役立つ貴重な本である．

[11] J.H. Wilkinson: *The Algebraic Eigenvalue Problem*, Oxford Univ. Press(1965)

これはすでに古典の域に入っている数値計算をやる上では欠くことのできないテキストである．

演習問題解答

第1章

[1] (a) $\|\boldsymbol{a}\|=\sqrt{14}$, $\|\boldsymbol{b}\|=\sqrt{10}$, $\|\boldsymbol{a}+\boldsymbol{b}\|=\sqrt{34}$, $\|\boldsymbol{a}-\boldsymbol{b}\|=\sqrt{14}$.

(b) (a)の結果より3角不等式が成立していることがわかる.

(c) $(\boldsymbol{a},\boldsymbol{b})=5=\|\boldsymbol{a}\|\cdot\|\boldsymbol{b}\|\cos\theta$ より $\cos\theta=\frac{1}{2}\sqrt{5/7}$, $\theta=\cos^{-1}\left(\frac{1}{2}\sqrt{5/7}\right)$.

[2] $\boldsymbol{a},\boldsymbol{b}$ のなす角度を θ とすると面積は $\|\boldsymbol{a}\|\cdot\|\boldsymbol{b}\|\sin\theta$.

$$\begin{aligned}\|\boldsymbol{a}\|\cdot\|\boldsymbol{b}\|\sin\theta &= \sqrt{\|\boldsymbol{a}\|^2\cdot\|\boldsymbol{b}\|^2(1-\cos^2\theta)} = \sqrt{\|\boldsymbol{a}\|^2\cdot\|\boldsymbol{b}\|^2-(\boldsymbol{a},\boldsymbol{b})^2} \\ &= \sqrt{(a_1b_2-a_2b_1)^2+(a_2b_3-a_3b_2)^2+(a_3b_1-a_1b_3)^2}\end{aligned}$$

[3] (a) 原点 $\boldsymbol{0}$ と $\boldsymbol{a},\boldsymbol{b},\boldsymbol{c}$ を頂点とする4面体の底面は $\boldsymbol{a}-\boldsymbol{b},\boldsymbol{b}-\boldsymbol{c},\boldsymbol{c}-\boldsymbol{a}$ により作られる3角形であるから, その面積は問題2の結果から

$$\begin{aligned}S &= \frac{1}{2}\sqrt{\|\boldsymbol{a}-\boldsymbol{b}\|^2\cdot\|\boldsymbol{b}-\boldsymbol{c}\|^2-(\boldsymbol{a}-\boldsymbol{b},\boldsymbol{b}-\boldsymbol{c})^2} \\ &= \frac{1}{2}\sqrt{\|\boldsymbol{b}-\boldsymbol{c}\|^2\cdot\|\boldsymbol{c}-\boldsymbol{a}\|^2-(\boldsymbol{b}-\boldsymbol{c},\boldsymbol{c}-\boldsymbol{a})^2} \\ &= \frac{1}{2}\sqrt{\|\boldsymbol{c}-\boldsymbol{a}\|^2\cdot\|\boldsymbol{a}-\boldsymbol{b}\|^2-(\boldsymbol{c}-\boldsymbol{a},\boldsymbol{a}-\boldsymbol{b})^2}\end{aligned}$$

である. また底面の方程式はパラメータ s と t を用いて

$$\boldsymbol{x} = \boldsymbol{a}+s(\boldsymbol{b}-\boldsymbol{a})+t(\boldsymbol{c}-\boldsymbol{a})$$

と書かれる. 原点からこの平面へ下した垂直の足を $\boldsymbol{x}_0$ とし, その時のパラメータ s,t の値を s_0,t_0 とすると

$$\begin{gathered}\boldsymbol{x}_0 = \boldsymbol{a}+s_0(\boldsymbol{b}-\boldsymbol{a})+t_0(\boldsymbol{c}-\boldsymbol{a}) \\ (\boldsymbol{x}_0,\boldsymbol{b}-\boldsymbol{a}) = (\boldsymbol{x}_0,\boldsymbol{c}-\boldsymbol{a}) = 0\end{gathered}$$

である. これから $\varDelta=\|\boldsymbol{a}-\boldsymbol{b}\|^2\cdot\|\boldsymbol{a}-\boldsymbol{c}\|^2-(\boldsymbol{a}-\boldsymbol{b},\boldsymbol{a}-\boldsymbol{c})^2$ として, パラメータ s_0,t_0 の値は

$$s_0 = \frac{1}{\varDelta}\{(\boldsymbol{a},\boldsymbol{a}-\boldsymbol{b})(\boldsymbol{a}-\boldsymbol{c},\boldsymbol{a}-\boldsymbol{c})-(\boldsymbol{a},\boldsymbol{a}-\boldsymbol{c})(\boldsymbol{a}-\boldsymbol{b},\boldsymbol{a}-\boldsymbol{c})\}$$

$$t_0 = \frac{1}{\varDelta}\{(\boldsymbol{a}-\boldsymbol{b},\boldsymbol{a}-\boldsymbol{b})(\boldsymbol{a},\boldsymbol{a}-\boldsymbol{c})-(\boldsymbol{a}-\boldsymbol{b},\boldsymbol{a}-\boldsymbol{c})(\boldsymbol{a},\boldsymbol{a}-\boldsymbol{b})\}$$

と定められる. 垂線の足の長さは $\|\boldsymbol{x}_0\|$ であるから, 4面体の体積 V は

$$V = \frac{1}{3}S\cdot\|\boldsymbol{x}_0\|$$

となる．

（b） 重心の座標を $\boldsymbol{x}_c$ とすると $\boldsymbol{x}_c$ から各頂点へ伸したベクトルは，$-\boldsymbol{x}_c$，$\boldsymbol{a}-\boldsymbol{x}_c$，$\boldsymbol{b}-\boldsymbol{x}_c$，$\boldsymbol{c}-\boldsymbol{x}_c$ である．重心の座標はそれらの平均であるから

$$(-\boldsymbol{x}_c)+(\boldsymbol{a}-\boldsymbol{x}_c)+(\boldsymbol{b}-\boldsymbol{x}_c)+(\boldsymbol{c}-\boldsymbol{x}_c)=\boldsymbol{0}$$

である．ゆえに，$\boldsymbol{x}_c=\dfrac{1}{4}(\boldsymbol{a}+\boldsymbol{b}+\boldsymbol{c})$．

[4] 行列 A に対して $A\boldsymbol{x}$ を計算する．

（a） $\begin{pmatrix} 2x \\ y \\ x+z \end{pmatrix}$ であるから，回転や平行移動ではない．

（b） xy 平面に垂直で x 軸 y 軸と $45°$ をなす鏡像面に対する鏡像．

（c） z 軸を回転軸として $(3/2)\pi$ 回転．

（d） ベクトル $\begin{pmatrix} 1 \\ 1 \\ 1 \end{pmatrix}$ を回転軸として $(2\pi/3)$ 回転．

（e） z 軸を回転軸として $5(2\pi/6)$ 回転．

（f） x 軸を回転軸として $3(\pi/2)$ 回転．

[5] $\boldsymbol{a}=\begin{pmatrix} 2 \\ 3 \\ 4 \end{pmatrix}$ として $(\boldsymbol{x},\boldsymbol{a})=5$ がベクトルによる表示である．$\boldsymbol{a}$ が平面の法線ベクトル．$\|\boldsymbol{a}\|=\sqrt{29}$ であるから，平面への垂線の足の長さは $5/\sqrt{29}$．

第2章

[1]

（a） $\begin{pmatrix} 0 & 1 & -1 & 0 \\ 1/2 & -3/2 & 3/2 & 1/2 \\ -1/2 & -3/2 & 5/2 & 3/2 \\ -1/2 & 1/2 & 1/2 & 1/2 \end{pmatrix}$

（b） $\begin{pmatrix} 1 & 1/3 & 1/6 & -5/6 \\ 0 & 1/3 & -1/3 & 2/3 \\ -1 & 2/3 & -2/3 & 4/3 \\ 2 & -2/3 & 7/6 & -11/6 \end{pmatrix}$

（c） $\begin{pmatrix} -2 & 3 & -3 \\ 2 & -3 & 4 \\ 1 & -1 & 1 \end{pmatrix}$

[2]

（a） $\begin{pmatrix} a_1 & 0 & \cdots & 0 \\ 0 & a_2 & \cdots & 0 \\ \vdots & \vdots & \ddots & \vdots \\ 0 & 0 & \cdots & a_n \end{pmatrix}\begin{pmatrix} {a_1}^{-1} & 0 & \cdots & 0 \\ 0 & {a_2}^{-1} & \cdots & 0 \\ \vdots & \vdots & \ddots & \vdots \\ 0 & 0 & \cdots & {a_n}^{-1} \end{pmatrix}=E$

(b) $\begin{pmatrix} A & C \\ 0 & B \end{pmatrix}\begin{pmatrix} A^{-1} & -A^{-1}CB^{-1} \\ 0 & B^{-1} \end{pmatrix}=\begin{pmatrix} E & -CB^{-1}+CB^{-1} \\ 0 & E \end{pmatrix}=E$

[3] $\mathrm{Tr}\,AB=\sum_l\sum_k A_{lk}B_{kl}=\sum_k\sum_l B_{kl}A_{lk}=\sum_k (BA)_{kk}=\mathrm{Tr}\,BA$．同じように $\mathrm{Tr}\,ABC=\sum_\alpha\sum_\beta\sum_\gamma A_{\alpha\beta}B_{\beta\gamma}C_{\gamma\alpha}=\sum_{\gamma\alpha}C_{\gamma\alpha}(AB)_{\alpha\gamma}=\mathrm{Tr}\,CAB=\sum_{\beta\gamma}B_{\beta\gamma}(CA)_{\gamma\beta}=\mathrm{Tr}\,BCA$．

[4] $A_0\sim A_5$ の掛算の表をつくると，次のようになる(縦の欄が X，横の欄が Y を指定し $Z=XY$ の一覧表になっている)．この表から $A_0\sim A_5$ が群を作っていることがわかる．

X/Y	A_0	A_1	A_2	A_3	A_4	A_5
A_0	A_0	A_1	A_2	A_3	A_4	A_5
A_1	A_1	A_2	A_0	A_5	A_3	A_4
A_2	A_2	A_0	A_1	A_4	A_5	A_3
A_3	A_3	A_4	A_5	A_0	A_1	A_2
A_4	A_4	A_5	A_3	A_2	A_0	A_1
A_5	A_5	A_3	A_4	A_1	A_2	A_0

A_1, A_2 は 120° および 240° の回転，A_3 は x 軸を含み xy 面に垂直な面に関する鏡映操作である．A_4, A_5 は鏡映面を 120° ずつ回転したもの．

[5] (a) 階数 1　(b) 階数 2　(c) 階数 2　(d) 階数 4

[6] (a) $A=aE+bT$,

$$\exp A = E+(aE+bT)+\frac{1}{2!}(aE+bT)^2+\cdots+\frac{1}{n!}(aE+bT)^n+\cdots$$

$ET=TE$ に注意して，たとえば T^n の項を書き出すと

$$T^n\sum_{m\geqq n}^{\infty}\frac{a^{m-n}b^n}{m!}\binom{m}{n}=\frac{(bT)^n}{n!}\sum_{l=0}^{\infty}\frac{(aE)^l}{l!}=\frac{(bT)^n}{n!}e^{aE}$$

となる．したがって

$$\exp A=\sum_{n=0}^{\infty}T^n\sum_{m\geqq n}^{\infty}\frac{a^{m-n}b^n}{m!}\binom{m}{n}=e^{aE}\sum_{n=0}^{\infty}\frac{(bT)^n}{n!}=e^{aE}e^{bT}$$

である．

(b) $e^{aE}=Ee^a$, $e^{bT}=\sum_n\frac{(bT)^n}{n!}$ である．ここで $T^2=-E$ に注意すると

$$\begin{aligned} e^{bT} &= E+\frac{b}{1!}T+\frac{-b^2}{2!}E+\frac{b^3}{3!}(-T)+\cdots \\ &= E\sum_{n=0}^{\infty}(-1)^n\frac{b^{2n}}{(2n)!}+T\sum_{n=0}^{\infty}(-1)^n\frac{b^{2n+1}}{(2n+1)!} \\ &= E\cos b+T\sin b=\begin{pmatrix}\cos b & -\sin b \\ \sin b & \cos b\end{pmatrix}\end{aligned}$$

よって $e^A=e^a\begin{pmatrix}\cos b & -\sin b\\ \sin b & \cos b\end{pmatrix}$

（c） 微分方程式を

$$\frac{d}{dt}\boldsymbol{u}(t)=(2E+T)\boldsymbol{u}(t)$$

と書くと，解は $\boldsymbol{u}(t)=e^{(2E+T)t}\boldsymbol{u}(0)$ である．(b)の結果を用いると

$$\begin{pmatrix}x(t)\\ y(t)\end{pmatrix}=e^{2t}\begin{pmatrix}\cos t & -\sin t\\ \sin t & \cos t\end{pmatrix}\begin{pmatrix}3\\ -1\end{pmatrix}=e^{2t}\begin{pmatrix}3\cos t+\sin t\\ -\cos t+3\sin t\end{pmatrix}$$

[7]

（a） $\begin{pmatrix}1\\ -1\\ 13\end{pmatrix}$ （b） $(9\ \ 1\ \ 7)$ （c） 8

第3章

[1] （a） 式(3.24)，(3.24′)により $\det A=\det({}^tA)$．

（b） 与えられた行列を第1行で展開して

$$\det A=a_{11}\begin{vmatrix}a_{22} & a_{13} & \cdots & a_{2n}\\ 0 & a_{33} & \cdots & a_{3n}\\ \vdots & \vdots & \ddots & \vdots\\ 0 & 0 & \cdots & a_{nn}\end{vmatrix}$$

となる．これをさらに続ければ

$$\det A=a_{11}a_{22}\begin{vmatrix}a_{33} & a_{34} & \cdots & a_{3n}\\ 0 & a_{44} & \cdots & a_{4n}\\ \vdots & \vdots & \ddots & \vdots\\ 0 & 0 & \cdots & a_{nn}\end{vmatrix}=\cdots=a_{11}a_{22}\cdots a_{nn}$$

（c） 左辺は $x_i=x_j$ とすると0となり，また x_i と x_j を入れ換えれば符号を変えるから，(x_i-x_j) の交代式である．よって左辺は差積 $F(x_1,x_2,\cdots,x_n)$ で割り切れる．この両辺ともに次数が $1+2+\cdots+(n-1)=n(n-1)/2$ であるから，左辺を F で割った商は定数となる．両辺の $1\cdot x_2\cdot x_3{}^2\cdot\cdots\cdot x_n{}^{n-1}$ の係数を比較して，この商が $(-1)^{n(n-1)/2}$ であることがわかる．

[2] （a） $A\cdot A^{-1}=E$ から $\det A\cdot\det A^{-1}=1$．

（b） 定義から．

[3] これは(3.48)～(3.50)を確認することである．与えられた式は書きなおせば

$$E|A| = A\begin{pmatrix} A_{11} & A_{21} & \cdots & A_{n1} \\ A_{12} & A_{22} & \cdots & A_{n2} \\ \vdots & \vdots & \ddots & \vdots \\ A_{1n} & A_{2n} & \cdots & A_{nn} \end{pmatrix}$$

であるから，展開公式(3.45),(3.46)に他ならない．

[4] 行列Bを列ベクトル$\boldsymbol{b}_1, \boldsymbol{b}_2, \cdots, \boldsymbol{b}_n$を用いて$B=(\boldsymbol{b}_1, \boldsymbol{b}_2, \cdots, \boldsymbol{b}_n)$と書く．$|AB| = \det(A\boldsymbol{b}_1, A\boldsymbol{b}_2, \cdots, A\boldsymbol{b}_n)$であるから，これは$\boldsymbol{b}_1, \cdots, \boldsymbol{b}_n$について線形性および交代性をもつ．したがって$|AB|$は$|B|$に比例する．$|AB|=c|B|$．さらに$B=(\boldsymbol{e}_1, \boldsymbol{e}_2, \cdots, \boldsymbol{e}_n)$とすると$c=|A|$であることがわかる．ゆえに$|AB|=|A|\cdot|B|$．

[5] (a) $x_1=1$, $x_2=-2$, $x_3=2$

(b) $x_1=3$, $x_2=-2$, $x_3=1$, $x_4=0$

(c) $x_1=(7/3)a+b+2/3$, $x_2=-(11/3)a-b+5/3$, $x_3=a$, $x_4=b$

[6] $A_0=E$, $A_1=(1\ 3\ 2)$, $A_2=(1\ 2\ 3)$, $A_3=(2\ 3)$, $A_4=(1\ 3)$, $A_5=(1\ 2)$とすると，第2章演習問題4と同じ掛算の表を得る．

[7] $X=(x_{ij})$と書くと

$$|X| = \sum_{\sigma}(-1)^{P_\sigma}x_{1\sigma(1)}x_{2\sigma(2)}\cdots x_{n\sigma(n)}$$

ここで$x_{ij}=0$ ($1\leqq i\leqq n_1$, $n_1+1\leqq j$)であるから，置換σとしては

$$\sigma = \begin{pmatrix} 1 & 2 & \cdots & n_1 & n_1+1 & \cdots & n_1+n_2 \\ i_1 & i_2 & \cdots & i_{n_1} & n_1+j_1 & \cdots & n_1+j_{n_2} \end{pmatrix} \qquad (1\leqq i_1, \cdots, i_{n_1}\leqq n_1,\ 1\leqq j_1, j_2, \cdots, j_{n_2}\leqq n_2)$$

だけを考えればよい．したがってσとしては2つの置換

$$\sigma_A = \begin{pmatrix} 1\,2\cdots n_1 \\ i_1\,i_2\cdots i_{n_1} \end{pmatrix}, \qquad \sigma_B = \begin{pmatrix} 1\,2\cdots n_2 \\ j_1 j_2\cdots j_{n_2} \end{pmatrix}$$

を考えればよい．

$$|X| = \sum_{\sigma_A}\sum_{\sigma_B}(-1)^{P_{\sigma_A}+P_{\sigma_B}}a_{1\sigma_A(1)}\cdots a_{n_1\sigma_A(n_1)}b_{1\sigma_B(1)}\cdots b_{n_2\sigma_B(n_2)} = |A|\cdot|B|$$

[8]

$$\begin{pmatrix} A & B \\ C & D \end{pmatrix}\begin{pmatrix} E & -A^{-1}B \\ 0 & E \end{pmatrix} = \begin{pmatrix} A & 0 \\ C & D-CA^{-1}B \end{pmatrix}$$

$$\begin{pmatrix} A & B \\ C & D \end{pmatrix}\begin{pmatrix} E & 0 \\ -D^{-1}C & E \end{pmatrix} = \begin{pmatrix} A-BD^{-1}C & B \\ 0 & D \end{pmatrix}$$

であるから，それぞれの行列式を計算すると$|X|=|A|\cdot|D-CA^{-1}B|=|A-BD^{-1}C|\cdot|D|$となる．

[9] (a) $|X|=|-{}^tX|=(-1)^n|X|$であるから，nが奇数なら$|X|=0$．

（b） n が偶数 $n=2m$ であるときは帰納法で考える．$m=1$ の場合には，$X=\begin{pmatrix} 0 & x_{12} \\ -x_{12} & 0 \end{pmatrix}$ であるから $|X|=(x_{12})^2$ となり成立している．$n=2(m-1)$ のとき成立しているとする．行列式 $|X|$ を計算するとき，行列 X の第1行の第3〜n 成分を第2成分 (x_{12}) を用いてゼロに，第2行の第3〜n 成分も第1成分 $(-x_{12})$ を用いてゼロにする．結果は

$$|X|=$$

$$\begin{vmatrix} 0 & x_{12} & 0 & 0 & \cdots & 0 \\ -x_{12} & 0 & 0 & 0 & \cdots & 0 \\ -x_{13} & -x_{23} & 0 & x_{34}-\dfrac{x_{13}x_{24}-x_{23}x_{14}}{x_{12}} & \cdots & x_{3n}-\dfrac{x_{13}x_{2n}-x_{23}x_{1n}}{x_{12}} \\ -x_{14} & -x_{24} & -x_{34}-\dfrac{x_{14}x_{23}-x_{24}x_{13}}{x_{12}} & 0 & \cdots & x_{4n}-\dfrac{x_{14}x_{2n}-x_{24}x_{1n}}{x_{12}} \\ \vdots & \vdots & \vdots & \vdots & & \vdots \\ -x_{1n} & -x_{2n} & -x_{3n}-\dfrac{x_{1n}x_{23}-x_{2n}x_{13}}{x_{12}} & -x_{4n}-\dfrac{x_{1n}x_{24}-x_{2n}x_{14}}{x_{12}} & \cdots & 0 \end{vmatrix}$$

$$= x_{12}{}^2 x_{12}{}^{-(n-2)} \begin{vmatrix} 0 & y_{34} & y_{35} & \cdots & y_{3n} \\ -y_{34} & 0 & y_{45} & \cdots & y_{4n} \\ -y_{35} & -y_{45} & 0 & \cdots & y_{5n} \\ \vdots & \vdots & \vdots & \ddots & \vdots \\ -y_{3n} & -y_{4n} & -y_{5n} & \cdots & 0 \end{vmatrix}$$

となる．ただし $y_{ij}=x_{12}x_{ij}-x_{1i}x_{2j}+x_{1j}x_{2i}$ とする．行列 (y_{ij}) は $n-2$ 次の交代行列である．したがって $\det(y_{ij})$ は仮定により完全平方式となる（さらにこれは $x_{12}{}^{n-4}$ でも割り切れる）．

[10] （a） $A=(a_{ij})$ と書くと

$$\frac{d}{dt}|A| = \sum_{i=1}^{n} \begin{vmatrix} a_{11} & a_{12} & \cdots & a_{1n} \\ \vdots & \vdots & & \vdots \\ a'_{i1} & a'_{i2} & \cdots & a'_{in} \\ \vdots & \vdots & & \vdots \\ a_{n1} & a_{n1} & \cdots & a_{nn} \end{vmatrix} \qquad \left(\text{ただし } a'_{ij}=\frac{d}{dt}a_{ij}\right)$$

となる（行列式の微分の定義）．行列 A の (i,j) 余因子を A_{ij} と書いて，行列式の展開を上式の i 行について行なえば $\dfrac{d}{dt}|A|=\sum_{i=1}^{n}\sum_{j=1}^{n}A_{ij}a'_{ij}$ と書かれる．A の逆行列は $A^{-1}=|A|^{-1}(A_{ji})$ であるから，さらに $\dfrac{1}{|A|}\dfrac{d}{dt}|A|=\mathrm{Tr}\left(A^{-1}\dfrac{d}{dt}A\right)$ と書くことができる．

（b） $A(t)=\exp(tB)$ とすると $\dfrac{d}{dt}A(t)=BA(t)=A(t)B$ であるから $A(t)^{-1}\dfrac{d}{dt}A(t)=B$ である．よって $\dfrac{1}{|\exp tB|}\dfrac{d}{dt}|\exp tB|=\mathrm{Tr}\,B$ が得られる．これを積分して $|\exp tB|=e^{(\mathrm{Tr}\,B)t}\times$定数 を得るが，$t=0$ とすると 定数$=1$ であることがわかる．さらに $t=1$ とすると $|\exp B|=\exp(\mathrm{Tr}\,B)$ となる．

第4章

[1] (a) 階数1. $A\boldsymbol{x}=\boldsymbol{0}$ より Ker A は $\begin{pmatrix}-2t\\t\end{pmatrix}$ となる. $\dim(\mathrm{Im}\,A)=1$, $\dim(\mathrm{Ker}\,A)=1$.

(b) 階数2. $A\boldsymbol{x}=\boldsymbol{0}$ より Ker A は $\begin{pmatrix}-t\\-2t\\t\end{pmatrix}$. $\dim(\mathrm{Im}\,A)=2$, $\dim(\mathrm{Ker}\,A)=1$.

[2] (a) 性質7または性質10および, 任意の (n,n) 行列 B について $|B|^*=|B^\dagger|$ であることから.

(b) 写像

$$\boldsymbol{x}\xrightarrow{A}\boldsymbol{y}\xrightarrow{S}\boldsymbol{z}$$

を考えれば, S は1対1写像であるから $m=n$. ゆえに rank A =rank SA. 他も同様.

(c) 写像

$$\boldsymbol{x}\xrightarrow{B}\boldsymbol{y}\xrightarrow{A}\boldsymbol{z}$$

を考えると, $\dim(\mathrm{Im}(AB))\leqq\dim(\mathrm{Im}\,B)$ また $\dim(\mathrm{Im}(AB))\leqq\dim(\mathrm{Im}\,A)$. ゆえに $\mathrm{rank}(AB)\leqq\mathrm{rank}\,A$, $\mathrm{rank}\,B$.

(d) 行列 A, B を列ベクトルを用いて $A=(\boldsymbol{a}_1,\boldsymbol{a}_2,\cdots,\boldsymbol{a}_n)$, $B=(\boldsymbol{b}_1,\boldsymbol{b}_2,\cdots,\boldsymbol{b}_n)$ と書く. rank A は列ベクトル $\{\boldsymbol{a}_n\}$ のうちの線形独立なものの個数, rank B も同様である. 同じように $\mathrm{rank}(A+B)$ は列ベクトル $\{\boldsymbol{a}_n+\boldsymbol{b}_n\}$ のうちの線形独立なものの個数である. 2つの部分空間 $\{\boldsymbol{a}_n,\boldsymbol{b}_n\}$ が共通集合をもたなければ $\{\boldsymbol{a}_n+\boldsymbol{b}_n\}$ のうちの線形独立な列ベクトルの個数は, $\{\boldsymbol{a}_n$ および $\boldsymbol{b}_n\}$ のうちの線形独立なベクトルの個数の和となる. 一般には共通集合を有することもあるから, $\mathrm{rank}(A+B)\leqq\mathrm{rank}\,A+\mathrm{rank}\,B$.

[3] (a)

$$\begin{pmatrix}2&1&-1\\1&0&2\\0&1&3\end{pmatrix}=\begin{pmatrix}1&0&0\\0&1&0\\0&0&1\end{pmatrix}\begin{pmatrix}2&1&-1\\1&0&2\\0&1&3\end{pmatrix}$$

であるから

$$P=\begin{pmatrix}2&1&-1\\1&0&2\\0&1&3\end{pmatrix}$$

(b) 基底を $\begin{pmatrix}1\\0\\0\end{pmatrix},\begin{pmatrix}0\\1\\0\end{pmatrix},\begin{pmatrix}0\\0\\1\end{pmatrix}$ より $\begin{pmatrix}2\\1\\0\end{pmatrix},\begin{pmatrix}1\\0\\1\end{pmatrix},\begin{pmatrix}-1\\2\\3\end{pmatrix}$ へ変換する行列が $P=\begin{pmatrix}2&1&-1\\1&0&2\\0&1&3\end{pmatrix}$, また $\begin{pmatrix}2\\0\\1\end{pmatrix},\begin{pmatrix}1\\1\\2\end{pmatrix},\begin{pmatrix}2\\-3\\6\end{pmatrix}$ への変換行列が $P'=\begin{pmatrix}2&1&2\\0&1&-3\\1&2&6\end{pmatrix}$ である. したがって求める変換行列は

$$P^{-1}P' = \begin{pmatrix} 1/4 & 1/2 & -1/4 \\ 3/8 & -3/4 & 5/8 \\ -1/8 & 1/4 & 1/8 \end{pmatrix}\begin{pmatrix} 2 & 1 & 2 \\ 0 & 1 & -3 \\ 1 & 2 & 6 \end{pmatrix} = \begin{pmatrix} 1/4 & 1/4 & -5/2 \\ 11/8 & 7/8 & 27/4 \\ -1/8 & 3/8 & -1/4 \end{pmatrix}$$

これは

$$\begin{pmatrix} 2 & 1 & 2 \\ 0 & 1 & -3 \\ 1 & 2 & 6 \end{pmatrix} = \begin{pmatrix} 2 & 1 & -1 \\ 1 & 0 & 2 \\ 0 & 1 & 3 \end{pmatrix}\begin{pmatrix} 1/4 & 1/4 & -5/2 \\ 11/8 & 7/8 & 27/4 \\ -1/8 & 3/8 & -1/4 \end{pmatrix}$$

により確かめられる．

[4] 基底の変換行列は

$$P = \begin{pmatrix} 1/\sqrt{2} & -i/\sqrt{2} & 0 \\ -i/\sqrt{2} & 1/\sqrt{2} & 0 \\ 0 & 0 & 1 \end{pmatrix}$$

である．したがって行列 A は

$$P^{-1}AP = \begin{pmatrix} 1/\sqrt{2} & i/\sqrt{2} & 0 \\ i/\sqrt{2} & 1/\sqrt{2} & 0 \\ 0 & 0 & 1 \end{pmatrix}\begin{pmatrix} a_1 & b & 0 \\ b & a_2 & c \\ 0 & c & a_3 \end{pmatrix}\begin{pmatrix} 1/\sqrt{2} & -i/\sqrt{2} & 0 \\ -i/\sqrt{2} & 1/\sqrt{2} & 0 \\ 0 & 0 & 1 \end{pmatrix}$$

$$= \frac{1}{2}\begin{pmatrix} a_1+a_2 & 2b-i(a_1-a_2) & ic \\ 2b+i(a_1-a_2) & a_1+a_2 & c \\ -ic & c & a_3 \end{pmatrix}$$

に変換される．

第5章

[1] $\boldsymbol{x}=x_1\boldsymbol{e}_1+x_2\boldsymbol{e}_2$, $D\boldsymbol{x}=\lambda\boldsymbol{x}$, $D=\begin{pmatrix} 0 & 1 \\ -2 & -3 \end{pmatrix}$ として D の固有値，固有ベクトルを求める．固有値は $-1, -2$．対応する固有ベクトルを並べて，変換行列 P とその逆行列は

$$P = \begin{pmatrix} 1 & 1 \\ -1 & -2 \end{pmatrix}, \quad P^{-1} = \begin{pmatrix} 2 & 1 \\ -1 & -1 \end{pmatrix}$$

となる．$\lambda_1=-1$, $\lambda_2=-2$ に対応して $x(t)=e^{-t}$, $x(t)=e^{-2t}$ を得る．したがって，$y_1(0)=1$, $y_1'(0)=0$ および $y_2(0)=0$, $y_2'(0)=1$ を満たす解として $y_1(t)=2e^{-t}-e^{-2t}$, $y_2(t)=e^{-t}-e^{-2t}$ を得る．

[2]

$$\boldsymbol{e}_1 = \frac{1}{\sqrt{5}}\begin{pmatrix} 2 \\ 1 \\ 0 \\ 0 \end{pmatrix}, \quad \boldsymbol{e}_2 = \frac{1}{\sqrt{30}}\begin{pmatrix} 1 \\ -2 \\ 5 \\ 0 \end{pmatrix}, \quad \boldsymbol{e}_3 = \frac{1}{\sqrt{186}}\begin{pmatrix} -5 \\ 10 \\ 5 \\ 6 \end{pmatrix}, \quad \boldsymbol{e}_4 = \frac{1}{\sqrt{31}}\begin{pmatrix} 1 \\ -2 \\ -1 \\ 5 \end{pmatrix}$$

[3]

$$f(x) = \frac{4}{\pi}\sum_{n=0}^{\infty}\frac{\sin(2n+1)x}{2n+1}$$

[4] 省略

[5]

$$\frac{1}{(2\pi)^{1/4}}, \quad \frac{x}{(2\pi)^{1/4}}, \quad \frac{x^2-1}{(2\sqrt{2\pi})^{1/2}}, \quad \frac{x^3-3x}{(3!\sqrt{2\pi})^{1/2}} \cdots$$

この多項式を

$$\frac{H_n(x)}{\sqrt{n!\sqrt{2\pi}}}$$

と書くとき $H_n(x)$ はエルミート多項式といい，詳しく調べられている．

第6章

[1]

(a) 固有値 -1，固有ベクトル $\begin{pmatrix} 1/\sqrt{2} \\ 0 \\ 0 \\ -1/\sqrt{2} \end{pmatrix}, \begin{pmatrix} 0 \\ 1/\sqrt{2} \\ -1/\sqrt{2} \\ 0 \end{pmatrix}$

固有値 1 については固有ベクトル $\begin{pmatrix} 1/\sqrt{2} \\ 0 \\ 0 \\ 1/\sqrt{2} \end{pmatrix}, \begin{pmatrix} 0 \\ 1/\sqrt{2} \\ 1/\sqrt{2} \\ 0 \end{pmatrix}$.

(b) 固有値 1，固有ベクトル $\frac{1}{\sqrt{14}}\begin{pmatrix} 1 \\ 2 \\ 3 \end{pmatrix}$；固有値 -2，固有ベクトル $\frac{1}{\sqrt{5}}\begin{pmatrix} 1 \\ 2 \\ 0 \end{pmatrix}$. 固有値としてもう 1 つ -2 があるが固有ベクトルは 1 つしかない．この行列は正規行列ではない．

(c) 固有値 0，固有ベクトル $\frac{1}{\sqrt{2}}\begin{pmatrix} 1 \\ 0 \\ 1 \end{pmatrix}$；固有値 $\sqrt{2}$，固有ベクトル $\begin{pmatrix} -i/2 \\ 1/\sqrt{2} \\ i/2 \end{pmatrix}$；固有値 $-\sqrt{2}$，固有ベクトル $\begin{pmatrix} -i/2 \\ -1/\sqrt{2} \\ i/2 \end{pmatrix}$.

(d) 固有値 1，固有ベクトル $\begin{pmatrix} 1/\sqrt{2} \\ 0 \\ 1/\sqrt{2} \end{pmatrix}, \begin{pmatrix} 0 \\ 1 \\ 0 \end{pmatrix}$；固有値 -3，固有ベクトル $\begin{pmatrix} 1/\sqrt{2} \\ 0 \\ -1/\sqrt{2} \end{pmatrix}$

[2] (a) エルミート行列の固有値を $a_1 \sim a_n$ としてスペクトル分解が $H = a_1P_1 + a_2P_2 + \cdots + a_nP_n$ となったとする．$H^\dagger = \bar{a}_1P_1 + \bar{a}_2P_2 + \cdots + \bar{a}_nP_n$ であるから，$H = H^\dagger$ より $a_j = \bar{a}_j$.

(b) ユニタリ行列のスペクトル分解を $U = a_1P_1 + a_2P_2 + \cdots + a_nP_n$ とすると，$U^\dagger = \bar{a}_1P_1 + \bar{a}_2P_2 + \cdots + \bar{a}_nP_n$. $UU^\dagger = a_1\bar{a}_1P_1 + a_2\bar{a}_2P_2 + \cdots + a_n\bar{a}_nP_n$ であり，また $UU^\dagger = E$ で

あるから，$a_j\bar{a}_j=1$ すなわち $|a_j|=1$.

[3]

$$\begin{pmatrix} a_n \\ a_{n+1} \end{pmatrix} = \begin{pmatrix} 0 & 1 \\ 1 & 1 \end{pmatrix}\begin{pmatrix} a_{n-1} \\ a_n \end{pmatrix} = \cdots = \begin{pmatrix} 0 & 1 \\ 1 & 1 \end{pmatrix}^{n-1}\begin{pmatrix} a_1 \\ a_2 \end{pmatrix}$$

また

$$\frac{1}{1+\sigma^2}\begin{pmatrix} 1 & \sigma \\ -\sigma & 1 \end{pmatrix}\begin{pmatrix} 0 & 1 \\ 1 & 1 \end{pmatrix}\begin{pmatrix} 1 & -\sigma \\ \sigma & 1 \end{pmatrix} = \begin{pmatrix} \sigma & 0 \\ 0 & -\dfrac{1}{\sigma} \end{pmatrix},\ \text{ただし}\ \sigma=\frac{1+\sqrt{5}}{2}$$

よって

$$P = \frac{1}{\sqrt{1+\sigma^2}}\begin{pmatrix} 1 & -\sigma \\ \sigma & 1 \end{pmatrix}, \qquad P^{-1} = \frac{1}{\sqrt{1+\sigma^2}}\begin{pmatrix} 1 & \sigma \\ -\sigma & 1 \end{pmatrix}$$

として

$$\begin{pmatrix} 0 & 1 \\ 1 & 1 \end{pmatrix} = P\begin{pmatrix} \sigma & 0 \\ 0 & -\dfrac{1}{\sigma} \end{pmatrix}P^{-1}$$

と書かれる．ゆえに

$$\begin{pmatrix} a_n \\ a_{n+1} \end{pmatrix} = P\begin{pmatrix} \sigma^{n-1} & 0 \\ 0 & \left(-\dfrac{1}{\sigma}\right)^{n-1} \end{pmatrix}P^{-1}\begin{pmatrix} a_1 \\ a_2 \end{pmatrix}$$

$$= \frac{1}{1+\sigma^2}\begin{pmatrix} a_1\left\{\sigma^{n-1}+\left(-\dfrac{1}{\sigma}\right)^{n-3}\right\}+a_2\left\{\sigma^n+\left(-\dfrac{1}{\sigma}\right)^{n-2}\right\} \\ a_1\left\{\sigma^n+\left(-\dfrac{1}{\sigma}\right)^{n-2}\right\}+a_2\left\{\sigma^{n+1}+\left(-\dfrac{1}{\sigma}\right)^{n-1}\right\} \end{pmatrix}$$

$\sigma\geqq 1$ であるから $\tau=\lim_{n\to\infty}(a_n/a_{n-1})=\sigma=\dfrac{1+\sqrt{5}}{2}$.

[4]

$$P_1 = \boldsymbol{x}_1\otimes{}^{\mathrm{t}}\bar{\boldsymbol{x}}_1 = \frac{1}{2}\begin{pmatrix} 1 & -i & 0 \\ i & 1 & 0 \\ 0 & 0 & 0 \end{pmatrix}, \qquad P_2 = \boldsymbol{x}_2\otimes{}^{\mathrm{t}}\bar{\boldsymbol{x}}_2 = \frac{1}{6}\begin{pmatrix} 1 & i & 2 \\ -i & 1 & -2i \\ 2 & 2i & 4 \end{pmatrix}$$

$$P_3 = \boldsymbol{x}_3\otimes{}^{\mathrm{t}}\bar{\boldsymbol{x}}_3 = \frac{1}{3}\begin{pmatrix} 1 & i & -1 \\ -i & 1 & i \\ -1 & -i & 1 \end{pmatrix}$$

これらは $P_1+P_2+P_3=1$，$P_i{}^2=P_i$，$P_iP_j=0\ (i\neq j)$ を満足する．求める行列は

$$A = 1\cdot P_1+0\cdot P_2+(-1)\cdot P_3 = \frac{1}{6}\begin{pmatrix} 1 & -5i & 2 \\ 5i & 1 & -2i \\ 2 & 2i & -2 \end{pmatrix}$$

[5] $A=\begin{pmatrix} 3 & 2 & 0 \\ 2 & 0 & 0 \\ 4 & 2 & -1 \end{pmatrix}$ の固有値は $-1, -1, 4$，対応する固有ベクトルは $\begin{pmatrix} 0 \\ 0 \\ 1 \end{pmatrix}$, $\begin{pmatrix} -1 \\ 2 \\ 0 \end{pmatrix}$,

$\begin{pmatrix}2\\1\\2\end{pmatrix}$ となる．変換行列を $P=\begin{pmatrix}0&-1&2\\0&2&1\\1&0&2\end{pmatrix}$ と書くと $P^{-1}=\begin{pmatrix}-4&-2&5\\-1&2&0\\2&1&0\end{pmatrix}/5$．また $P^{-1}AP=\begin{pmatrix}-1&0&0\\0&-1&0\\0&0&4\end{pmatrix}$．$A$ は正規行列でないから固有ベクトルは互いに直交していない．$\boldsymbol{x}(t)=\begin{pmatrix}x(t)\\y(t)\\z(t)\end{pmatrix}$，$\boldsymbol{X}(t)=P^{-1}\boldsymbol{x}(t)$ とすると $\dfrac{d}{dt}\boldsymbol{X}(t)=\begin{pmatrix}-1&0&0\\0&-1&0\\0&0&4\end{pmatrix}\boldsymbol{X}(t)$ と書かれる．よって

$$\boldsymbol{X}(t)=\begin{pmatrix}e^{-t}&0&0\\0&e^{-t}&0\\0&0&e^{4t}\end{pmatrix}\boldsymbol{X}(0)$$

と解かれる．

$$\boldsymbol{x}(t)=P\boldsymbol{X}(t)=P\begin{pmatrix}e^{-t}&0&0\\0&e^{-t}&0\\0&0&e^{4t}\end{pmatrix}P^{-1}\boldsymbol{x}(0)$$

$$=\frac{1}{5}\begin{pmatrix}\{e^{-t}+4e^{4t}\}x(0)+\{-2e^{-t}+2e^{4t}\}y(0)\\ \{-2e^{-t}+2e^{4t}\}x(0)+\{4e^{-t}+e^{4t}\}y(0)\\ \{-4e^{-t}+4e^{4t}\}x(0)+\{-2e^{-t}+2e^{4t}\}y(0)+5e^{-t}z(0)\end{pmatrix}$$

[6]　$A=\begin{pmatrix}5&2&4\\2&2&2\\4&2&5\end{pmatrix}$ の固有値は 1, 1, 10，対応する固有ベクトルは $\begin{pmatrix}-1\\0\\1\end{pmatrix}$，$\begin{pmatrix}-1\\4\\-1\end{pmatrix}$，$\begin{pmatrix}2\\1\\2\end{pmatrix}$．

$$P=\begin{pmatrix}-1/\sqrt{2}&-1/3\sqrt{2}&2/3\\0&4/3\sqrt{2}&1/3\\1/\sqrt{2}&-1/3\sqrt{2}&2/3\end{pmatrix},\qquad P^{-1}=\begin{pmatrix}-\sqrt{2}/2&0&\sqrt{2}/2\\-\sqrt{2}/6&2\sqrt{2}/3&-\sqrt{2}/6\\2/3&1/3&2/3\end{pmatrix}$$

故に

$$\begin{pmatrix}5&2&4\\2&2&2\\4&2&5\end{pmatrix}=P\begin{pmatrix}1&0&0\\0&1&0\\0&0&10\end{pmatrix}P^{-1}$$

ここで P はユニタリ行列（直交行列）である（${}^tP=P^{-1}$）．これに注意すると $\begin{pmatrix}u\\v\\w\end{pmatrix}=P^{-1}\begin{pmatrix}x\\y\\z\end{pmatrix}$ として $F=(uvw)P^{-1}AP\begin{pmatrix}u\\v\\w\end{pmatrix}=u^2+v^2+10w^2$．$G=(uvw)P^{-1}P\begin{pmatrix}u\\v\\w\end{pmatrix}=u^2+v^2+w^2$．したがって $F/G=(u^2+v^2+10w^2)/(u^2+v^2+w^2)$．ゆえに最大値 10（$u=v=0$，$w=1$），最小値 1（$u=1$，$v=w=0$ または $v=1$，$u=w=0$）．x, y, z で表せば，最大値 10（$(x, y, z)=(2/3, 1/3, 2/3)$ のとき），最小値 1（$(x, y, z)=(-1/\sqrt{2}, 0, 1/\sqrt{2})$ または $(-1/3\sqrt{2}, 4/3\sqrt{2}, -1/3\sqrt{2})$ のとき）．

[7]　$\sum_{ij} a_{ij}x_i x_j={}^t\boldsymbol{x}A\boldsymbol{x}$，$A=(a_{ij})$ ただし $a_{ij}=a_{ji}$ とする．固有値を λ_j，対応する固有ベクトルを $\boldsymbol{b}_j$（規格直交化する）とする．$P=(\boldsymbol{b}_1, \boldsymbol{b}_2, \cdots, \boldsymbol{b}_n)$ とおくと $P^{-1}AP=\mathrm{diag}(\lambda_1,$

$\lambda_2, \cdots, \lambda_n$）である．$x_i=\sum_j P_{ij}u_j$ と変数変換すると $\dfrac{\partial x_i}{\partial u_j}=P_{ij}$ であるから変数変換のヤコビアンは

$$\frac{\partial(x_1 x_2 \cdots x_n)}{\partial(u_1 u_2 \cdots u_n)}=\det(P_{ij})=1$$

である．よって

$$\int_{-\infty}^{\infty}\prod_{k=1}^{n}dx_k e^{-{}^t\boldsymbol{x}A\boldsymbol{x}}=\int_{-\infty}^{\infty}\prod_{k=1}^{n}du_k e^{-{}^t\boldsymbol{u}P^{-1}AP\boldsymbol{u}}=\int_{-\infty}^{\infty}\prod_{k=1}^{n}du_k \exp\Big(-\sum_j \lambda_j u_j{}^2\Big)$$

$$=\prod_{j=1}^{n}\sqrt{\frac{\pi}{\lambda_j}}=\frac{\pi^{n/2}}{\sqrt{\prod_{j=1}^{n}\lambda_j}}$$

ところが，$\det A=\prod_{j=1}^{n}\lambda_j$ であるからこれは $\sqrt{\dfrac{\pi^n}{|A|}}$ に等しい．

第7章

[1]　ベキ・ゼロ行列 A を上3角行列に変換する．

$$P^{-1}AP=\begin{pmatrix} a_1 & * & \cdots & * \\ & a_2 & \cdots & * \\ & & \ddots & \vdots \\ \mathbf{0} & & & a_n \end{pmatrix}$$

このとき，ベキ・ゼロ行列 A は固有値としては0しかもたないから，$a_1=a_2=\cdots=a_n=0$ である．両辺の対角和をとれば右辺は0．左辺は $\mathrm{Tr}(P^{-1}AP)=\mathrm{Tr}(APP^{-1})=\mathrm{Tr}\,A$．よって $\mathrm{Tr}\,A=0$.

$$P^{-1}AP=\begin{pmatrix} 0 & * & \cdots & * \\ & 0 & \cdots & * \\ & & \ddots & \vdots \\ \mathbf{0} & & & 0 \end{pmatrix}$$

であれば，$P^{-1}A^kP=(P^{-1}AP)^k$ であるから，これらも対角成分を0とする上3角行列であるので，同様.

[2]　$|\exp A|=|P^{-1}(\exp A)P|=|\exp(P^{-1}AP)|$．$(P^{-1}AP)\equiv B$ としたとき，$(B)_{ij}=0\ (i\geqq j)$．したがって

$$(B^2)_{ij}=\sum_k B_{ik}B_{kj}=\begin{cases} B_{ii}{}^2 & (i=j) \\ \neq 0 & (i\leqq j) \\ 0 & (i\geqq j) \end{cases}$$

よって $\exp(P^{-1}AP)$ も上3角行列であり，対角成分は $\{\exp(P^{-1}AP)\}_{ii}=\exp(a_i)$．これから $|\exp(P^{-1}AP)|=\prod_i \exp a_i=\exp\sum_i a_i=\exp(\mathrm{Tr}\,A)$.

[3] A がベキ・ゼロ行列で $AB=BA$ であるなら A と B を同時に上3角形に変換する正則行列が存在する．これを示すには A を上3角形に変換する正則行列 P について($P^{-1}AP=$上3角行列), $P^{-1}(AB-BA)P=(P^{-1}AP)(P^{-1}BP)-(P^{-1}BP)(P^{-1}AP)=0$ の各成分を考える．$(P^{-1}(AB-BA)P)_{ij}=\sum_k A'_{ik}B'_{kj}-\sum_k B'_{ik}A'_{kj}$, ($A'=P^{-1}AP$, $B'=P^{-1}BP$) で $j=1$ を考えると，$A'_{k1}=0, (k=1,2,\cdots,n)$ であるから $B'_{k1}=0, (k=1,2,\cdots)$ でなくてはならない．次に $j=2$ を考えると，$B'_{k1}=0$, $A'_{k2}=0\ (k=2,3,\cdots,n)$ であるから $B'_{k2}=0, (k=2,3,\cdots)$ でなくてはならない．これをさらに $j=3,4,\cdots,n$ と続ければ $B'_{kj}=0\ (k\geqq j)$, すなわち $B'=P^{-1}BP$ は対角成分をゼロとするベキ・ゼロ行列である．このPを用いれば $P^{-1}(A\pm B)P$, $P^{-1}ABP$ は対角成分をゼロとする上3角行列に変換される．したがって $A\pm B, AB$ はベキ・ゼロである．

[4] (a) 固有値 $2,\pm 2i$. 対応する固有ベクトルは $\begin{pmatrix}1\\2\\4\end{pmatrix}, \begin{pmatrix}1\\\pm 2i\\-4\end{pmatrix}$. $P=\begin{pmatrix}1&1&1\\2&2i&-2i\\4&-4&-4\end{pmatrix}$. ジョルダン細胞は 1×1 のものが3つ．

(b) 固有値は0. 固有ベクトルは

$$\begin{pmatrix}0\\-i\\0\\1\end{pmatrix} \quad と \quad \begin{pmatrix}i\\0\\1\\0\end{pmatrix}$$

最小多項式は λ^2 であるから，ジョルダン細胞は 2×2 のものが2つある．これから変換行列 P, およびその逆行列として

$$P=\begin{pmatrix}0&0&i&0\\-i&0&0&0\\0&1&1&0\\1&0&0&1\end{pmatrix}, \quad P^{-1}=\begin{pmatrix}0&i&0&0\\i&0&1&0\\-i&0&0&0\\0&-i&0&1\end{pmatrix}$$

が求まる．これから

$$P^{-1}AP=\begin{pmatrix}0&1&0&0\\0&0&0&0\\0&0&0&1\\0&0&0&0\end{pmatrix}$$

となる．

(c) 固有値は2. 固有ベクトルは $\begin{pmatrix}1\\0\\0\end{pmatrix}$. 変換行列 $P=\begin{pmatrix}1&0&0\\0&1&-3\\0&0&-1\end{pmatrix}$,

$$P^{-1}AP=\begin{pmatrix}1&0&0\\0&1&-3\\0&0&-1\end{pmatrix}\begin{pmatrix}2&1&-3\\0&2&-1\\0&0&2\end{pmatrix}\begin{pmatrix}1&0&0\\0&1&-3\\0&0&-1\end{pmatrix}=\begin{pmatrix}2&1&0\\0&2&1\\0&0&2\end{pmatrix}$$

[5] 問題 4(b)により

$$P = \begin{pmatrix} 0 & 0 & i & 0 \\ -i & 0 & 0 & 0 \\ 0 & 1 & 1 & 0 \\ 1 & 0 & 0 & 1 \end{pmatrix}$$

を用いて $P^{-1}\boldsymbol{x}(t)=\boldsymbol{X}(t)$ とすると，

$$\frac{d}{dt}\boldsymbol{X}(t) = \begin{pmatrix} 0 & 1 & 0 & 0 \\ 0 & 0 & 0 & 0 \\ 0 & 0 & 0 & 1 \\ 0 & 0 & 0 & 0 \end{pmatrix}\boldsymbol{X}(t)$$

となる．これを解いて

$$\boldsymbol{X}(t) = \begin{pmatrix} c_1t+c_2 \\ c_1 \\ c_3t+c_4 \\ c_3 \end{pmatrix}$$

もとにもどして

$$\boldsymbol{x}(t) = \begin{pmatrix} i(c_3t+c_4) \\ -i(c_1t+c_2) \\ c_3t+c_1+c_4 \\ c_1t+c_2+c_3 \end{pmatrix}$$

[6] 性質 5，(7.43)式の言いかえ．

[7] 問題 4 で考えた．

[8] (a) $(t-2)(t-2i)(t+2i)$ (b) t^2 (c) $(t-2)^3$

第 8 章

[1] 逆行列を計算するための効率の良い方法として，ガウス・ジョルダン法がある．行列式 A と単位行列 E をまとめて (AE) として

$$\begin{pmatrix} a_{11} & a_{12} & \cdots & a_{1n} & 1 & 0 & \cdots & 0 \\ a_{21} & a_{22} & \cdots & a_{2n} & 0 & 1 & \cdots & 0 \\ \vdots & \vdots & \ddots & \vdots & \vdots & \vdots & \ddots & \vdots \\ a_{n1} & a_{n2} & \cdots & a_{nn} & 0 & 0 & \cdots & 1 \end{pmatrix}$$

と書く．これを消去法を実行して

$$\begin{pmatrix}
1 & 0 & 0 & \cdots & 0 & a_{1k} & \cdots & a_{1n} & b_{11} & b_{12} & \cdots & b_{1k-1} & 0 & 0 & \cdots \\
0 & 1 & 0 & \cdots & 0 & a_{2k} & \cdots & a_{2n} & b_{21} & b_{22} & \cdots & b_{2k-1} & 0 & 0 & \cdots \\
0 & 0 & 1 & \cdots & 0 & a_{3k} & \cdots & a_{3n} & b_{31} & b_{32} & \cdots & b_{3k-1} & 0 & 0 & \cdots \\
\vdots & \vdots & \vdots & \ddots & \vdots & \vdots & & \vdots & \vdots & \vdots & & \vdots & \vdots & \vdots & \\
\cdot & \cdot & \cdot & & 1 & \cdot & & \cdot & \cdot & \cdot & & \cdot & \cdot & \cdot & \\
0 & 0 & 0 & \cdots & 0 & a_{kk} & \cdots & a_{kn} & b_{k1} & b_{k2} & \cdots & b_{kk-1} & 1 & 0 & \cdots \\
\cdot & \cdot & \cdot & & \cdot & \cdot & & \cdot & \cdot & \cdot & & \cdot & 0 & 1 & \cdots \\
\vdots & \vdots & \vdots & & \vdots & \vdots & & \vdots & \vdots & \vdots & & \vdots & \vdots & \vdots & \cdots \\
0 & 0 & 0 & \cdots & 0 & a_{nk} & \cdots & a_{nn} & b_{n1} & b_{n2} & \cdots & b_{nk-1} & 0 & 0 & \cdots
\end{pmatrix}$$

としたとする．このように第1行～第 $k-1$ 行で消去を実行しているときは，新しく変換した後の A については $a_{ii}=1\ (1\leqq k-1)$ かつ $a_{ij}=0\ (j\leqq k-1,\ i\neq j)$ である．また右半分を B と書けば，$b_{jj}=1\ (j\geqq k)$ かつ $b_{ij}=0\ (j\geqq k,\ i\neq j)$ である．第 k 行を用いてそれ以外の行成分をゼロにする．このときの操作は次のように書かれる．

（1） $\omega=1/a_{kk}$

（2） $a_{kj}{}^{(1)}=\omega\times a_{kj}\ (j=k,\cdots,n)$；$b_{kj}{}^{(1)}=\omega\times b_{kj}\ (j=1,\cdots,k-1)$

（3） i 行成分 $(i=1\cdots,k-1,k+1,\cdots,n)$ について次の操作を行う；

$$a_{ij}{}^{(1)}=a_{ij}-a_{ik}\times a_{kj}{}^{(1)} \qquad (j=k,k+1,\cdots,n)$$

$$b_{ij}{}^{(1)}=b_{ij}-a_{ik}\times b_{kj}{}^{(1)} \qquad (j=1,2,\cdots,k-1,k)$$

以上の操作で $k=1\sim n$ を行なえば，逆行列 $B=(b_{ij})$ が得られる．

[2] ガウスの消去法では乗除算，減算がそれぞれ約 n^3 回．LU 分解では乗除算，減算がそれぞれ約 $n^3/3$ 回．

[3] (a)

$$U=\begin{pmatrix}1&2&-1&1\\0&1&-1&2\\0&0&1&-3\\0&0&0&2\end{pmatrix},\quad P=\begin{pmatrix}1&0&0&0\\0&1&0&0\\1&-3&1&0\\-1&1&1&1\end{pmatrix},\quad L=P^{-1}=\begin{pmatrix}1&0&0&0\\0&1&0&0\\-1&3&1&0\\2&-4&-1&1\end{pmatrix}$$

$$A^{-1}=U^{-1}L^{-1}=\begin{pmatrix}1&-2&-1&0\\0&1&1&1/2\\0&0&1&3/2\\0&0&0&1/2\end{pmatrix}\begin{pmatrix}1&0&0&0\\0&1&0&0\\1&-3&1&0\\-1&1&1&1\end{pmatrix}=\begin{pmatrix}0&1&-1&0\\1/2&-3/2&3/2&1/2\\-1/2&-3/2&5/2&3/2\\-1/2&1/2&1/2&1/2\end{pmatrix}$$

(b)

$$U=\begin{pmatrix}1&-2&3&1\\0&2&-1&0\\0&0&11/2&4\\0&0&0&-6/11\end{pmatrix},\quad P=\begin{pmatrix}0&1&0&0\\1&0&0&0\\5/2&1&1&0\\-12/11&4/11&-7/11&1\end{pmatrix},$$

$$L=\begin{pmatrix}0&1&0&0\\1&0&0&0\\-1&-5/2&1&0\\-1&-1/2&7/11&1\end{pmatrix}$$

$$A^{-1}=U^{-1}L^{-1}=\begin{pmatrix} 1 & 1/3 & 1/6 & -5/6 \\ 0 & 1/3 & -1/3 & 2/3 \\ -1 & 2/3 & -2/3 & 4/3 \\ 2 & -2/3 & 7/6 & -11/6 \end{pmatrix}$$

ここでは L は下3角行列になっていないが，U を上3角行列にするため A の第1行と第2行を入れ換えたからである．

(c) $U=\begin{pmatrix} 1 & 0 & 3 \\ 0 & 1 & -4 \\ 0 & 0 & 1 \end{pmatrix}$, $P=\begin{pmatrix} 1 & 0 & 0 \\ -2 & 1 & 0 \\ 1 & -1 & 1 \end{pmatrix}$, $L=\begin{pmatrix} 1 & 0 & 0 \\ 2 & 1 & 0 \\ 1 & 1 & 1 \end{pmatrix}$,

$$A^{-1}=\begin{pmatrix} -2 & 3 & -3 \\ 2 & -3 & 4 \\ 1 & -1 & 1 \end{pmatrix}$$

[4] $p_k(\lambda)=p_{k+1}(\lambda)=0$ となることはない．もしこれが成立すると(8.11b)より，以下 $p_{k+2}(\lambda)=0$, $p_{k+3}(\lambda)=0$ となる．しかし $p_{n+1}(\lambda)=1$ だから，これは許されない．さて，ある λ_0 について $p_{k+1}(\lambda_0)=0$ であれば，(8.11b)により $p_k(\lambda_0)=-|\beta_k|^2 p_{k+2}(\lambda_0)$ であるから，$p_k(\lambda_0)\cdot p_{k+2}(\lambda_0)<0$ となる．

[5] $A\boldsymbol{u}_k=\bar{\beta}_{k-2}\boldsymbol{u}_{k-2}+\bar{\beta}_{k-1}\boldsymbol{u}_{k-1}+\alpha_k\boldsymbol{u}_k+\beta_k\boldsymbol{u}_{k+1}$ と，たとえば右辺に $k-2$ 番目の成分があらわれたとする．このとき，$(\boldsymbol{u}_{k-2}A\boldsymbol{u}_k)=\bar{\beta}_{k-2}$ であるから，$A\boldsymbol{u}_{k-2}$ のときに $\boldsymbol{u}_k$ があらわれているはずであるが，これは定義に反する．

[6] 内積の定義を演算子 A とその基底となる線形空間に即して行なえばよい．一般に，ランチョス法のように行列または演算子を何回も掛ける方法は，絶対値が最大である固有値に対応する固有ベクトル成分が強調される．したがって，有界でない演算子に対しては使えない．

索　引

タ　行

ナ　行

ハ　行

マ　行

ヤ　行

ラ　行

藤原毅夫
1944年仙台に生まれる．1967年東京大学工学部物理工学科卒業．1970年東京大学大学院工学系研究科博士課程中退．東京大学工学部助手，筑波大学物質工学系助教授，東京大学工学部助教授，同大学工学系研究科教授を歴任．現在東京大学名誉教授．1975-77年オックスフォード大学理論物理学教室博士研究員，1982-83年マックスプランク固体物理研究所客員研究員．
専攻，固体物理学理論．
主な著書：『固体電子構造論』(内田老鶴圃)，『キーポイント量子力学』(岩波書店)，『常微分方程式』(共著，東京大学出版会)，『演習量子力学』(共著，サイエンス社) ほか．

理工系の基礎数学 新装版
線形代数

1996年 1 月 18 日 第 1 刷発行
2020年 11 月 5 日 第 19 刷発行
2022年 11 月 9 日 新装版第 1 刷発行

著 者 藤原毅夫（ふじわらたけお）

発行者 坂本政謙

発行所 株式会社 岩波書店
〒101-8002 東京都千代田区一ツ橋 2-5-5
電話案内 03-5210-4000
https://www.iwanami.co.jp/

印刷製本・法令印刷

ISBN978-4-00-029914-5 Printed in Japan